Sauberschwarz/Weiß
Das Comeback der Konzerne

„Design Thinking ist ein toller Wegbereiter für Innovationen – aber keine Allzweckwaffe. Dieses Buch zeigt die Grenzen des klassischen Design Thinking auf und bietet ganz neue Lösungen. Sehr empfehlenswert!"

Britta Gayko, Managing Partner
Commerz Business Consulting, Commerzbank

„Ideen ohne Umsetzung sind wertlos. Daher ist es höchste Zeit für dieses Buch!"

Thomas Labonde, Vice President
Marketing & Customer Relations, Eurowings

„Die Zukunft des Innovationsmanagements von Großunternehmen liegt im ständigen Rethinking. Das Buch liefert die Startrampe."

Klaus Burmeister, Gründer & Geschäftsführer Z_punkt
The Foresight Company, foresightlab und Initiative D2030

„Die Zeit ist reif für ein Innovationsbuch, bei dem der Konzern im Mittelpunkt steht!"

Till Bauer, Head of Strategic Projects & Commercial Innovation,
MSD Sharp & Dohme (Subsidiary of Merck & Co., Inc.)

„Es ist, als ob die Autoren in meinem Kopf waren, meine Gedanken gelesen und sie dann besser aufgeschrieben haben, als ich es jemals könnte. Was auch immer Sie gerade tun: Hören Sie auf und lesen Sie dieses Buch! Außer natürlich, Sie bleiben gerne in einer immer irrelevanteren Vergangenheit gefangen."

Dave Birss, Autor von „A Users Guide to the Creative Mind"

„Ein Blueprint für umsetzbare Innovationen im komplexen Konzernumfeld!"

Nicolai Andersen, Partner,
EMEA Lead Innovation & Head of Deloitte Garage, Deloitte

Das Comeback der Konzerne

Wie große Unternehmen mit effizienten Innovationen den Kampf gegen disruptive Start-ups gewinnen

von

Lucas Sauberschwarz

und

Lysander Weiß

Verlag Franz Vahlen München

Lucas Sauberschwarz ist Gründer und Geschäftsführer von Venture Idea, einem Unternehmen, das sich auf die systematische Entwicklung effizienter Innovationen für Großunternehmen spezialisiert hat. Das Unternehmen arbeitet mit mehr als der Hälfte der DAX-Konzerne zusammen, genauso wie mit zahlreichen großen Mittelständlern und internationalen Konzernen. Das Handelsblatt titelte, dass Sauberschwarz und seine Kollegen „Elefanten die Angst vor Mäusen nehmen". Über 50 Innovationsprojekte in mehr als 20 verschiedenen Branchen haben sie in den vergangenen Jahren mithilfe der eigens entwickelten 5C-Methodik bereits erfolgreich durchgeführt.

Lysander Weiß ist Partner bei Venture Idea und maßgeblich für die Weiterentwicklung der 5C-Methodik verantwortlich. Neben der Projektarbeit mit internationalen Konzernen, schreibt er regelmäßig über Innovationen, Trends und disruptive Technologien, und teilt sein Wissen auch im Rahmen von Workshops und Vorträgen mit großen Unternehmen und Universitäten.

ISBN 978 3 8006 5537 3

© 2018 Verlag Franz Vahlen GmbH
Wilhelmstr. 9, 80801 München
Satz: Fotosatz Buck
Zweikirchener Str. 7, 84036 Kumhausen
Druck und Bindung: Beltz Bad Langensalza GmbH
Am Fliegerhorst 8, 99947 Bad Langensalza
Umschlaggestaltung: Ralph Zimmermann – Bureau parapluie
Bildnachweise: © dan_prat – istockphotos.com
© SlidePix – istockphotos.com
Gedruckt auf säurefreiem, alterungsbeständigem Papier
(hergestellt aus chlorfrei gebleichtem Zellstoff)

Vorwort von Prof. Dr. Alexander Mädche vom Karlsruher Institut für Technologie (KIT)

Vor mittlerweile 10 Jahren leitete ich eines der ersten Design Thinking-Projekte bei SAP. Gemeinsam mit einem crossfunktionalen Team mit Kollegen aus Walldorf und Palo Alto erhielten wir den Auftrag, unter Verwendung der Design Thinking-Methode einen „innovativen" Prototyp zu entwickeln und diesen dann SAP-Mitgründer Hasso Plattner vorzustellen. Das Projekt wurde von diesem Vorstellungstermin „rückwärtsterminiert". Uns standen zwei Monate zur Verfügung. Das Projekt „Eventus" in Form einer kollaborativen Plattform für ereignisbasiertes Supply-Chain-Management war ein voller Erfolg. Es wurde nicht nur von Hasso Plattner gelobt, sondern auch vom damaligen CEO der SAP in seiner Keynote auf der Kundenmesse aufgegriffen und in Form einer Live-Demonstration den Kunden als zukünftige SAP-Produktvision präsentiert. So erhielten wir den offiziellen Auftrag, den innovativen Prototyp zu „produktisieren" und auf den Markt zu bringen. Leider stellte sich dabei schnell heraus, dass hierfür keine Entwicklungsressourcen zur Verfügung standen und gleichzeitig die beteiligten Entwicklungsabteilungen unterschiedlich großes Interesse an der Umsetzung des Prototyps hatten. So wurde die „Innovation" zerredet und scheiterte letztendlich in ihrer Umsetzung.

Eine wichtige Erkenntnis für mich war, dass echte Innovation in Form von neuen Produkten und Dienstleistungen in Großkonzernen viel mehr bedeutet, als einen Prototyp zu entwickeln, welcher eine innovative Lösung für ein existierendes Problem darstellt. Konzerne müssen insbesondere in Zeiten der Digitalisierung und sich sehr schnell ändernden Rahmenbedingungen systematisch ihren Innovationsprozess organisieren und die zahlreichen Innovationsmethoden zielgerichtet integrieren. Nur so kann nachhaltiger Erfolg und Wettbewerbsfähigkeit durch effiziente Innovation erreicht werden.

Ein wichtiger Aspekt meiner Forschung und Lehre am Karlsruher Institut für Technologie ist es daher, eine möglichst ganzheitliche Perspektive auf den Prozess der Gestaltung innovativer Software und digitaler Dienste abzudecken. Viele Methoden koexistieren heute unabhängig voneinander. So stellt sich beispielsweise die Frage, wie Methoden zur agilen Softwareentwicklung (beispielsweise SCRUM) mit Design Thinking bzw. Methoden der nutzerzentrierten Gestaltung möglichst synergetisch integriert und auch skalliert werden können. Dieses Wissen vermitteln wir unseren Studenten bereits im Studium, und gleichzeitig fokussieren wir in unseren Forschungsarbeiten auf eine wissenschaftliche Fundierung der Weiterentwicklung und insbesondere auch einer zielgerichteten Integration der unterschiedlichen methodischen Ansätze.

Eine Vielzahl von Innovationsmethoden wurde in den letzten Jahren auch für Großkonzerne entwickelt. Es mangelt jedoch an einer übergreifenden Integration der einzelnen Ansätze. Eine fehlende Integration hat zum Ergebnis, dass die Anwendung einzelner Innovationsmethoden lokal durchaus gute Ergebnisse liefert, diese jedoch in den „Mühlen" der Großkonzerne ersticken und letztendlich nicht in Form von innovativen Produkten oder Dienstleistungen an den Markt gebracht werden. Während Start-ups schnell auf sich ändernde Rahmenbedingungen reagieren und neue Ideen umsetzen können, sind große Unternehmen naturgemäß langsamer und weniger agil. Gleichzeitig haben große Unternehmen mit ihren etablierten Marken und der Fähigkeit, in allen funktionalen Bereichen zu skalieren, einen klaren Vorteil gegenüber den Start-ups. Es gilt also, die bekannten Schwächen von Großunternehmen zu lösen und gleichzeitig auf ihre Stärken zu setzen.

Das vorliegende Buch spricht die oben genannten Herausforderungen an und stellt aus einer praxisorientierten Sicht den 5C-Prozess für effiziente Innovation vor. Basierend auf Erfahrungen aus über 50 Beratungsprojekten in mehr als 20 unterschiedlichen Branchen haben die beiden Autoren eine integrierte Innovationsmethodik und zugehörige Werkzeuge speziell für die Zielgruppe der Großkonzerne entwickelt. Mit dem 5C-Prozess schließen die Autoren eine Lücke in der praxisorientierten Innovationsliteratur und liefern einen ganzheitlichen Ansatz für effiziente Innovationen in großen Unternehmen.

Prof. Dr. Alexander Mädche
Karlsruher Institut für Technologie (KIT)

Danksagung

Das vorliegende Buch und die darin beschriebene 5C-Methodik sind der vorläufige Höhepunkt jahrelanger Forschung und Arbeit. Diese wäre ohne Florian Lanzer und Alexander Kornelsen, den weiteren Partnern bei Venture Idea, nicht möglich gewesen. Die gemeinsame Arbeit am Prozess sowie in über 50 Innovationsprojekten bilden die Grundlage für dieses Buch, welches sie mit wertvollem Rat und tatkräftiger Mithilfe unterstützt haben.

Ein solches Projekt kann nur gelingen, wenn neben der Unterstützung bei der Arbeit auch im Privatleben Hilfe, Verständnis und Motivation den Prozess begleiten. Ich, Lucas, möchte mich deshalb insbesondere bei meiner Frau Lisa bedanken, die mir seit vielen Jahren den Mut gibt, meinen eigenen Weg zu gehen. Und die in all den Jahren stets an mich geglaubt und mich unterstützt hat. Mein Dank gilt auch meinem Sohn Leo, der mir täglich vor Augen führt, wie viel es in dieser Welt noch zu entdecken gibt. Und der mir so häufig während und nach dem Schreiben an diesem Buch bereits durch ein kleines Lächeln alle Anspannung von den Schultern genommen hat.

Ich, Lysander, danke Charlotte, welche mir immer das Gefühl gibt, alles erreichen zu können. Egal, ob durch das Verständnis und die Unterstützung für die Arbeitsphasen oder die Freude und Entspannung dazwischen: der Kraftakt des Buchschreibens wäre ohne diesen Rückhalt kaum möglich gewesen.

Darüber hinaus freuen wir uns, sind dankbar und auch ein wenig stolz, dass wir so viele Menschen gewinnen konnten, uns bei der Erstellung dieses Buches zu unterstützen. Zunächst einmal danken wir Wolfgang Böcking, Maximilian Schön, Dennis Wedderkop, Matthias Hampel, Josef Stoll, Britta Gayko und vielen anderen für die wertvollen Diskussionen rund um die Inhalte des Buches. Außerdem gilt unser Dank den vielen Probelesern, die uns mit wertvollem Feedback und tollen Ideen weitergeholfen haben: Jörg Limberg, Björn Sprotte, Andreas Seitz, Dr. Werner Sauberschwarz, Oliver Sauberschwarz, Tim Merforth, Dr. Florian Muschaweck und Philipp Blasberg – sowie David Dorn und Josephine Bayazid für die Unterstützung bei Recherchen und Korrekturen.

Beeindruckend war für uns außerdem die Bereitschaft der vielen Unternehmen und Unternehmensvertreter, uns mit Kommentaren und Praxisbeispielen dabei zu unterstützen, das Buch so praxisnah und lebendig wie möglich zu gestalten. Vielen Dank an alle im Buch erwähnten Unternehmen und Personen sowie alle weiteren Unternehmen, die uns über die Jahre ihr Vertrauen geschenkt haben.

Zu guter Letzt freuen wir uns über den Mut vom Vahlen-Verlag und unserem Lektor Dennis Brunotte, uns als „Neulinge" auf dem Büchermarkt von Beginn an zu unterstützen und das Projekt Realität werden zu lassen. Vielen Dank für die vielen hilfreichen Tipps, die Mithilfe und das Lektorat!

Wir könnten noch so vielen weiteren Personen danken, die uns im Privat- und Berufsleben bis zu diesem Ziel gebracht haben. Daher: Danke an alle, die hier nicht genannt sind, aber eine wichtige Rolle für uns spielen. Wir sind unendlich dankbar, dass aus dem Traum nun Realität wurde und das umfassende Buch, welches unsere Arbeit und Leidenschaft für Innovationen in die Welt trägt, jetzt auf unserem Schreibtisch liegt.

Lucas Sauberschwarz & Lysander Weiß

Inhaltsverzeichnis

Abbildungsverzeichnis

... der Business Case ist zu klein.

. das entspricht nicht der Unternehmensphilosophie.

... das ist nicht unsere Aufgabe.

... wir haben keine Kompetenz dafür.

das kann nicht funktionieren.

... dafür haben wir nicht die Ressourcen.

.. das geht rechtlich nicht.   ... wir haben jetzt keine Zeit für Ablenkungen

... es skaliert nicht.   ... das kauft keiner.

... unsere Branche funktioniert anders.

Das ist zwar eine gute Idee, aber ...

. das ist zu risikoreich.

... dafür haben wir nicht die Leute.

... das habe ich auch schon probiert.

... das ist noch zu weit weg.

. ist das wirklich nötig?   ... wir haben kein Budget dafür.

... geht das auch ohne Investment?

... das kommt bei den Investoren nicht gut an.

... wo ist der Impact?

... es ist nicht der richtige Zeitpunkt.

Diese Liste könnten Sie sicherlich beliebig fortführen. Kein Wunder, dass sich Mitarbeiter in einem Konzern fühlen, als säßen sie in einem starren „Tanker" fest. Denn wie soll unter diesen Voraussetzungen schnell und erfolgreich auf gesellschaftliche Veränderungen, neue Technologien und veränderte Kundenbedürfnisse reagiert werden? Und ist dieser „Tanker" zukünftig überhaupt noch in der Lage, mit all den „Start-up-Schnellbooten" mitzuhalten?

In der Folge geht der Blick großer Unternehmen heutzutage immer häufiger in Richtung Silicon Valley. Schließlich scheinen dort, wie am Fließband, erfolgreiche Start-ups wie Uber, Airbnb, Dropbox oder Pinterest zu entstehen. Viele große Unternehmen haben bereits vor Jahren begonnen, die Innovationsmethoden erfolgreicher Start-ups für die eigene Innovationsentwicklung zu verwenden. Das Problem dabei: Kundenzentrierte Methoden wie Design Thinking oder Lean Startup lassen sich in Großunternehmen zwar anwenden, doch ein großes Unternehmen ist eben kein Start-up! Und so lassen sich Ideen, die mithilfe dieser Start-up-Methoden erarbeitet werden, im Großunternehmen in der Regel nicht umsetzen. Die Komplexität des Unternehmens ist dafür einfach zu groß. Das Resultat: Innovation wird zur Frustration und als vermeintliche Lösung vermehrt in separate Einheiten ausgelagert, deren Wertbeitrag für den Konzern einfach nicht signifikant genug ist. Statt strategisch neue, signifikante Opportunitäten zu bearbeiten, verkommt Innovation so oftmals zum Innovationstheater.

Bei der Lösungssuche für diese Problematik haben wir uns gefragt: Was wäre, wenn nicht der Konzern das Problem ist, sondern die Ideen? Und wie können Innovationen entwickelt werden, die „ohne Wenn und Aber" erfolgreich in großen Unternehmen umgesetzt werden? Denn eigentlich haben doch etablierte Unternehmen die besten Voraussetzungen für erfolgreiche Innovationen: Ressourcen, Know-how, Kunden, Kontakte und starke Marken. Warum nur schaffen sie es nicht, diese zu nutzen?

In über sechs Jahren theoretischer und praktischer Forschung haben wir untersucht, warum aktuelle, kundenzentrierte Methoden wie Design Thinking und Lean Startup, oder die Auslagerung von Innovation in separate Einheiten wie Innovation Hubs, Labs & Co., in großen Unternehmen keinen signifikanten Effekt erzielen. Und wie eine neue Methodik aussehen muss, mit der große Unternehmen nicht nur kundenzentriert, sondern auch erfolgreich innovieren können.

Das Ergebnis ist der 5C-Prozess® für effiziente Innovation. Diesen haben wir mit Erfahrungen aus über 50 Projekten in mehr als 20 Branchen stets weiterentwickelt und getestet. Im vorliegenden Buch sollen die gesammelten Erkenntnisse sowie der zugrunde liegende 5C-Prozess ausführlich beschrieben werden, um neue Impulse und Ansätze für die Praxis zu liefern. Ziel ist es, Innovationen in etablierten Unternehmen wieder zu einem strategischen Tool für zukünftige Unternehmenserfolge zu machen. Entscheidungsträger in Großunternehmen und im Mittelstand sollen in Bezug auf ihre internen

Innovationsherausforderungen und externen, häufig disruptiven Bedrohungen sensibilisiert und mit den notwendigen Werkzeugen und Methoden ausgestattet werden, um diesen erfolgreich zu begegnen. So können große Unternehmen den Innovationswettkampf gegen disruptive Start-ups gewinnen.

Wir wünschen viele gute Ideen bei der Lektüre und freuen uns auf Ihr Feedback!

Lucas Sauberschwarz (lucas.sauberschwarz@venture-idea.com)
& Lysander Weiss (lysander.weiss@venture-idea.com)

PS: Weiterführende Artikel sowie passende Arbeitsmaterialien zum Buch finden Sie unter www.das-comeback-der-konzerne.de.

Anmerkung des Verlags:
Wenn wir in diesem Buch von Kollegen, Mitarbeitern oder Führungspersonen sprechen, so meinen wir gleichermaßen Frauen und Männer.

INNOVATE DIE

Configuration	Customization	Compilation	Construction	Conversion

1 — Ziele → Innovations-potenziale
2 — Innovations-potenziale → Pain Points
3 — Pain Points → Inspirationen
4 — Inspirationen → Innovations-konzepte
5 — Innovations-konzepte → Effiziente Innovation

1. „Innovate or die" – Effiziente Innovation statt ineffizienter Start-up-Denke

Innovation ist für etablierte Unternehmen heutzutage überlebenswichtig: Immer schnellere Innovationszyklen und Konkurrenz aus konvergenten und neuen Industrien sorgen dafür, dass die Lebenserwartung der 500 größten, öffentlich gelisteten Unternehmen inzwischen bei nur noch 18 Jahren liegt – statt bei 60 Jahren wie in der Mitte des 20. Jahrhunderts.[1] 90 Prozent der Fortune-500-Firmen aus dem Jahr 1955 sind heute aus der Liste verschwunden. Folgerichtig haben 65 Prozent der CEOs globaler Großunternehmen Angst, von disruptiven Start-ups überholt zu werden.[2]

Im Gegensatz zu früher, als Innovation insbesondere für Technologie- und Konsumgüterfirmen im Fokus stand, können Innovationen heute ihre Wirkung als Wachstumsgarant und Umsatzbeschleuniger in sämtlichen Branchen entfalten, wie es in einer globalen PWC-Innovationsstudie heißt.[3] **Ohne bzw. mit zu geringer Innovationskraft scheinen Wachstumsziele kaum noch erreichbar.** Über 80 Prozent der Teilnehmer in der Studie sehen Innovation demnach als wichtig oder sehr wichtig für den Unternehmenserfolg an. Diese Grundproblematik schafft den Rahmen für den ersten Teil des vorliegenden Buches: Wie sind erfolgreiche, etablierte Unternehmen in solch eine „defensive" Situation geraten? Und werden alle „Tanker" jetzt tatsächlich von weitaus erfolgreicheren „Schnellbooten" überholt? Was tun sie aktuell dagegen, warum braucht es neue Lösungen, und was müssen diese erfüllen?

Die Rolle von Innovationen hat sich im Verlauf vom 20. zum 21. Jahrhundert stark gewandelt. Im 20. Jahrhundert folgte das „Leben" von mittelständischen und großen Unternehmen meist einem einfachen Prinzip, nämlich patentbasierten Produktinnovationen von Pionieren und Erfindern bzw. Forschungs- und Entwicklungsabteilungen. Diese waren die Basis vieler Unternehmen und machten sie über Jahre groß und erfolgreich. Start-ups des 21. Jahrhunderts folgen diesem Prinzip nicht mehr. Mit Methoden wie Design Thinking oder Lean Startup entwickeln sie kundenzentrierte Innovationen nach den Wünschen der Kunden auf der „grünen Wiese", um dann die neuen Unternehmen um diese Innovationen herum aufzubauen.

Auf diese Weise greifen Start-ups etablierte Märkte und Unternehmen an. Ohne Rücksicht auf bestehende Kernkompetenzen und Geschäftsmodelle können die Start-ups schneller, günstiger und kundenorientierter innovieren. Diesen Vorteil nutzen sie, um etablierte Unternehmen und Märkte anzugreifen und zu zerstören bzw. zu erobern – sprich: zu „disruptieren". Dabei beschränken sich die disruptiven Start-ups nicht mehr nur auf klassische Produktinnovationen, sondern fokussieren sich vorzugsweise auf ganz

INN☠VATE OR DIE

1. „Innovate or die" – Effiziente Innovation statt ineffizienter Start-up-Denke

Innovation ist für etablierte Unternehmen heutzutage überlebenswichtig: Immer schnellere Innovationszyklen und Konkurrenz aus konvergenten und neuen Industrien sorgen dafür, dass die Lebenserwartung der 500 größten, öffentlich gelisteten Unternehmen inzwischen bei nur noch 18 Jahren liegt – statt bei 60 Jahren wie in der Mitte des 20. Jahrhunderts.[1] 90 Prozent der Fortune-500-Firmen aus dem Jahr 1955 sind heute aus der Liste verschwunden. Folgerichtig haben 65 Prozent der CEOs globaler Großunternehmen Angst, von disruptiven Start-ups überholt zu werden.[2]

Im Gegensatz zu früher, als Innovation insbesondere für Technologie- und Konsumgüterfirmen im Fokus stand, können Innovationen heute ihre Wirkung als Wachstumsgarant und Umsatzbeschleuniger in sämtlichen Branchen entfalten, wie es in einer globalen PWC-Innovationsstudie heißt.[3] **Ohne bzw. mit zu geringer Innovationskraft scheinen Wachstumsziele kaum noch erreichbar.** Über 80 Prozent der Teilnehmer in der Studie sehen Innovation demnach als wichtig oder sehr wichtig für den Unternehmenserfolg an. Diese Grundproblematik schafft den Rahmen für den ersten Teil des vorliegenden Buches: Wie sind erfolgreiche, etablierte Unternehmen in solch eine „defensive" Situation geraten? Und werden alle „Tanker" jetzt tatsächlich von weitaus erfolgreicheren „Schnellbooten" überholt? Was tun sie aktuell dagegen, warum braucht es neue Lösungen, und was müssen diese erfüllen?

Die Rolle von Innovationen hat sich im Verlauf vom 20. zum 21. Jahrhundert stark gewandelt. Im 20. Jahrhundert folgte das „Leben" von mittelständischen und großen Unternehmen meist einem einfachen Prinzip, nämlich patentbasierten Produktinnovationen von Pionieren und Erfindern bzw. Forschungs- und Entwicklungsabteilungen. Diese waren die Basis vieler Unternehmen und machten sie über Jahre groß und erfolgreich. Start-ups des 21. Jahrhunderts folgen diesem Prinzip nicht mehr. Mit Methoden wie Design Thinking oder Lean Startup entwickeln sie kundenzentrierte Innovationen nach den Wünschen der Kunden auf der „grünen Wiese", um dann die neuen Unternehmen um diese Innovationen herum aufzubauen.

Auf diese Weise greifen Start-ups etablierte Märkte und Unternehmen an. Ohne Rücksicht auf bestehende Kernkompetenzen und Geschäftsmodelle können die Start-ups schneller, günstiger und kundenorientierter innovieren. Diesen Vorteil nutzen sie, um etablierte Unternehmen und Märkte anzugreifen und zu zerstören bzw. zu erobern – sprich: zu „disruptieren". Dabei beschränken sich die disruptiven Start-ups nicht mehr nur auf klassische Produktinnovationen, sondern fokussieren sich vorzugsweise auf ganz neue Services und Geschäftsmodelle, die meist auf Basis neuer, digitaler Technologien basieren, in denen Großunternehmen teilweise (noch) keine Kernkompetenzen haben.

Für die Großunternehmen ist diese neue, disruptive Konkurrenz ein Problem. Gegen die Welle der Start-ups mit innovativen Geschäftsmodellen und kundenzentrierten (digitalen) Services und Produkten bieten Patente alleine in der Regel keinen Schutz mehr.[4] Statt im bekannten Spiel mit klaren Gegnern und Regeln müssen die etablierten Unternehmen also plötzlich gegen neue Gegner mit neuen Regeln antreten, sodass die alten Taktiken wertlos werden.

Als Folge greifen Großunternehmen vermehrt zu den Methoden der Start-ups und versuchen so, das neue Spiel mitzuspielen. So werden auch dort nun neue Innovationen mit „Customer Centric Design" auf der grünen Wiese entwickelt. In den klassischen Strukturen eines Großunternehmens können diese Ideen allerdings im Gegensatz zu den Start-ups nicht auf einer grünen Wiese umgesetzt werden, sondern stoßen dort schnell an ihre Grenzen. Das eigentlich erfolgreiche „Brownfield" der Unternehmen mit den vorhandenen Ressourcen, Prozessen, Strukturen und verschiedensten Stakeholdern wird so zu einer Umsetzungsbarriere, an der die meisten kundenzentrierten Ideen scheitern oder bis zur Unkenntlichkeit verändert werden. So bleiben den Großunternehmen scheinbar nur inkrementelle Produktverbesserungen, während Start-ups die Hoheit auf radikale oder sogar disruptive Innovationen haben.

Doch zum Glück scheint es eine Lösung für dieses Innovationsdilemma zu geben, wie sie auch der „Erfinder" der Disruptionstheorie, Clayton Christensen, beschreibt: Nicht nur die Ideensuche, sondern auch die Umsetzung der kundenzentrierten und möglichst disruptiven Innovationen werden auf die grüne Wiese ausgelagert. Innovation findet statt im Brownfield des Großunternehmens in separaten Einheiten wie Innovation Hubs, Inkubatoren oder Future Labs statt.

Doch diese vermeintliche „Innovator's Solution", bei der Großunternehmen wie Start-ups agieren, ist leider eine fatale Fehlentscheidung. Da in den separaten Einheiten die Stärken des Kerngeschäfts naturgemäß keine Rolle mehr spielen, entsprechen die Erfolgschancen ungefähr denen der Start-ups, gegen die man nun konkurriert. Und auch wenn die immer gleichen (angeblichen) Erfolgsmodelle wie Uber, Tesla oder Airbnb gerne darüber hinwegtäuschen: Die Erfolgschancen sind sehr gering. Die Chance, mit einem neuen Unternehmen einen für Großunternehmen signifikanten Wertbeitrag von z. B. mindestens 100 Millionen USD zu erreichen, liegt bei **1:500**, für einen Wertbeitrag von 500 Millionen USD und langfristiges, profitables Wachstum sogar nur bei **1:17.000**.[5]

In der Start-up-Branche ist das kein Problem, da Start-ups zu Beginn wenig zu verlieren haben und auch mit einer Größe von wenigen Millionen Euro Umsatz oft schon als erfolgreich gelten. Mit geduldigen Wagniskapitalgebern (VCs) überstehen sie zudem auch lange, unprofitable Durststrecken, wie das Beispiel von „Uber" zeigt. Wenn Großunternehmen sich jedoch auf diese Erfolgsquote verlassen, geht es plötzlich um das Überleben von Milliardenunternehmen mit entsprechender Verantwortung gegenüber Investoren, die eben keine Wagniskapitalgeber sind, sowie Kunden, Mitarbeitern, Partnern und schlussendlich der gesamten Volkswirtschaft.

Doch es gibt Hoffnung, wenn die Großunternehmen es schaffen, ihre Stärken zu nutzen. **Wenn das Kerngeschäft und die Skalierungsvorteile eines etablierten Unternehmens für Innovationen genutzt werden können, steigen die Erfolgschancen um mehr als das 2.000-fache auf 1:8.**[6] Nur kann für diese Innovationen nicht allein mit Design Thinking und anderen Taktiken der Start-ups gearbeitet werden. Neue, speziell für Großunternehmen entwickelte Methoden müssen es schaffen, neben der durchaus wichtigen Kundenperspektive auch das Brownfield der Unternehmen mit in die Innovationsentwicklung einzubeziehen und so eine erfolgreiche Umsetzung mit signifikantem Wertbeitrag zu erreichen.

Die von uns entwickelte **5C-Methodik hat genau dieses Ziel**: Innovationen im Brownfield zu entwickeln und umzusetzen, die – im Gegensatz zu den meisten inkrementellen Innovationen – gleichzeitig einen hohen Fit mit zukünftigen Kundenbedürfnissen sicherstellen. Mit den daraus resultierenden „effizienten Innovationen" können die vorhandenen Strukturen, Prozesse, Ressourcen, Netzwerke, Kunden und weitere Erfolgsfaktoren des Unternehmens genutzt werden, um Innovationen erfolgreich im Markt zu platzieren und zu skalieren. Damit müssen Großunternehmen und Mittelständler in einer Zukunft, die geprägt ist durch neue Technologien, hohe Komplexität, starke Konvergenz, Kostendruck und globalen Wettbewerb, keine Angst vor disruptiven Start-ups haben, sondern können den Innovationswettbewerb gegen diese gewinnen. Dies ist in einer solchen Zukunft auch dringend notwendig, da oftmals nur etablierte Unternehmen überhaupt genügend kritische Erfolgsmerkmale und Macht besitzen, um die Innovationen zum Erfolg zu führen, von denen am Ende alle profitieren können.

Leser, die ausschließlich an dem praktischen 5C-Prozess interessiert sind, empfehlen wir an dieser Stelle, in den zweiten Teil des Buches zu springen. Alle anderen laden wir ein, zunächst hier weiterzulesen: In den nächsten beiden Abschnitten werden die genauen Hintergründe der beschriebenen Veränderungen im Innovationswettkampf und der aktuellen Herausforderungen mit den Start-up-Methoden beleuchtet, bevor dann die Grundlagen effizienter Innovation als neuer Lösungsansatz entwickelt werden.

„Innovate or Die": Effiziente Innovationen statt ineffizienter Start-up-Denke

Mit der 5C-Methodik können Großunternehmen effiziente Innovationen entwickeln, um mit der Kombination aus Kundenfit und Unternehmensstärke den Innovationswettkampf gegen disruptive Start-ups zu gewinnen.

▸ Innovation ist inzwischen über alle Branchen hinweg entscheidend für zukünftiges Wachstum und Unternehmenserfolg

▸ Neue disruptive Start-ups haben die Regeln des Spiels geändert und gewinnen mit agilen, kundenzentrierten Methoden gegen traditionelle Großunternehmen

▸ Als Gegenmaßnahme versuchen Großunternehmen, die Start-up-Methoden zu kopieren

▸ Das Resultat: Viele Ideen, aber wenig Umsetzung, da diese an den Restriktionen scheitert

▸ Lösung dieses Innovationsdilemmas: Auslagerung von Innovation in separate Einheiten

▸ Erfolgschance mit Start-ups aus separaten Einheiten liegt bei nur 1:17.000

▸ Verbindung von Kundenfit und Unternehmensstärke verspricht Erfolgschance von 1:8

▸ Zur Entwicklung solcher „effizienter Innovationen" wurde die 5C-Methodik geschaffen

Kurz gesagt

1.1 Großunternehmen früher: Von Patentfabriken zum Innovationsdilemma

Beginnen wir zunächst wieder bei unseren Ausgangsfragen: Warum haben viele Großunternehmen und Mittelständler im neuen Jahrtausend so große Probleme, Innovationen hervorzubringen? Warum scheinen ausgerechnet Start-ups mit all ihrer Ressourcenknappheit die Großunternehmen zu überholen wie Schnellboote, die an einem großen Tanker vorbeiziehen? Um zu verstehen, warum gerade in den letzten Jahren die Angst, von disruptiven Start-ups überholt zu werden, in Großunternehmen so stark gewachsen ist, und warum so viele Manager ins Silicon Valley aufbrechen, um in „Learning Journeys" von den Start-ups zu lernen, lohnt sich ein Blick auf die Entwicklung der Innovation in Großunternehmen – und ihrer Veränderungen, die zu der heutigen Situation geführt haben.

Für Jahrhunderte war die vorherrschende Form der Innovation die Produktinnovation. Vor dem Aufkommen großflächiger Massenproduktionen waren insbesondere einzelne Erfinder für Innovationen zuständig. Ob Automobil, Generator, Glühbirne oder Telefon – meist denken wir dabei an die Personen, die dahinter stehen, wie Carl Benz, Werner von Siemens, Thomas Edison und Alexander Bell. Diese Erfinder ähnelten Pionieren auf einem Segelboot, die langsam und beharrlich kämpfend auf ein unbekanntes Ziel zusteuerten. Doch wurde hier bereits der Grundstein für die Tanker gelegt, die die Segelboote alsbald verdrängten: Viele der damaligen Innovationen waren gleichzeitig der Ursprung von Großunternehmen – in den oben genannten Fällen Daimler-Benz (Automobile), Siemens (Telegraphen), General Electric (Elektrogeräte) und AT&T (Telefone).

Schon bald endete somit die Ära der großen Erfinder. Die mit der Massenfertigung ab 1915 einhergehende Steigerung von Komplexität und Kosten für Innovationen auf der einen Seite und die Institutionalisierung des Erfindertums in Unternehmen auf der anderen Seite erschwerten zunehmend die Entwicklung erfolgreicher Innovationen einzelner Erfinder. Stattdessen wurden diese in Forschungs- und Entwicklungsabteilungen (F&E) der Unternehmen quasi multipliziert. Unternehmen konnten nun im großen Stil experimentieren und immer mehr Produkte und Technologien erforschen und auf den Markt bringen, die dank Patentschutz langfristige Wettbewerbsvorteile darstellten und so die Investments rechtfertigten.[7] Diese nun etablierten Unternehmen generierten zwar immer mehr Produktinnovationen und neue technologische Errungenschaften, mussten jedoch auch ihre Erfolgsprodukte verwalten und verbessern und wurden so mit der Zeit immer komplexer und bürokratischer.

In den 1970-ern und 1980-ern lebte die Welle der Erfinder auf Basis der neuen Computertechnologie nochmals kurz auf: Großunternehmen bekamen neue Konkurrenz von Pionieren wie Bill Gates und Steve Jobs. Diese begründeten den Typus des „Silicon-Valley-Start-ups", der sich ebenfalls der technologischen Produktinnovation verschrieb und alle Innovatoren (und Investoren) anlockte, denen es in den großen Tankern inzwischen zu behäbig zuging. Schnell wurden Unternehmen wie Microsoft und Apple jedoch auch zu großen Patentfabriken, mit denen IBM, 3M & Co wetteiferten, bis es irgendwann ein regelrechtes Patentdickicht gab.

Spätestens mit der Dotcom-Blase in 2000 wurde klar, dass Patente und Technologien alleine kein nachhaltiges Erfolgsrezept (mehr) sind, wenn am Ende niemand die Produkte kauft.[8] Große wie kleine Unternehmen erinnerten sich plötzlich daran, dass Joseph Schumpeter schon 1912 festgestellt hatte, dass es für den Unternehmenserfolg nicht nur auf Patente, sondern auch auf den geschickten Einsatz von Ressourcen für produktivere Zwecke ankommt – oder wie er es nannte: die „schöpferische Zerstörung"[9]. Produktivitätswachstum war somit nicht mehr nur abhängig von Technologie und Patenten, sondern vor allem von deren nutzbringender Umsetzung: der Innovation. Dafür braucht es neben der Technologie auch das Unternehmertum als Fähigkeit, immer wieder neue Erfindungen im freien Markt umzusetzen und dem Kunden zu verkaufen. Insbesondere, da Technologien und Ressourcen immer besser verfügbar waren, stellten diese im neuen Jahrtausend keinen alleinigen Wettbewerbsvorteil mehr da.[10]

So blühte in dieser Phase die Innovationsforschung abseits von Forschung und Entwicklung auf. Diese erklärte nun, dass die besten Technologien und

Patente nicht notwendigerweise auch immer beim Kunden und im Markt erfolgreich sein müssen, wenn das Unternehmertum und der Kundennutzen fehlen. Wettbewerbsvorteile, und somit Schwerpunkt der Innovation, waren damit nicht mehr nur Technologien, Patente und Produkte, sondern insbesondere auch neue, kundenorientierte Geschäftsmodell-Innovationen. Weltweites Wachstum finanzieller Ressourcen machte Talente und Ideen zur vorherrschenden Währung für Unternehmen. Gleichzeitig kämpften die Unternehmen immer härter um Marktanteile. Wie eine Bain-Studie zeigt, teilten sich inzwischen gerade einmal ein bis zwei Unternehmen in jedem Markt 80 Prozent der Gewinne.[11] Plötzlich waren die meisten Unternehmen zu weit weg vom Kunden, hatten die falsche Expertise und waren zu langsam.

Diesen neuen Anforderungen konnte eine neue Kategorie von Start-ups erfolgreich begegnen. Diese erlebten dank cleverer Ideen und agiler, kundenzentrierter Methoden wie dem Lean Startup und Design Thinking (siehe die Übersicht auf der nächsten Seite) eine neue Blüte: Plötzlich schien es möglich, mit geringsten Mitteln neue Unternehmen aufzubauen und nah am Kunden zu testen, ohne die großen Investitionen und Risiken einzugehen, die zur Dotcom-Blase führten.

Die Veränderung erstreckte sich zwar über eine lange Zeit, überraschte aber dennoch viele Großunternehmen: Bislang Innovationsführer mit unendlichen Ressourcen und Erfindungen in Form von Patenten und Prozessverbesserungen, wurden die großen Tanker plötzlich rechts und links von agilen Schnellbooten überholt, die ohne großen Aufwand auf Basis neuer, kundenzentrierter Innovationen ins Wasser gelassen wurden.

Dabei standen ausgerechnet die erfolgreichsten Unternehmen vor der größten Herausforderung: Die Ressourcen und Fähigkeiten, die über Jahre aufgebaut wurden, schienen nun zur Belastung zu werden, die Produktverbesserungen schienen am Kunden vorbeizugehen und die Geschäftsmodelle schienen nicht mehr zeitgemäß zu sein. Gleichzeitig waren dies aber genau die Erfolgsfaktoren und Kernkompetenzen der Unternehmen, die nicht einfach aufgegeben werden konnten. Ein Großunternehmen lässt sich eben nicht einfach um neue Ideen herum umbauen, vor allem solange es noch erfolgreich ist.

Somit wurde es Zeit für ein Umdenken bei den Großunternehmen. Dazu brauchte es nur noch jemanden, der dieses ungute Gefühl der Großunternehmen in Worte fasste und belegte, um einen Wandel in den Großunternehmen im großen Stil zu ermöglichen. Der Harvard-Business-School-Professor Clayton Christensen nahm sich dieser Aufgabe an und landete mit seinem Werk „The Innovator's Dilemma" (1997) einen großen Hit – nicht zuletzt weil er gleich ein neues Buzzword einführte: die „disruptive Innovation" bzw. später „Disruption".[13]

Das Konzept der Disruption ist dabei zunächst einleuchtend. Christensen untersuchte Großunternehmen, um zu verstehen, woran sie scheiterten, und erkannte, dass viele Großunternehmen neue Technologien und Geschäfts-

Exkurs

Übersicht ausgewählter Innovationsmethoden

Agile Development

Agile Development ist eine Philosophie, die ihren Ursprung in der Softwareentwicklung hat. Sie ist als Reaktion auf die erhöhte Geschwindigkeit bei zunehmender Komplexität in der Geschäftswelt zu verstehen. Denn diese Entwicklung führt dazu, dass im Kontext von Prozess- oder Produktinnovationen klassische Vorgehensweisen zunehmend scheitern, weil detaillierte Entwicklungspläne nur eine Scheingenauigkeit liefern und zu viele Einflussfaktoren sich im Laufe des Projektes verändern. Daher wird versucht, mit geringem bürokratischem Aufwand und wenigen Regeln auszukommen, und sich schnell an Veränderungen anzupassen, ohne dabei das Risiko für Fehler zu erhöhen.

Design Thinking

Design Thinking ist ein von der Innovationsagentur IDEO entwickelter Prozess, um Innovationen hervorzubringen, die die Bedürfnisse des Nutzers in den Mittelpunkt stellen. Der Ansatz orientiert sich an der Arbeitsweise von Designern und versteht sich als ein Prozess aus Verstehen, Beobachtung, Ideenfindung, Verfeinerung, Ausführung und Lernen. Grundlage für den Ansatz ist die Annahme, dass Probleme besser gelöst werden können, wenn Menschen unterschiedlicher Disziplinen in einem kreativ stimulierenden Umfeld zusammenarbeiten. In einem klar strukturierten Prozess wird die Fragestellung gemeinsam definiert, sowie Bedürfnisse und Motivationen von Menschen berücksichtigt, um dann Konzepte zu entwickeln, die in mehreren Schleifen geprüft und optimiert werden.

Lean Startup

Lean-Startup beschreibt einen Ansatz der Unternehmensgründung, bei dem der Fokus darauf liegt, sämtliche Prozesse so schlank wie möglich zu gestalten. Es wird versucht, mit wenig Kapital und reduzierten Prozessen ein Unternehmen aufzubauen und möglichst schnell einen Prototypen oder eine Beta Version auf den Markt zu bringen. Dabei wird auf Flexibilität und Learning-by-doing Effekte gesetzt und versucht, den Produktlebenszyklus so kurz wie möglich zu halten, um schnell und effektiv auf Wünsche und Änderungsvorschläge durch Kundenfeedback eingehen zu können.

Business Model Canvas

Der Business Model Canvas ist ein Mittel, um ein Geschäftsmodell oder eine Start-up Idee übersichtlich zu visualisieren, die unternehmerische Logik zu überprüfen und profitabel und zielorientiert zu gestalten. Dabei besteht die Möglichkeit, eine Leinwand (=Canvas), die in neun verschiedene Felder eingeteilt ist, zu befüllen. Der Canvas zeigt die wichtigsten Faktoren auf, die es zu berücksichtigen gilt und verdeutlicht so Zusammenhänge und hilft dabei, strukturiert eine Geschäftsidee zu einem Geschäftsmodell zu entwickeln.

Stage Gate

Das Stage Gate-Modell ist ein Verfahren, um Innovations- und Entwicklungsprozesse zu strukturieren und zu optimieren. Dabei soll sowohl eine bessere Fokussierung, als auch eine schnellere Prozessabwicklung, erreicht werden. Dazu werden Prozesse in einzelne Abschnitte, sogenannte Tore (Gates) unterteilt. Zuerst wird eine Innovation im Hinblick auf ihre technische und betriebswirtschaftliche Qualität überprüft, ehe sie dann von der Entwicklung weiter zur Serienreife und schließlich zur Markteinführung gebracht wird. Die Anzahl der einzelnen Tore kann je nach Branche und Innovation unterschiedlich sein. Charakteristisch dabei ist, dass die einzelnen Tore immer von gemischten Projektteams betreut werden, und bei jedem Tor eine Entscheidung gefällt wird, ob das Projekt das Tor zur nächsten Stufe passiert oder abgebrochen wird.

modelle nicht früh genug wahrnehmen bzw. nutzen konnten, wenn diese zu Beginn nicht den hohen Erfolgsanspruch erfüllten, sondern z. B. noch wenig leistungsfähig oder nicht profitabel waren.

Gleichzeitig mussten sich diese etablierten Unternehmen im Wettbewerb darauf konzentrieren, ihre vorhandenen Produkte und Services zu verkaufen und durch inkrementelle Innovationen immer weiter zu verbessern, wodurch sie immer komplexer und teurer wurden und so irgendwann für ganze Marktsegmente nicht (mehr) relevant waren. Start-ups können laut Christensen solche Opportunitäten nutzen und mit neuen (günstigeren) Technologien und Geschäftsmodellen diese Marktsegmente bedienen oder auch gänzlich neue Märkte schaffen, die Schritt für Schritt wachsen und schließlich in den existierenden Markt der Großunternehmen eindringen und ihn zerstören bzw. ersetzen – sprich: „disruptieren" (siehe Abbildung 1).

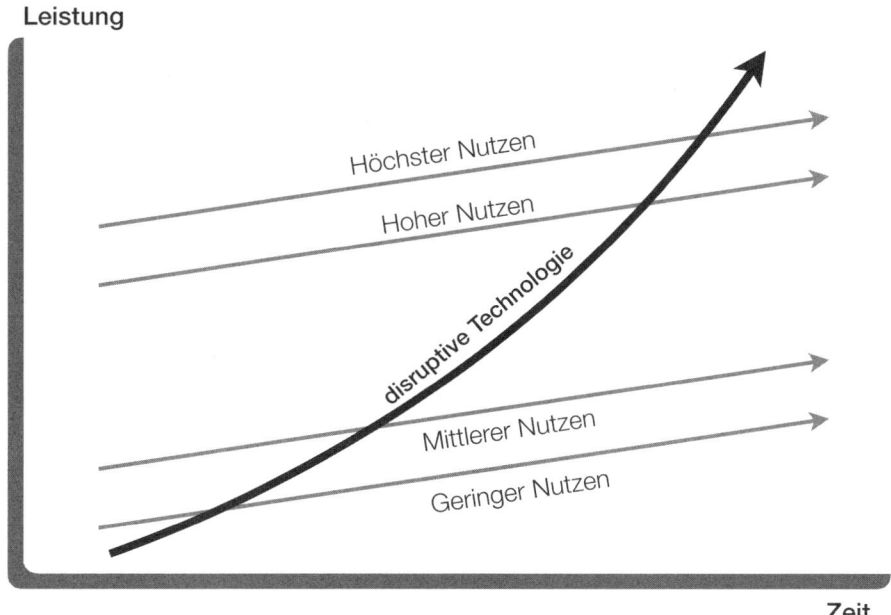

Abbildung 1: Disruptive Innovation[14]

Ein gutes Beispiel für disruptive Technologien ist die Entwicklung des Computermarktes: Hier dominierten zunächst sogenannte Mainframes, leistungsstarke Großrechner, die von vielen Unternehmen genutzt wurden. „Minicomputer" von Newcomer-Firmen wie DEC wurden von den etablierten Großrechner-Herstellern zunächst ignoriert, da sie deutlich weniger leistungsfähig und profitabel als die professionellen Großrechner waren. Doch konnten sie mit der Zeit den Privatkundenmarkt erobern (bzw. kreieren) und darüber schließlich auch den Unternehmensmarkt für Großrechner bedrohen, sodass z. B. IBM im Jahr 1981 vier Jahre nach dem Apple II einen eigenen Minicomputer (den IBM PC) vorstellte, um die Disruption im letzten Moment abzuwehren, dabei jedoch nie an dessen Erfolg glaubte.[15] Kein anderer etablierter Mainframe-Hersteller wurde ein führender Hersteller von Minicomputern oder PCs.

Christensen und weitere Akademiker erweiterten die Theorie mit der Zeit, um weitere Aspekte von „Innovation" mit abzudecken. So wurde herausgefunden, dass Disruption auch durch *neue Geschäftsmodelle* (z. B. Low-Cost-Airlines, Discountstores oder Online-Bildung) sowie technologische Innovation, die ganz *neue Märkte* kreiert (z. B. Mobiltelefone), entstehen kann. Folgerichtig wurde der Begriff dann von „disruptive Technologien" in „disruptive Innovationen" geändert – womit die Grundlage für dessen breite Verwendung geschaffen wurde.

Seit 2004 wurde der Begriff der Disruption auch in der Praxis immer beliebter und auf mehr und mehr Phänomene übertragen. Die ursprüngliche, recht enge Definition spielt somit heute kaum noch eine Rolle, was auch zu weitreichender Kritik der Theorie führt. Disruption ist so zum Buzzword für alle möglichen Innovationsbemühungen geworden. Die *Frankfurter Allgemeine Zeitung* nannte „Disruption" das Wirtschaftswort des Jahres 2015, und Autoren votieren, „Silicon Valley's emptiest buzzword" in den Ruhestand zu schicken.

Insbesondere in Großunternehmen erfreuen sich der Ausdruck und die Grundtheorie dahinter dennoch weiterhin großer Beliebtheit. Kein Wunder, denn insbesondere mit immer schnelleren technologischen Veränderungen durch Internet, 3D-Printing, Artificial Intelligence, Wearables, Internet of Things, Blockchain oder Virtual Reality stehen etablierte Unternehmen exponentiell wachsenden Technologien gegenüber, denen sie mit bisherigen Innovationsmethoden allein nicht mehr begegnen können.

Das von Christensen betitelte **Innovationsdilemma beschreibt treffend die Lage der Großunternehmen**, nämlich den unmöglichen Spagat zwischen ihrem vorhandenen, erfolgreichen Kerngeschäft und die gleichzeitige Herausforderung durch disruptive Start-ups und neue Kundenbedürfnisse. Beim Versuch, das Eine zu gewinnen, verlieren sie das Andere. Im Kontrast dazu können und müssen Start-ups, die noch keine Kunden, Ressourcen, Prozesse und Strukturen haben, so riskant und disruptiv wie möglich handeln, um überhaupt eine Chance gegen die etablierten Unternehmen zu haben.

Das Resultat: Großunternehmen wendeten den Blick zu den Methoden der disruptiven Start-ups. Aufgrund des Innovationsdilemmas und der Disruptionsgefahr beschäftigten sich die Großunternehmen immer mehr mit dem Mythos des Silicon Valley und verbrachten viel Zeit mit „Learning Journeys", Start-up- und Design Thinking-Workshops, um die vermeintlichen Erfolgsrezepte disruptiver Start-ups zu kopieren.

Doch wie das nächste Kapitel zeigt, sind diese Methoden noch nicht die Lösung des Innovationsdilemmas für Großunternehmen.

Kurz gesagt

Großunternehmen früher: Von Patentfabriken zum Innovationsdilemma

Die im 20. Jahrhundert durch patentgetriebene Produktinnovationen erfolgreichen Großunternehmen befinden sich heute im Innovationsdilemma zwischen disruptiven, kundenzentrierten Innovationen und dem eigenen erfolgreichen Kerngeschäft.

▸ Frühere Innovationserfolge kamen von Erfindern bzw. Forschungs- und Entwicklungseinheiten (F&E)

▸ F&E-Einheiten sicherten den Unternehmen über Patentrechte langfristige Wettbewerbsvorteile

▸ Technologien und Ressourcen wurden immer breiter verfügbar und damit irrelevanter

▸ (Tech-)Start-ups änderten die Regeln des Spiels, indem sie mit neuen, kundenzentrierten Services und Geschäftsmodellen die Märkte der Großunternehmen eroberten

▸ Das „Innovationsdilemma" großer Unternehmen ist die Herausforderung zwischen dem erfolgreichen Kerngeschäft und neuen disruptiven Innovationen, welche unter dem Stichwort „Disruption" breite Anwendung findet

1.2 Großunternehmen heute: Ineffiziente Start-up-Denke in separaten Innovationseinheiten

Der Bedrohung durch disruptive, kundenzentrierte, agile Start-ups begegnen Großunternehmen und Mittelständler mit einer auf den ersten Blick cleveren Taktik: Sie versuchen, sie mit eigenen Waffen zu schlagen. **Als Lösung für das Innovationsdilemma orientieren sich Großunternehmen an der vermeintlich erfolgsversprechenden Start-up-Denke:** Um einen hohen Kundenfit zu erreichen, wird mit kundenzentrierter Innovation auf möglichst freie, jedoch kundengeleitete Ideensuche auf der grünen Wiese gesetzt; Restriktionen aus dem Brownfield der Unternehmen werden zunächst bestmöglich ignoriert. Design Thinking-Berater werden engagiert, um die Methodik zu schulen und das richtige, kundenzentrierte Mindset zu schaffen. Design Thinking-Möbel, Post-its, Bean Bags und Whiteboards werden angeschafft oder im besten Fall sogar gleich ganze Design Thinking-Abteilungen wie z.B. bei der Deutschen Bank, SAP oder der Deutschen Telekom gegründet.

Mit der erfolgreichen Etablierung der richtigen Rahmenbedingungen sollte dann kundenzentrierten, möglichst disruptiven Ideen und Innovationen nichts mehr im Weg stehen. Im Gegensatz zu Forschung & Entwicklung oder den inkrementellen Entwicklungsprozessen in einzelnen Abteilungen wird jetzt der Kunde zum Kern des Innovationsprozesses: Beobachtungen und Befragungen zeigen konkrete Kundenprobleme. Kreative Brainstorming-Sessions, unterstützt durch schnelles Prototyping und Rollenspiele, sorgen für passende Ideen (siehe Seite 12). Im besten Fall wird noch die Lean Startup-Methodik hinzugenommen, um auch die Weiterentwicklungen direkt wieder am Kunden zu testen.[16] Diese Methodik schlägt für die Umsetzung von Ideen in die gleiche Kerbe wie das Design Thinking mit einem iterativen, kundenzentrierten Prozess. Dabei werden nach dem Motto „70 Prozent ist gut genug" erste Lösungen als Prototypen gebaut und direkt mit dem Kunden weiterentwickelt. Dies erlaubt einen kundennahen Test der Idee als MVP (Minimal Viable Product) sowie die passgenaue Weiterentwicklung nach Kundenwunsch. Mittels agiler Methoden kann dieser flexible, schlanke Prozess dann auch in der weiteren Entwicklung fortgeführt werden; selbstorganisierte Teams, iterative und inkrementelle Vorgehensweisen sowie die richtige Büroausstattung sorgen für das notwendige „Start-up-Feeling".

Damit sollte das Ziel eigener kundenzentrierter Innovationen jetzt erreicht sein: Statt vorhandene Produkte und Services immer weiter „am Kunden vorbei" zu entwickeln, liegen Ideen und Lösungen mit hohem Kundenfit vor, die bestehende oder auch neue Kunden wirklich brauchen. Und die Großunternehmen bringen genau wie Start-ups neue kundenzentrierte und – im besten Fall – disruptive Innovationen hervor.

Das Problem dabei: die Umsetzung! Denn all die laut Theorie, Tests und Experimenten erfolgversprechenden Innovationen können im Unternehmen in der Regel nicht umgesetzt werden. Konzepte mit gutem Kundenfit werden zur Umsetzung in die Abteilungen gegeben; dort gibt es aber andere Prioritäten, Zielsetzungen und Kriterien. Die „Umsetzer" zeigen meist wenig Verständnis dafür, sich mit den Details der Umsetzung von Out-of-the-box-Ideen herumzuärgern, während die „Kreativen" scheinbar vorher den ganzen Spaß hatten.[17]

So bleibt es meist bei Post-its an den Wänden oder Prototypen in der Schublade – und Innovationen werden zum „Zufallsprodukt der Methodenschlacht."[18] Im besten Fall werden die Ideen im Nachhinein solange verändert und an das Unternehmen angepasst, bis sie schließlich doch noch umgesetzt werden können. Dann ist aber von der Grundidee meist nicht mehr viel übrig, Kundenzentrierung und Disruptionspotenzial sind dahin.

Der Grund für diese Umsetzungsproblematik ist eigentlich nicht überraschend. Die Methoden wurden für Start-ups entwickelt, die genau das Gegenteil von Großunternehmen sind: Sie haben meist zu Beginn geringe Ressourcen, im Umkehrschluss aber auch keine Beschränkungen und Restriktionen. Entsprechend können und müssen sie das gesamte neue Unternehmen um die kundenzentrierte, disruptive Idee herum aufbauen. Ein Großunternehmen kann jedoch nicht für jede Idee neu gestaltet werden. Gleichzeitig passen Ideen, die auf der grünen Wiese entwickelt wurden, jedoch nur selten zum Brownfield des Unternehmens mit all seinen spezifischen Strukturen, Prozessen, Zielen und Ressourcen, die bei der Ideensuche ignoriert wurden, um „frei zu denken". Kein Wunder also, dass die meisten Ideen nie das Licht der Welt erblicken.[19] Das einzige, wozu sie 100-prozentig passen, ist der Bedarf des Kunden. Dieser wird aber nicht gedeckt, wenn die Ideen nie umgesetzt werden. Die Start-up-Methoden bringen also mit ihren Lösungen ein neues Problem: **Die Innovationen der Großunternehmen scheitern nicht mehr daran, dass der Kunde sie nicht will – sondern daran, dass sie im Großunternehmen nicht umsetzbar sind.**

Dies bemerkte auch Clayton Christensen und präsentierte einige Jahre nach „The Innovator's Dilemma" mit **„The Innovator's Solution"**[20] **die Lösung für dieses Problem:** Wenn sich die auf der „grünen Wiese" entwickelten Ideen nicht umsetzen lassen, muss eben auch eine „grüne Wiese" für die Umsetzung geschaffen werden, um die Start-up-Rahmenbedingungen zu komplettieren.

So folgen inzwischen mehr als ein Drittel der deutschen Großunternehmen dem Mantra „Disrupt or be disrupted"[21] **und versuchen, wie Start-ups zu agieren.** Sie folgen den (umstrittenen) Fallstudien von Christensen, in denen Firmen in separaten Einheiten disruptive Innovationen entwickeln und umsetzen konnten.[22] Diese folgen nicht den Zielen und Kriterien des Kerngeschäfts, sondern sind organisatorisch – und gerne auch räumlich – von diesen getrennt. So können sie ungezwungen mit neuen Geschäftsmodellen und aufkommenden Technologien experimentieren und diese bestenfalls in neue Start-ups umsetzen, die dann als „Schnellboote" den „Tanker" vor sich hertreiben können oder selbst zum Tanker werden. Die Hoffnung dahinter ist klar: In diesen separaten Einheiten können disruptive Innovationen entdeckt und entwickelt werden, bevor ein anderes Start-up damit den Markt „disruptiert". Und so setzen die Unternehmen optimistisch Innovation Hubs, Future Labs, Accelerators oder Inkubatoren auf, um „the next big thing" zu finden[23] (Anmerkung der Autoren: Diese werden in der Folge, trotz bestehender Unterschiede in der Praxis, alle als „separate Einheiten" bzw. „Innovation Hubs" bezeichnet). So können die Umsetzungsprobleme im Brownfield des Großunternehmens umgangen und disruptive Innovationen entwickelt und umgesetzt werden. Soweit die Theorie.

Doch wie sieht es in der Praxis aus? Die Lösung klingt zunächst gut, wird in vielen Fällen sogar erfolgreich einige neue Start-ups produzieren und die Investoren beruhigen, dass die Disruptionsbedrohung adressiert wird. Aber leider wird es den Großunternehmen nicht dabei helfen, das Innovationsdilemma nachhaltig zu lösen. Diese Lösung ist sogar oftmals eine fatale Fehlentscheidung, da „gefühlt" das Innovationsdilemma gelöst wird – praktisch aber nicht.

Welches Unternehmen möchte wirklich gerne disruptiert werden und in kurzer Zeit sein erfolgreiches Kerngeschäft verlieren? Wohl die wenigsten. Die Verwendung separater Einheiten für disruptive (digitale) Innovationen aber widerstrebt dem Ziel, diese später in das Kerngeschäft des Unternehmens integrieren zu können bzw. arbeitet sogar aktiv gegen das Kerngeschäft.[24] Dies führt zu einem Problem, das kurzfristig nicht sichtbar wird: Innovationen aus diesen Innovationseinheiten können zwar anfangs schnell getestet und umgesetzt werden, haben aber später Probleme, tatsächlich eine hohe Wirkung im Markt zu erzielen. Dafür wäre die Unterstützung des Großunternehmens mit all seinen Ressourcen, Prozessen und Strukturen notwendig – aber dieses wird ja zunächst bewusst von den Spin-offs ignoriert, die als eigenständige Start-ups funktionieren sollen.[25]

Die separaten Innovationseinheiten sind somit praktisch eine Wette auf den Innovationserfolg der eigenen Start-ups. Wenn das Ziel der separaten Einheiten die Disruption des Kerngeschäfts ist, geht diese Wette nur dann auf, wenn die Start-ups einen Wertbeitrag erzielen, der das Kerngeschäft schlussendlich ersetzt oder signifikant ergänzt. Eine erfolgreiche disruptive Innovation für das Großunternehmen müsste also einen signifikanten neuen Wertbeitrag erwirtschaften und einen nachhaltigen Wettbewerbsvorteil ("unfair advantage") über einen längeren Zeitraum darstellen. In diesem Fall könnten die separaten Start-ups das Kerngeschäft, das diese Eigenschaften schon hat, tatsächlich ersetzen.

Doch die Chance auf diesen Innovationserfolg mit separaten Start-ups ist verschwindend gering. Wenn man bedenkt, wie klein die Chancen für ein Start-up sind, überhaupt zu überleben, ist die Wahrscheinlichkeit, in Innovation Hubs & Co. tatsächlich Innovationen zu entwickeln, die auch nur an den Gewinn- und Umsatzgrößen des Kerngeschäfts kratzen, marginal. Denn wenn Innovationen genau wie jedes andere Start-up auf der grünen Wiese entwickelt und umgesetzt werden – und auch für die Skalierung nur sehr schwierig wieder auf das Großunternehmen zurückgegriffen werden kann –, dann haben diese Innovationen am Ende die gleichen Erfolgschancen wie jedes andere Start-up. Diese sind aber leider nicht so hoch, wie man es von den wenigen, immer gleichen Erfolgsbeispielen nach einer „Learning Journey" ins Valley vielleicht vermutet.

Die Schwierigkeiten, tatsächlich transformative Geschäftsmodelle auf der grünen Wiese durchzusetzen, sind in zahlreichen Studien ausführlich untersucht und beschrieben worden. So untersuchte z. B. Moulers 600.000 Start-ups in Großbritannien, von denen lediglich 1 Prozent es schaffte, den Status „Scale up" zu erreichen, der mit einem Wachstum von mindestens 20 Prozent in Umsatz oder Mitarbeiterzahl über eine Drei-Jahres-Periode definiert wurde.[28] Auch in den USA sieht die Statistik nicht gut aus. So stellte Bain in einer Auswertung aller US-amerikanischen Start-ups fest, dass die Chance eines Start-ups auf die Erreichung eines nachhaltigen Wertbeitrags (Größe von 500 Millionen USD und 10 Jahre profitables Wachstum) bei 1:17.000 liegt. Gibt man sich mit einem Wertbeitrag von 100 Millionen USD zufrieden, liegt die Chance bei 1:500. Der hier betrachtete nachhaltige Wertbeitrag mag zunächst hoch erscheinen, aber nur solche „großen Räder" helfen den Großunternehmen am Ende weiter, wenn sie überleben wollen.[29] Weltweit gab es in 2016 nur 165 „Unicorns", also Start-ups mit einer Bewertung von mindestens einer Milliarde Euro. Und selbst von diesen, so erwartet es z. B. Sascha van Holt, Geschäftsführer von SevenVentures, wird jedes fünfte Einhorn sterben bzw. unter die 1-Milliarde-Marke fallen, weil es langfristig keinen Jahresumsatz von mindestens 100 Millionen schafft, der solch eine Bewertung rechtfertigen würde. Schon heute zeigt sich an Firmen wie Dropbox, Jawbone oder GoPro genauso wie an den Rocket Internet-Aktien, dass ein nachhaltiger Impact auch für die gehypten Start-up-Stars schwierig ist.

Kurz gesagt: **Auf der „grünen Wiese" herrscht Krieg.** Die Ressourcen Kunden, Zeit und Geld sind begrenzt, und jeder will etwas davon, jedoch hat keiner einen Vorsprung. Die Faktoren, welche die Start-ups zu Beginn stark machen, wie Schnelligkeit, Einfachheit, keine komplexen Strukturen und Prozesse, stellen sie im Verlauf der Skalierung vor Probleme: Sie werden sofort kopiert, müssen sich einem harten globalen Wettbewerb stellen, scheitern an der Regulierung oder zu hohem Finanzbedarf.[30] Insbesondere in regulierten oder verbraucherkritischen Branchen wie der Energie-, Finanz- oder Gesundheitsbranche haben sie oftmals sogar Probleme, sich überhaupt gegen etablierte Unternehmen durchzusetzen, und bleiben, wenn überhaupt, mit geringen Umsätzen am Markt.

Für die Start-ups ist das kein Problem. Sie brauchen (in der Regel) keinen Wertbeitrag von 500 Millionen USD, um als erfolgreich zu gelten bzw. Gründer und Wagniskapitalgeber zu befriedigen. Zudem beginnen die Entrepreneure und Start-ups mit wenigen Mitteln. Wenn sie scheitern, hat das nur geringe Konsequenzen und andere können nachrücken, bis es irgendwann wieder eine Erfolgsstory gibt.

Bei Großunternehmen ist dies anders, da sie bereits ein bestehendes Geschäft mitbringen. Wenn die Innovation Hubs mit ihren Start-ups tatsächlich für die Zukunft der Unternehmen sorgen sollen, brauchen sie einen signifikanten Erfolg. Bleibt dieser nach einigen Jahren des Experimentierens aus, scheitert unter Umständen nicht nur der Innovation Hub, sondern auch das Kerngeschäft, da stark auf die separaten Einheiten gesetzt wurde. Zumal es weiterhin passieren kann, dass das Unternehmen von einem disruptiven Start-up überholt wird, das nicht im Innovation Hub angesiedelt war. Denn der Anspruch, dort alle potenziell disruptiven Ideen und Start-ups zu entdecken, wäre wohl nicht zu erfüllen.

Innovation Hubs haben also durch die Trennung von Kerngeschäft und Innovationstätigkeit die gleichen geringen Erfolgschancen wie alle anderen Start-ups.[31] Sie können mit hoher Wahrscheinlichkeit Verluste des Kerngeschäfts nicht ersetzen, ja tragen im schlimmsten Fall sogar zu diesen bei. Und können dennoch auch andere disruptive Start-ups nicht verhindern.

Kein Wunder also, dass eine aktuelle Studie der Zeitschrift *Capital* über die „besten" Innovation Hubs in Deutschland festgestellt hat, dass bisher noch keines der 17 untersuchten „Digital Hubs" wirklich Geld verdient hat – auch nicht diejenigen, die schon seit längerer Zeit existieren: „Es fällt auf, dass bisher betriebswirtschaftlich eigentlich fast nichts erreicht wurde", kommentiert Julian Kawohl, Professor an der Hochschule für Technik und Wirtschaft (HTW) Berlin, der die Studie wissenschaftlich begleitet hat, das Ergebnis. „Kein Unternehmen hat durch sein Lab signifikantes Neugeschäft aufgebaut." Jedoch: „Was funktioniert, ist: Ideen generieren. Da haben die Labs super Fortschritte gemacht".[33]

Auf Basis dieser Erkenntnisse muss an der Erfolgswahrscheinlichkeit der separaten Innovationseinheiten stark gezweifelt werden. Viele der zurzeit hervorsprießenden Innovation Hubs scheinen eher „Innovationstheater" zu sein, das vornehmlich für Investoren und Presse geschaffen wird. Im schlimmsten Fall sorgen die separaten Innovationseinheiten für eine Abwanderung von Talenten und Ressourcen, denn der Weg aus dem Kerngeschäft in nicht oder nur wenig erfolgreiche Start-ups führt nur selten wieder zurück in den Konzern.[34]

Wie sieht die aktuelle Erfolgslage in der Praxis aus? Bei den bestehenden separaten Innovationseinheiten ist der in der *Capital*-Studie festgestellte ausbleibende wirtschaftliche Erfolg aktuell noch kein Problem, da sie meist mittel- bis langfristige Zielsetzungen haben und oftmals noch nicht lange am Markt sind. Später wird es den meisten aber vermutlich genauso gehen wie den Frühstartern in dem Feld: Labs und Hubs, wie z. B. von Nordstrom, AOL, eBay, Coca-Cola, Microsoft, Disney oder der New York Times, sind inzwischen wieder verschwunden.[35] Und der Lufthansa Innovation Hub, immerhin Gewinner des „Ranking für Digital Labs" aus der *Capital*-Studie, hat es nach zwei Jahren gerade einmal auf 14 Mitarbeiter und drei „Leuchtturmprojekte" geschafft: eine Airline Checkin-App, eine Entschädigungs-Plattform für Flugverspätungen sowie einen App-Reisebuchungsassistenten.[36] Alles gute Services, aber keine disruptiven Ideen und wohl auch nicht die nächsten Umsatzbringer für den Konzern.

Hinzu kommt: Auch wenn die Idee der separaten Innovationseinheiten gerade en vogue ist, ist sie keinesfalls neu. Und wie so oft würde ein Blick in die Vergangenheit vor aktuellen und zukünftigen Fehlern bewahren. Schon im Jahr 1970 gründete Xerox das berühmte „Palo Alto Research Center" (Xerox PARC) mit dem Ziel, neue Technologien und Innovationen außerhalb des Kerngeschäfts der Fotokopierer zu entwickeln. Dank eines starken Forschungsfokus wurden dort tatsächlich mehrere revolutionäre Technologien entwickelt: So entspringen z. B. die Netzwerktechnik Ethernet und die graphische Oberfläche GUI zur Bedienung von PCs mit der Maus dem Innovationslabor. Ein Erfolg für Xerox? Keineswegs, bis auf den Laserkopierer (der sehr nah am Kerngeschäft war) konnte Xerox keine der Innovationen selbst umsetzen, da hierfür komplett neue Prozesse und Strukturen notwendig gewesen wären. Stattdessen gründeten die Erfinder eigene Firmen wie 3Com und Adobe, oder die Konkurrenz bemächtigte sich der Ideen. Ähnliche Probleme wie Xerox haben viele Unternehmen mit separaten Innovationseinheiten heute ebenfalls wieder.

Auch die Commerzbank konnte bereits frühzeitig relevante Erfahrungen mit separaten Innovationseinheiten sammeln. Im Jahr 2000 gründete sie eine 100-prozentige Tochtergesellschaft, die Commerz NetBusiness AG, ein Dienstleister für Internet-Consulting und ein Future Lab für das Banking der Zukunft. Ausgestattet mit einem hohen Budget hatte das 30 Mann starke Team die Aufgabe, Banking-Innovationen auf der grünen Wiese zu entwickeln und sich an neuen Internet-Geschäftsmodellen zu beteiligen. „Eine tolle Zeit, wie ein Start-up!", erinnert sich die Mitbegründerin Britta Gayko, „bis das Geld irgendwann alle und die Erkenntnis gereift war, Technik und Kunden sind noch nicht soweit. Wir waren einfach zu früh für internetbasierte Geschäftsmodelle, kurz: Die Umsetzung fehlte". Ohne nachhaltigen Wertbeitrag am Kunden bzw. für das Unternehmen wurde das Future Lab begraben und aus dem Team eine interne Unternehmensberatung entwickelt, die sich auch heute noch um strategische Themen von der Idee bis zur Umsetzung nah am Kerngeschäft kümmert.

Praxiskommentar

Britta Gayko, Managing Partner Commerz Business Consulting, Commerzbank AG

Design Thinking ist keine Allzweckwaffe – und es funktioniert nicht abgekapselt als „Cool-Kids-in-the-Corner" in sogenannten Innovation Hubs oder Future Labs. Das Resultat daraus sind oft viele „Ideen auf Halde" und eine Menge Spaß im Team, ohne einen wirklichen Wertbeitrag für das Unternehmen und seine Kunden zu kreieren.

Stattdessen braucht es viel mehr als „nur" Kreativität und eine coole Umgebung. Das sind zum einen der Freiraum und der fortwährende Wille, immer wieder neu zu lernen, zu testen, zu hinterfragen und theoretisch Erdachtes hands-on auszuprobieren – oft auch gemeinsam mit Endkunden und Entwicklern. Zum anderen erfordert Innovation die operative Fähigkeit, die Ideen bis zur Umsetzung auch durchzuführen. Um das zu erreichen, ist ein vernetztes Denken und Handeln im und außerhalb des Konzerns erforderlich. Warum Konzern? Er verfügt über die relevanten Erfolgsfaktoren mit der notwendigen kritische Masse: das sind Kunden, Vertrauen, Sicherheit und das Verständnis für die erforderliche Regulation.

Auch in der akademischen Forschung gibt es große Bedenken gegenüber den separaten Innovationseinheiten. So haben bereits viele Wissenschaftler festgestellt, dass die „Innovator's Solution" kein Allheilmittel ist und Großunternehmen sich im Innovationswettkampf keinesfalls nur auf separate Innovationseinheiten verlassen sollten. So führt Wadhwa aus, dass die Theorie von Christensen inzwischen komplett überholt ist: Disruption ist nicht mehr länger ein kleines Feld neuer Technologien oder Geschäftsmodelle, das von einer neuen Einheit gelöst werden kann, sondern passiert ständig und überall.[37] Diese „kontinuierliche Disruption" braucht die Stärke des gesamten Unternehmens, um gegen neue Konkurrenz aus völlig anderen oder neuen Industrien bestehen zu können.[38]

Selbst Clayton Christensen versucht inzwischen gegenzusteuern und sagt: „Etablierte Firmen sollen auf Disruption reagieren, wenn sie auftritt. Aber sie sollten nicht überreagieren, indem sie ihr profitables Geschäft aufgeben."[39]

Auch der „Change-Guru" John Kotter („Leading Change") bemerkt, dass die „Bilanz der zwei Welten ernüchternd" ist und schlägt stattdessen vor, die Suche und Bearbeitung neuer Chancen besser im Unternehmen selbst zu verankern.[40]

Warum aber wird dann weiterhin auf Innovation Hubs und ähnliche separate Einheiten gesetzt? Vor allem wohl, weil die Alternative fehlt. Großunternehmen scheinen nur die Wahl zu haben zwischen kundenzentrierten und disruptiven Innovationen mit geringer Erfolgschance oder inkrementellen Innovationen mit hoher Umsetzungswirkung, aber geringer Kundenzentrierung und niedrigem Disruptionspotenzial. Die große Aufgabe im Innovationsmanagement ist es also nun, eine Brücke zwischen diesen beiden Extremen zu bauen.

Kurz gesagt

Großunternehmen heute: Ineffiziente Start-up-Denke in separaten Einheiten

Großunternehmen versuchen, die Start-ups mit eigenen Waffen zu schlagen. Kundenzentrierte Innovationen im Unternehmen oder Start-ups aus separaten Innovationseinheiten haben jedoch nur geringe Erfolgschancen.

▸ Großunternehmen versuchen, das Innovationsdilemma zu lösen, indem sie wie Start-ups kundenzentrierte Innovationen mit Design Thinking- & Lean Startup-Methoden entwickeln

▸ Das Problem: Das komplexe Unternehmensumfeld wird bei diesen Methoden nicht berücksichtigt, sodass die Umsetzung der Ideen in der Regel scheitert

▸ Als vermeintliche „Innovator's Solution" werden die Innovationen in separate Einheiten verlagert, um auf dieser „grünen Wiese" Start-ups zu bauen

▸ Die Erfolgschance dieser Start-ups ist verschwindend gering, da die Stärken des Unternehmens nicht mehr für die Traktion und Skalierung genutzt werden können

▸ Theorie und Praxis zeigen, dass separate Innovation-Hubs & Co. noch nicht die Lösung für erfolgreiche Innovationen sind. Es fehlt bislang jedoch die Alternative

---

1.3 Großunternehmen morgen: Effiziente Innovation mit Kundenfit und Traktion

Die aktuelle und zukünftige Herausforderung für Großunternehmen: Neue Innovationsmethoden müssen die Lücke zwischen inkrementeller, aber umsetzungsstarker Innovation im Kerngeschäft auf der einen Seite und disruptiver, aber umsetzungsschwacher Innovation in Start-ups bzw. separaten Einheiten auf der anderen Seite schließen. Im Gegensatz zu den aktuell verwendeten Start-up-Methoden ist die Hauptaufgabe künftiger Innovationsmethoden somit, neue, kundenzentrierte Innovation mit vorhandener Umsetzungsstärke zu verbinden. Wenngleich das Mantra des Design Thinking, die Kundenzentrierung, überaus wichtig ist, genügt diese allein nicht, um signifikante Innovationserfolge zu verwirklichen. Diese sind erst dann erreicht, wenn die kundenzentrierte Innovation auch langfristig im Markt akzeptiert ist und einen signifikanten Wertbeitrag für das Unternehmen erwirtschaftet. **Eine für ein Großunternehmen erfolgreiche Innovation muss also neben dem Kundenfit auch eine hohe Traktion erreichen. Wir nennen dies „effiziente Innovation".** Kurz gesagt:

Effiziente Innovation = Kundenfit + Traktion

Klar ist: **Ohne Kundenfit geht es nicht.** Der Wettbewerb auf dem immer globaleren Markt nimmt zu, und Unternehmen können es sich schlichtweg nicht mehr leisten, Kundenbedürfnisse zu ignorieren. Egal ob Energie, Finanzwirtschaft, Telekommunikation, Transportwesen oder Logistik: Selbst Branchen, die früher durch starke staatliche Regulierung und Quasi-Monopole klare Angebotsmärkte waren, müssen mittlerweile nicht nur auf die Nachfrage reagieren, sondern diese sogar voraussehen. Hinzu kommt, dass Kunden eine hohe Ausrichtung an ihren Bedürfnissen in anderen Warengruppen, wie z. B. Lebensmittel, Kleidung oder der IT-Branche, längst gewohnt sind, und es heute schlichtweg erwarten – privat wie beruflich. Wenn Amazon Prime eine „Same Day Delivery" verspricht und Adidas-Schuhe mit eigenen Farben und Mustern individualisiert werden können, dann wird es schwer, Kunden Wartezeiten oder Standardisierung zu vermitteln. Individualisierung, On-Demand-Services, Kundenerlebnisse: Das sind nicht nur Buzzwords! Hierbei handelt es sich um Trends, die sich weiter manifestieren werden.

Diese Erkenntnisse haben kundenzentrierte Innovationsmethoden wie das Design Thinking zu Recht groß gemacht. Es wurde ein Bewusstsein dafür geschaffen, den Kunden bereits zu Beginn des Innovationsprozesses einzubeziehen und ihn stets im Blick zu behalten. Allzu oft wurde früher zuerst intern entwickelt, um dann festzustellen, dass Kunden- und Marktbedürfnisse gar nicht vorhanden oder ganz anders sind.

Aus dieser Perspektive heraus ist der suchende Blick der großen Unternehmen zu den Start-ups verständlich. Dadurch, dass diese ihr Unternehmen um eine kundenzentrierte Idee auf der grünen Wiese aufbauen können – ja sogar müssen –, haben sie insbesondere in den Anfangsjahren eine sehr hohe Kundenzentrierung. Daraus entsteht das Gefühl, dass sie deutlich innovativer sind als die schwerfälligen Großunternehmen. Doch inzwischen wissen wir, dass dies nur *ein* Teil der Gleichung ist, denn die Traktion (bzw. bei Start-ups die Skalierung) gelingt nur in den seltensten Fällen (auch wenn diese Fälle im Gedächtnis bleiben). Nach der im vorigen Kapitel zitierten Bain-Studie können wir sogar genau festhalten, dass die Chance, neben dem Kundenfit auch eine hohe Traktion zu erreichen, je nach Zielgröße bei gerade einmal 1:17.000 liegt (siehe Abbildung 2). Und je mehr Unternehmen auf der grünen Wiese kundenzentrierte Innovationen entwickeln, umso stärker

Kundenfit

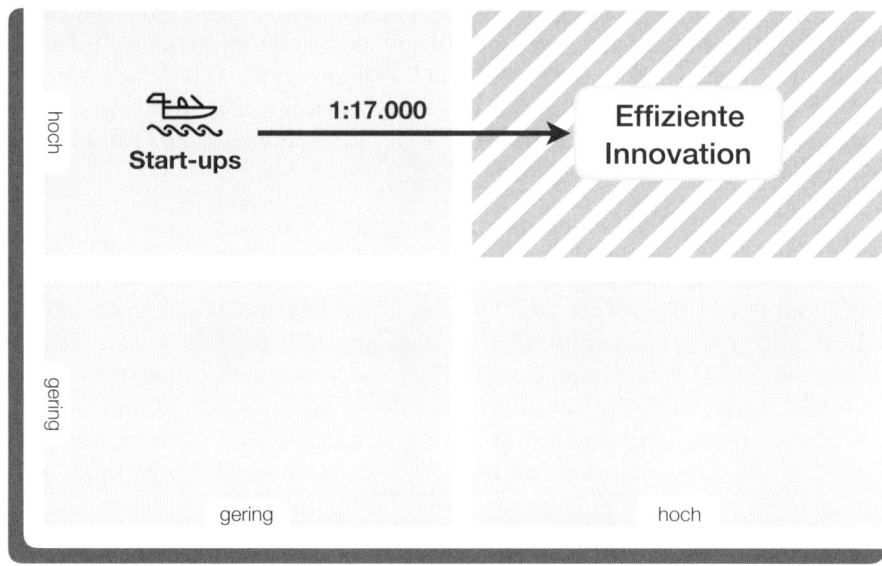

Abbildung 2: Innovation bei Start-ups: Hoher Kundenfit, geringe Traktion

wetteifern diese attraktiven Innovationen um den Kunden. Und umso mehr zählt die erfolgreiche Umsetzung bzw. Traktion.

Für Großunternehmen ist die Traktion entsprechend ein genauso wichtiger Erfolgsfaktor wie der Kundenfit. Die Traktion beschreibt die Wirkung der Innovation im Markt und damit quasi deren Umsetzungserfolg. Wie viele Menschen oder Unternehmen nutzen die Innovation tatsächlich? Wie groß ist das Wachstum im Markt? Wie viel Umsatz, Gewinn etc. erwirtschaftet die Innovation für das Unternehmen und die Volkswirtschaft?

Für eine erfolgreiche Traktion sind einzigartige und passende Ressourcen und Fähigkeiten notwendig, die im Normalfall über diejenigen von Start-ups hinausgehen bzw. nur mit sehr hohem Aufwand zu erlangen sind.[41] In der Managementtheorie werden die Erfolgsvoraussetzungen für starkes Wachstum in dem sogenannten Resource-based View (RBV) beschrieben. Dieser Ansatz beschäftigt sich mit der Frage, warum Unternehmen erfolgreich sind und wie sie einen nachhaltigen Wettbewerbsvorteil erzielen können.[42] Die generelle Erkenntnis: Die Unternehmen brauchen Ressourcen, die im Wettbewerb möglichst wertvoll, selten, schwierig zu imitieren und unersetzbar sind, sowie die Fähigkeiten, diese zu nutzen und zu koordinieren.[43] Dass diese Faktoren auch bei Innovationen für Wettbewerbsvorteile und damit eine möglichst nachhaltige Wirkung, hohes Wachstum und entsprechend große Traktion sorgen können, liegt auf der Hand. Im Gegensatz zu Start-ups besitzen etablierte Unternehmen bereits Kernkompetenzen, die ihren

Praxiskommentar

Michael Weppler, Leiter Geschäftsbereich „Systeme", TÜV Rheinland

Als TÜV Rheinland bewegen wir uns in einem sehr komplexen Umfeld. Zum einen sind unsere Kunden in den unterschiedlichsten Märkten unterwegs. Zum anderen hängt ein Großteil unserer Dienstleistungen direkt von Regulierungen und Gesetzgebungen ab, auf die wir selber keinen Einfluss haben. Gleichzeitig verfügen wir über zahlreiche Stärken – etwa unsere globale Präsenz und unser Expertenwissen in zahlreichen Branchen. Darauf bauen wir auf, um neue Lösungen und Dienstleistungen zu entwickeln.

Daher sind für uns Innovationsmethoden besonders interessant, die unsere Stärken nutzen und die zu Innovationen führen, die in unserem komplexen Unternehmensumfeld tatsächlich umsetzbar sind. Die „klassischen" Methoden haben dafür jedoch keinen ausreichend systematischen Ansatz, sodass Ideen oftmals an der einen oder anderen Restriktion scheitern oder nur in einem kleinen Ausschnitt unseres Geschäfts umsetzbar sind. Gelingt es jedoch, den richtigen Hebel für übergreifende Innovationen zu finden, kann dies einen erheblichen Wertbeitrag liefern!"

Unternehmenserfolg möglich gemacht haben. Auch wenn diese sich über den Zeitverlauf verändern, erweitert werden oder wegfallen, ist die Vorstellung sicher nicht abwegig, dass sie bei der Durchsetzung von Innovationen hilfreich sein könnten.

Doch was genau macht die Traktion aus? Ein genauerer Blick auf erfolgreiche Großunternehmen zeigt, dass solche „Traktionsfaktoren", also diejenigen Stärken, die Wettbewerbsvorteile für Innovationen sein können, meist in den folgenden Kategorien zu finden sind: Netzwerke, Markenstärke, Ressourcen, Kunden & Märkte sowie Strukturen & Prozesse.[44]

1. Netzwerke: Der Begriff bezieht sich dabei sowohl auf den Zugang zu Wettbewerbern und Zulieferern als auch auf wertvolle Kontakte zu Politik, Forschung und anderen Institutionen. Diese „Partnerbeziehungen" ermöglichen es z. B., Innovationen auch in stark regulierten Märkten durchzusetzen, mit anderen Unternehmen und Universitäten in Open Innovation gemeinsam an Innovationen zu arbeiten und sich gegenseitig zu ergänzen, von Grundlagenforschung zu profitieren oder auch möglicher Kritik bereits im Vorfeld zu begegnen. So profitieren Automobilhersteller beispielsweise von gemeinsamen Forschungsprojekten, Energieversorger und Finanzdienstleister von Verbindungen in die Politik oder große Beratungen von Verbindungen in alle Führungsetagen.[45] Im Gegensatz dazu sieht man beispielsweise an Uber und Airbnb, wie schwierig es ist, eine Idee ohne etabliertes politisches Netzwerk durchzusetzen: Verbote in verschiedenen Ländern und Städten machen den Services auch heute, nach vielen Jahren, immer noch einen Strich durch die Rechnung und verhindern in einigen Märkten sogar gänzlich die Durchsetzung der innovativen Geschäftsmodelle.

2. Markenstärke: Markenstärke bezeichnet nicht nur die Bekanntheit, die mit entsprechenden Finanzmitteln gegebenenfalls auch von Start-ups gekauft werden kann. Viel wichtiger sind Vertrauen und bewährte Kommunikation sowie die damit einhergehende Überzeugung von „Gatekeepern". Dies können z. B. Ärzte, Ladeninhaber oder Finanzberater sein, die bei der Empfehlung von Produkten und Services wenig Risiko eingehen wollen und auf bewährte Marken setzen. Das ist insbesondere für sensitive Lebensbereiche wie Finanzen und Gesundheit, aber auch bei anspruchsvollen Kategorien wie Luxusartikeln oder Reisen relevant. Selbst in „simplen" Branchen wie Unterhaltung und Spielwaren zeigt sich der Vorteil von Markenstärke. So konnte sich LEGO dank seiner erfolgreichen Marke immer neue Geschäftsfelder wie Filme, Freizeitparks und Videospiele aufbauen, und bietet inzwischen mit dem LEGO Serious Play Kit sogar erfolgreich Kreativworkshops für Geschäftskunden an.

3. *Ressourcen:* Die vorhandenen Ressourcen eines Unternehmens sind sicherlich der vielschichtigste Faktor für die Traktion. Egal ob Know-how, IP, Mitarbeiter, Produktionsmaschinen oder andere physische und virtuelle Güter: Viele davon sind selbst mit hohen Finanzmitteln nur schwierig zu beschaffen. Insbesondere Wissen ist oftmals in Form spezialisierter Expertenteams innerhalb der Unternehmen verankert und kann von neuen Unternehmen nur schwer aufgebaut werden. Komplexere Innovationen mit hohem Potenzial sind ohne jahrelang gewachsene Ressourcen kaum zu bewältigen. IBM kombiniert beispielsweise in seiner „Smarter Cities"-Initiative das Wissen aus unzähligen IT-Projekten mit Städten und Kommunen mit den bereits im Unternehmen vorhandenen Konnektivitätsservices und Sensortechnologien. So konnte das Unternehmen für die Stadt Stockholm als Alternative zu einem 1 Mrd. USD teuren Tunnel ein intelligentes, incentiviertes Verkehrsleitsystem schaffen, das ohne jegliche Bauzeit und zu 1/10 der Kosten die Verspätungen durch Staus um 50 Prozent reduzierte. In 2015, knapp 10 Jahre nach der Gründung von „Smarter Cities", konnte die Geschäftseinheit durch die Umsetzung komplexer Innovationen in verschiedenen Metropolen der Welt ca. 10 Milliarden USD an Umsatz für IBM beitragen.[46] Dies sind Größen, von denen aktuelle Internet-of-Things-Start-ups kaum zu träumen wagen.

4. *Kunden und Märkte:* In vielen Branchen sind bestehende Kundenbeziehungen und Märkte der relevanteste Erfolgsfaktor: Rein internetbasierte Angebote können noch relativ leicht global angeboten werden – sind aber auch entsprechend schnell kopierbar. Physische Produkte und persönliche Services hingegen brauchen eine weitreichende Infrastruktur, um am Ende auch tatsächlich die Kunden zu erreichen. Zudem konkurrieren sämtliche Angebote um eine begrenzte Menge an Zeit, Geld und Kunden. Ein passendes Beispiel sind hier die gehypten Finanz-Start-ups (Fintechs): Mit automatisierter, softwarebasierter Investmentberatung machen in den USA z. B. Betterment, FutureAdvisor und Wealthfront von sich reden. Diese „Robo-Advisor"-Start-ups sind seit 2010, respektive 2011 am Markt. Das etablierte Finanzunternehmen Vanguard entschied sich in 2015 nach zweijährigen Tests, seinen Kunden ein ähnliches Produkt anzubieten. Im Gegensatz zu den Start-ups griff es aber dabei auf seine Kernkompetenzen zurück und setzte z. B. seine Finanzberater als optionale telefonische Helfer ein. Das Unternehmen konnte den neuen Service ohne großen Mehraufwand seinen

Millionen von Kunden anbieten. Ende 2015 verwaltete das Unternehmen 31,3 Milliarden USD mit dem Robo-Advisor – und damit mehr als die drei genannten Start-ups zusammen.[47]

5. *Strukturen und Prozesse:* Diese sind heutzutage oftmals der Inbegriff von Innovationsbarrieren in großen Unternehmen. Doch in Wirklichkeit sind es die Geheimwaffen im Innovationswettkampf. Selbst wenn eine zu hohe Bürokratisierung oder zu geringe Flexibilität Innovationen erschwert, lohnt es sich, diese Faktoren einzubeziehen. Schließlich ermöglichen sie nicht nur eine schnelle Skalierung und das einfache „Hochfahren" für den Roll-out von Produkten und Services, sondern auch eine hohe Qualität sowie optimierte Logistik- und Organisationsprozesse bei geringstmöglichen Kosten. Diese Strukturen und Prozesse in neuen Unternehmen aufzubauen ist langwierig und schwierig. Nicht von ungefähr schaffen viele der umjubelten Crowdfunding-Produkte es nie in die Massenproduktion, denn der Teufel liegt im Detail. Der berühmte „Coolest Cooler", ein Rekordprojekt mit 13 Millionen USD Finanzierung von der „Crowd", wurde nach vielen Verspätungen nur an einen Teil der Investoren ausgeliefert. Das Unternehmen war schlichtweg nicht gut genug auf die Massenproduktion vorbereitet, hatte keine Finanzreserven und keine skalierbaren Strukturen und Prozesse, um Zehntausende von Kunden zu bedienen[48]. Auch Pebble, eines der ersten Smartwatch-Unternehmen, wurde 2016 aufgrund hoher Schulden aus unprofessioneller Massenproduktion deutlich unter Wert verkauft.[49] Und selbst ein Blick auf Tesla offenbart die Skalierungsproblematik vieler Startups: Das Unternehmen hat (gefühlt) einen jahrelangen Vorsprung vor den Automobilkonzernen, die erst jetzt langsam aus ihrem Dornröschenschlaf erwachen. Und dennoch: Jetzt, wo der Schalter umgelegt ist, droht Tesla dauerhaft zum Nischenanbieter zu werden. Wie auf „Knopfdruck" haben die etablierten Hersteller unzählige neue Elektrofahrzeuge angekündigt und werden diese in den nächsten Jahren in vermutlich bedeutend höheren Stückzahlen ausliefern als Tesla. So konnte Volkswagen innerhalb eines halben Jahres entscheiden, eine eigene Batteriefabrik zu bauen und ein komplettes Werk auf Elektrofahrzeuge umzustellen – Strukturen und Prozesse, für die Elon Musk jahrelang kämpfen und Gelder einsammeln musste. Und dabei ist Tesla mit seinem Fokus auf den Aufbau von Prozessen und

Netzwerk	Marke	Ressourcen	Kunden & Märkte	Strukturen & Prozesse
Wettbewerber	Bekanntheit	Maschinen	Kontaktdaten	Kundenservice
Start-ups	Follower	Software	Händler	Herstellung
Universitäten	Kampagnen	Gebäude	Globale Präsenz	Qualitätssicherung
Forschungsinstitute	Vertrauen	Filialen	Lokale Fertigung	Entscheidungsklarheit
Gesetzgeber	Botschafter	Mitarbeiter	Empfehler	Mitarbeiterentwicklung
Regulatoren	Influencer	Spezialwissen	Ambassadoren	Genehmigung
Pressekontakte	Sponsorships	Patente / IP	Testimonials	Einkauf
...	...	...	...	...

Abbildung 3: Beispiel: Traktionsfaktoren

physischen Ressourcen bereits ein Ausnahmefall, der zumindest Chancen hat, irgendwann profitabel zu werden. Die etablierten Unternehmen aber können schnell Millionen von Autos in hoher Qualität bauen und müssen „nur" die fehlenden Technologien ergänzen, um den neuen Markt mit eigenen Innovationen aufzurollen.

Wie die Beispiele zeigen, haben Großunternehmen in Bezug auf die Traktion alle Vorteile in der Hand. Im Gegensatz zu Start-ups verfügen sie bereits über Netzwerke, Markenstärke, Ressourcen, Kunden- und Marktzugang sowie optimierte Strukturen und Prozesse, die für Innovationen genutzt werden können. Die maximale Anzahl an Erfolgsfaktoren für eine hohe Traktion ist also vorhanden (siehe Abbildung 4).

Kundenfit

Effiziente
Innovation

hoch

gering

Großunternehmen

gering   hoch

Traktion

Abbildung 4: Innovation bei Großunternehmen: Geringer Kundenfit,
hohe Traktion

So antwortet z. B. der Geschäftsführer von UPS Deutschland, Frank Sportolari, auf die Frage, ob UPS sich von den vielfältigen Logistik-Start-ups bedroht fühlt: „Das ist keine Bedrohung für uns. Wir sind in einem hart umkämpften Markt. Das, was wir anbieten, ist nicht so leicht nachzumachen: ein weltweites System aus Fluggesellschaften und Bodennetzwerken."[50]

Warum werden die etablierten Unternehmen dennoch von disruptiven Start-ups bedroht? Genauso wie UPS wissen die meisten etablierten Unternehmen schließlich, was ihre Kernkompetenzen sind. Und dass genau diese eigentlich ihre Wettbewerbsvorteile bilden.

Das Problem dabei: **Die Unternehmen schaffen es nicht, diese Stärken auch für disruptive Innovationen einzusetzen und so einen hohen Kundenfit zu erreichen.** Laut Christensen ist es sogar schlichtweg unmöglich, disruptive Innovationen innerhalb des Unternehmens zu entwickeln.[51] Denn die oben genannten Traktionsfaktoren bilden eben das Brownfield des Unternehmens und stehen damit diametral zur grünen Wiese, auf der mit heutigen Methoden kundenzentrierte Ideen und disruptive Innovationen entwickelt werden sollen.

Doch genau dieses Brownfield – das Bündel aus vorhandenen Ressourcen und den Fähigkeiten, diese produktiv einzusetzen – bildet gleichzeitig die größte Chance für Großunternehmen, langfristig den Innovationswettkampf gegen disruptive Start-ups zu gewinnen. Eigentlich unfassbar also, dass genau diese Erfolgsfaktoren mit den Start-up-Methoden und in Innovation Hubs weitestgehend ignoriert werden und so die Erfolgschancen genauso gering sind wie bei Start-ups (siehe Abbildung 5). Wir glauben: Genau an dieser Stelle lohnt es sich anzusetzen.

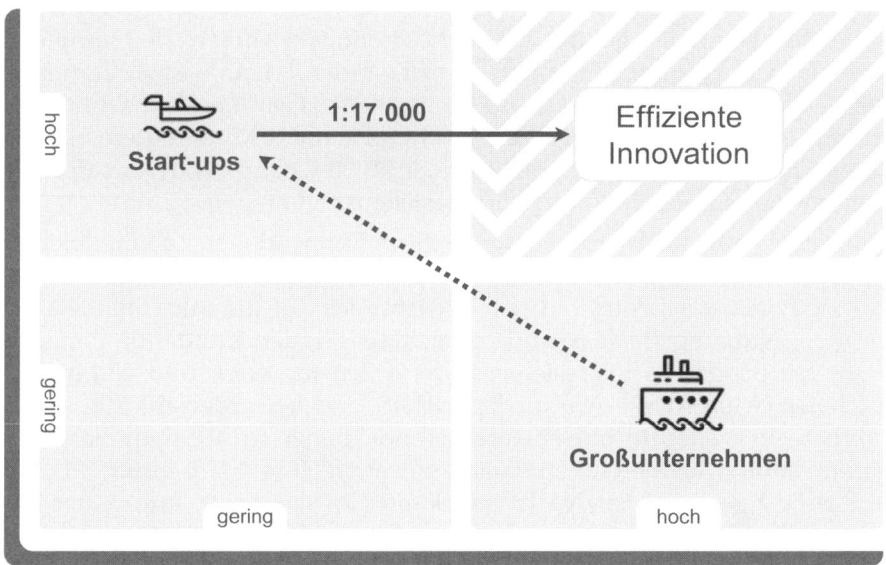

Abbildung 5: Der „Umweg" über die Auslagerung von Innovation in separate Einheiten wie Innovation Hubs

Um den Innovationswettkampf gegen disruptive Start-ups zu gewinnen, müssen Großunternehmen lernen, Innovation mit ihren Umsetzungsstärken zu verbinden. Und dies, bevor Start-ups lernen, Umsetzungsstärken zu entwickeln.[52] Wenn es gelingt, aufbauend auf die vorhandenen Stärken des Unternehmens kundenzentrierte Innovationen zu entwickeln, dann kann die Traktion des Kerngeschäfts auch für die Umsetzung dieser Innovationen genutzt werden. Eine solche **„effiziente Innovation" ist so nah am Kerngeschäft wie möglich und so disruptiv wie nötig**, um sowohl die Stärken des Kerngeschäfts zu nutzen, als auch den benötigten Kundenfit sicherzustellen.

Diese effiziente Innovation ist dabei nicht zu verwechseln mit der von Christensen beschriebenen Effizienz-Innovation, die sich lediglich auf inkrementelle Verbesserungen, eben Effizienzgewinne, bezieht. Vielmehr ermöglicht sie die direkte Verbindung von Traktionsfaktoren und Kundenfit. Der „Umweg" über die Entwicklung von Start-ups auf der grünen Wiese ist dann hinfällig und der Innovationserfolg entsprechend bedeutend schneller und mit weniger Risiko zu erreichen.

Dazu muss allerdings auch bei der Konzeption bereits im Brownfield mit den Stärken und Umsetzungskriterien des Unternehmens gearbeitet werden. Ähnlich wie es einem Großmeister gelingt, im Schach viele Züge vorauszudenken, müssen die für die Umsetzung und den Erfolg wichtigen Unternehmensfaktoren bereits berücksichtigt werden, bevor die Idee überhaupt entstanden ist – um auf diese Weise dafür zu sorgen, dass auch disruptive Ideen zum Unternehmen passen.

Der Vorteil: Wenn dies gelingt, haben die Großunternehmen alle Trümpfe in der Hand, um zum Innovationstreiber zu werden.[53] Laut Bain & Company steigen die Chancen auf ein erfolgreiches neues Geschäftsfeld schließlich auf 1:8, wenn die Stärken des Kerngeschäfts genutzt werden können.[54] Im Gegensatz zu der vormals 1.500- bzw. 1:17.000-Chance von Start-ups für einen solchen Erfolg ein klarer Vorteil (siehe Abbildung 6).

Die große Herausforderung liegt also darin, Innovationen zu konzipieren, bei denen Kundenfit *und* Traktion sichergestellt sind. Klassische Innovationsmethoden konzentrieren sich vornehmlich auf die inkrementelle Innovation (Nutzung *Traktion*) und vernachlässigen den Kundenfit. Aktuelle Methoden wiederum fokussieren sich auf den *Kundenfit* und verhindern durch den Grüne-Wiese-Ansatz die *Traktion*. Und so werden aus Mangel an Alternativen weiterhin inkrementelle Innovationen im Kerngeschäft und disruptive Innovationen in separaten Innovation Hubs & Co. entwickelt. Mit Blick auf die geringen Erfolgschancen kann dies aber keine langfristige Lösung sein. Selbst der „Erfinder" der separaten Innovationseinheiten, Clayton Christensen, bemerkt, dass dies nur ein „Back-up-Plan für Unternehmen" ist, weil „wir noch nicht gelernt haben, wie man Entrepreneurship intern vollbringen kann."

Kundenfit

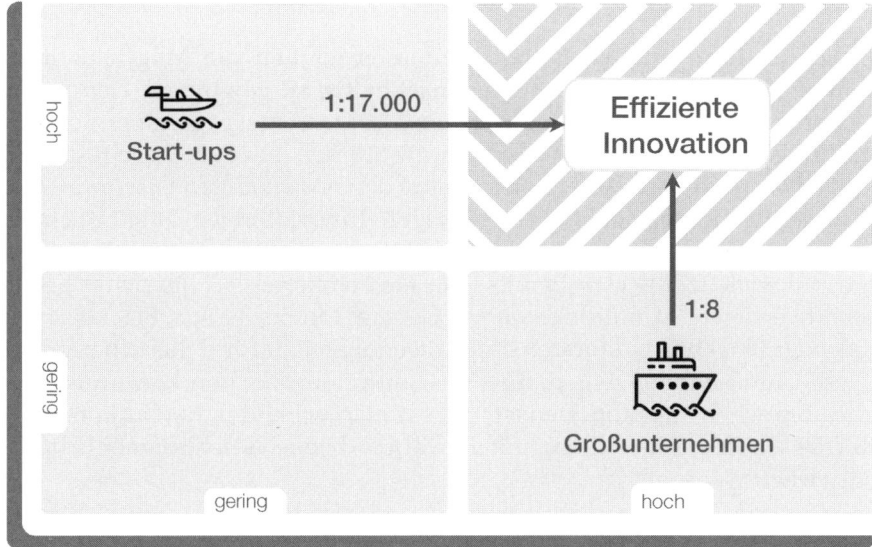

Traktion

Abbildung 6: Effiziente Innovation: Hoher Kundenfit, hohe Traktion[57]

Großunternehmen morgen: Effiziente Innovation mit Kundenfit und Traktion

Der Innovationserfolg von Großunternehmen hängt von der Fähigkeit ab, effiziente Innovationen mit Kundenfit und Traktion zu entwickeln. So können die Stärken des Unternehmens für kundenzentrierte Innovationen genutzt werden.

▶ Die Lösung des Innovationsdilemmas wird durch effiziente Innovationen mit Kundenfit *und* Traktion erzielt

▶ Start-ups verfügen über einen hohen Kundenfit, jedoch nur geringe Traktion

▶ Großunternehmen haben durch ihre vorhandenen Stärken (z.B. Netzwerke, Marken, Ressourcen, Kunden, Strukturen) bereits beste Voraussetzungen für eine hohe Traktion

▶ Aktuelle Innovationsmethoden können die Unternehmensstärken bei der Entwicklung disruptiver bzw. kundenzentrierter Innovationen nicht ausreichend berücksichtigen

▶ Die Einbeziehung von Kunden- *und* Unternehmensperspektive für die Entwicklung effizienter Innovationen kann nur durch eine neue Innovationsmethodik gelöst werden

Kurz gesagt

1.4 Von der Theorie zur Praxis effizienter Innovation

Effiziente Innovationen bieten Großunternehmen die Möglichkeit, den Kampf gegen disruptive Start-ups nachhaltig zu gewinnen. Denn sie erlauben es den Unternehmen, in neuen Märkten bzw. gegenüber neuen Bedrohungen in bestehenden Märkten die Stärken aus dem Kerngeschäft zu nutzen (Traktion) und dabei gleichzeitig den notwendigen Disruptionsgrad (Kundenfit) sicherzustellen. Die effiziente Innovation ist für sämtliche Unternehmen relevant, die am Innovationswettkampf teilnehmen wollen oder müssen, gleichzeitig aber bereits über ein etabliertes, erfolgreiches Kerngeschäft verfügen.[55] Unternehmen wie General Motors, Nokia, Blackberry, Kodak oder Blockbuster könnten die Notwendigkeit dafür sicherlich bezeugen. Diese Unternehmen zeigen, dass Disruption inzwischen kontinuierlich in allen Branchen angekommen ist und es entsprechend darauf ankommt, das Kerngeschäft erfolgreich zu halten, während neue Geschäftsmöglichkeiten entwickelt werden.[56]

Doch die Herausforderung liegt im „Wie": **Um in diesem Spannungsfeld zwischen Kerngeschäft und disruptiver Innovation zu arbeiten und effiziente Innovationen systematisch zu entwickeln, reichen aktuelle Innovationsmethoden nicht aus.** Ein generelles Umdenken ist vonnöten, um das Kerngeschäft als Vorteil gegenüber den Start-ups zu nutzen (statt dieses als Hindernis zu ignorieren) und somit den Kampf gegen disruptive Start-ups nachhaltig zu gewinnen (siehe Abbildung 7).

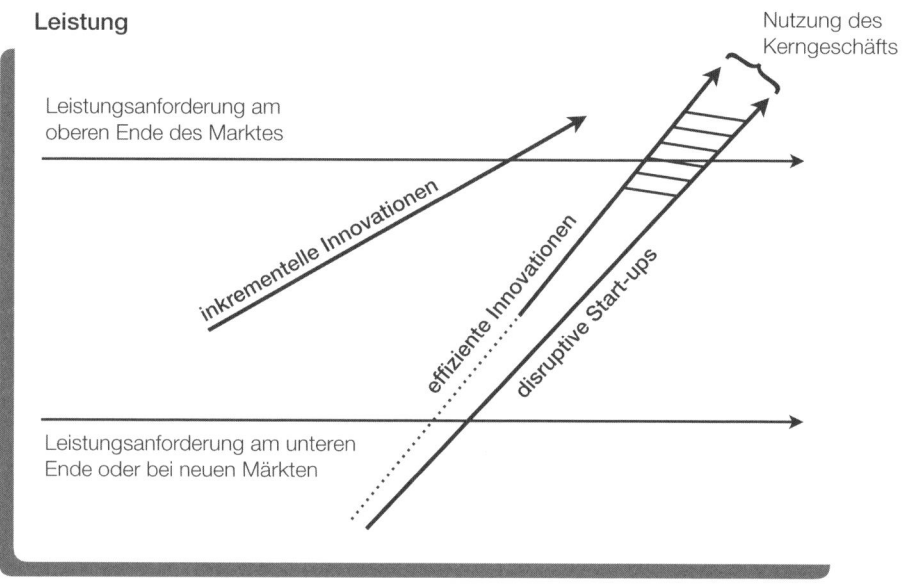

Abbildung 7: Effiziente vs. disruptive Innovation[57]

Zusammengefasst verfügen effiziente Innovationen also über folgende Grundcharakteristiken:

- Sie bringen entweder eine neue Technologie in ein existierendes Geschäftsmodell oder ein neues Geschäftsmodell in ein existierendes Kerngeschäft oder aber sie kombinieren eine neue Technologie mit einem neuen Geschäftsmodell auf Basis des Kerngeschäfts.
- Sie passen in die Restriktionen des Kerngeschäfts, um dessen Ressourcen und Fähigkeiten auszunutzen *(Traktion)*.
- Sie inkludieren den Kundenfokus, um den benötigten Disruptionsgrad zu erfüllen *(Kundenfit)*.
- Sie sind so *nah am Kerngeschäft wie möglich* und *so disruptiv wie nötig*, um die o.g. Anforderungen zu erfüllen.

Einige ausgewählte Beispiele effizienter Innovation in großen Unternehmen können diese Charakteristiken gut veranschaulichen:

Apple Appstore: Der Appstore von Apple hat den Markt für Mobiltelefone und Software-Applikationen disruptiert und mit Hunderttausenden neuer Apps und Möglichkeiten den größtmöglichen Kundenfit geboten. Die Innovation ist also *so disruptiv wie nötig*. Gleichzeitig setzt die Innovation auf die bereits existierende iPhone-Hardware (und seine Kunden) und beschränkt die Verwendung der Apps auf das Apple-Ökosystem. Auf diese Weise ist die Innovation auch *so nah wie möglich am Kerngeschäft* und schützt es gleichzeitig vor Disruption. Heute ist dies der weltweit größte Appstore, und Apple ist der profitabelste Smartphone-Hersteller. Für ein Start-up wäre diese Innovation kaum möglich gewesen, denn es braucht den Zugang zu Tausenden von App-Entwicklern, den Apple bereits aus dem Kerngeschäft heraus hatte und weiter ausbauen konnte.

Amazon Kindle: Amazon hat als bereits etabliertes Unternehmen mit dem Kindle einen neuen Markt für E-Books geschaffen. Es digitalisiert das Lesen und sorgt dabei dennoch für ein möglichst natürliches Lesegefühl dank elektronischer Tinte. Es ist somit *so disruptiv wie nötig* und stellt die Bedürfnisse des Kunden in den Vordergrund. Gleichzeitig setzt die Innovation auf Amazons Zugang zu Verlagen und Inhalten, die vorhandene Distributionsplattform und den Zugang zu Millionen von Lesern und ermöglicht es Amazon damit, auch im digitalen Zeitalter Bücher zu verkaufen. Damit ist die Innovation *so nah wie möglich am Kerngeschäft* und konnte Amazon zum Innovationstreiber im E-Book-Markt machen. Ein Start-up hingegen müsste es schaffen, Kontakte zu Verlagen aufzubauen und diese von E-Books zu überzeugen, die Geräte an sich herzustellen (bzw. herstellen zu lassen) und gleichzeitig den Lesern zu vermitteln, dass Bücher jetzt eine Akkustandsanzeige haben. Sehr wahrscheinlich wären sie damit gescheitert.

Viele weitere Beispiele können zur Veranschaulichung des Konzepts dienen und den Erfolg effizienter Innovation zeigen: *Vodafone* konnte mit dem digitalen Bezahlsystem M-Pesa einen komplett neuen Markt mit neuer Zielgruppe aufbauen und dabei auf das aus dem SIM-Karten-Kerngeschäft vorhandene Händler- und Kommunikationsnetzwerk aufbauen. *Amazon* sichert mit seinen Amazon Web Services das Kerngeschäft, das eine starke IT-Infrastruktur braucht, und macht die Ressourcen gleichzeitig für andere nutzbar. Der Service trägt inzwischen 67 Prozent zum Jahreserfolg bei. Aber auch weniger im Fokus stehende Firmen wie *HILTI* oder *Kärcher* ermöglichen mit Sensoren in ihren Geräten und digitalem Fleet Management ganz neue Geschäftsmodelle wie automatisiertes Geräteleasing, die auf ihrem Kerngeschäft, der Herstellung der Geräte, fußen.

Auch die Managementtheorie hat sich bereits ausgiebig mit der Balance zwischen Kerngeschäft und disruptiver Innovation beschäftigt. **Hier wird das Phänomen meist unter den Stichworten „Dualismus" oder „Ambidexterität" (bzw. „Ambidextrie") behandelt.** Per Definition geht es dabei darum, „heute effizient zu funktionieren und gleichzeitig erfolgreich für die Zukunft zu innovieren".[58] Birkenshaw und Gibson beschreiben die Problematik dabei folgendermaßen: Sie weisen darauf hin, dass Manager in den letzten Jahren erkannt haben, wie wichtig es ist, agil auf neue Chancen und Marktveränderungen zu reagieren, dabei aber oftmals vergessen, auch das Kerngeschäft „mitzunehmen". Laut ihrer Untersuchung sind erfolgreiche Unternehmen „nicht nur beweglich, innovativ und proaktiv, sondern können auch die Stärken ihrer proprietären Ressourcen nutzen, neue Geschäftsmodelle schnell ausrollen und Kosten in bestehenden Prozessen minimieren".[59] Sie besitzen damit neben der Agilität (bzw. Exploration) für Innovationen auch die Fähigkeit der Angleichung (bzw. Exploitation), also den Sinn dafür, wie Aktivitäten koordiniert werden müssen, um einen positiven Wertbeitrag im Kerngeschäft zu erzielen (siehe Abbildung 8).

Für ein langfristig positives Wachstum müssen diese beiden Faktoren ins Gleichgewicht gebracht werden. Dies entspricht dann im Erfolgsfall einer *ambidexteren Organisation*. Doch im Normalfall sind Firmen entweder effizient und erzielen hohe Gewinne durch Optimierungen („Erfolgsfalle") oder sie sind innovativ und erzielen hohe Umsätze in neuen Märkten mit geringen oder negativen Margen („Failure-Falle").

Sarkees und Hulland zeigen in ihrer Untersuchung, dass Unternehmen, die Effizienz (gewinnträchtiges Kerngeschäft) und Innovation (experimentelles Neugeschäft) verbinden können, klare Vorteile gegenüber Wettbewerbern haben: Sie können höhere Umsätze, Gewinne, Kundenzufriedenheit und eine größere Anzahl neuer Produkteinführungen erzielen.[61]

Der Bedarf für diese Verbindung von Kerngeschäft und radikaler Innovation, also der effizienten Innovation, wurde auch in verschiedenen Studien herausgearbeitet. Nicht nur, dass Chris Zook mit dem Research von Bain die Chance für Innovationen, die es schaffen, die Stärken des Kerngeschäfts auszunutzen, auf 1:8 beziffert.[62] In seinem Buch „Moving beyond the core" beschreibt er auch, dass diese Taktik in sogenannten Adjacency Moves umgesetzt werden sollte, um die an das Kerngeschäft angrenzenden Wachstumsfelder zu identifizieren und zu nutzen. Diese müssen dabei jedoch immer auf einer

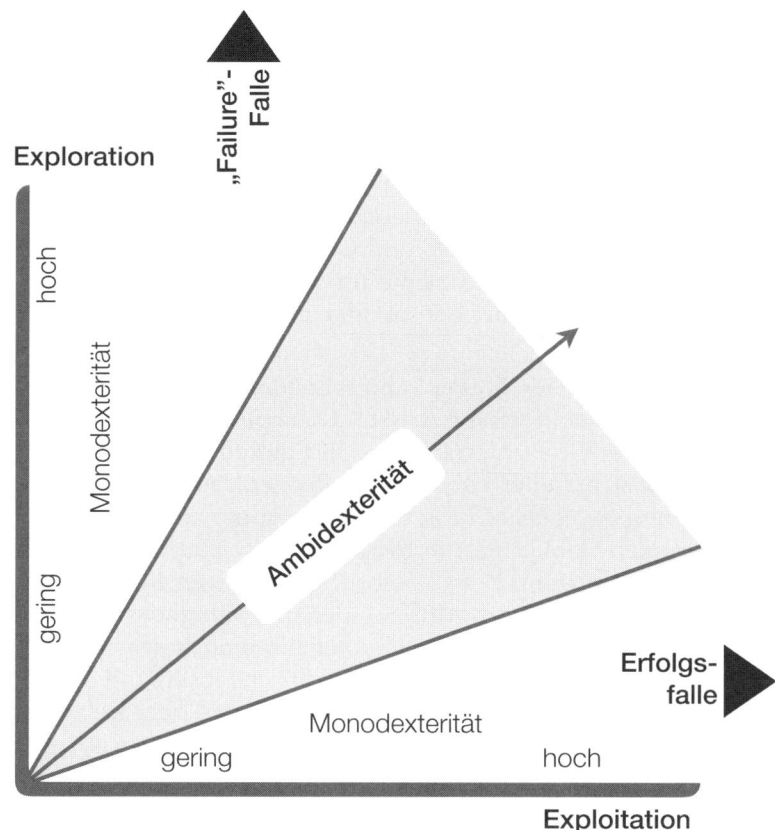

Abbildung 8: Ambidexterität[60]

starken Basis, eben dem Kerngeschäft, stehen.[63] Start-ups auf der grünen Wiese würden entsprechend verpuffen und keinen signifikanten Effekt für das Gesamtunternehmen haben. Auch der Innovationsforscher und -berater Idris Mootee hat in seiner Untersuchung strategischer Innovationen festgestellt, dass „Innovation nur dann strategisch [relevant ist], wenn alle damit zusammenhängenden Aktivitäten an der Revitalisierung des Kerngeschäfts oder der Verbindung des Kerngeschäfts mit zukünftigen Geschäftsmöglichkeiten ausgerichtet sind."[64] Andere Innovationspfade würden „sehr wahrscheinlich zum Misserfolg führen."[65] Und der Forscher Konstantonis Kostopoulos geht darauf ein, dass die Kapazität eines Unternehmens für Innovation maßgeblich von seinen Ressourcen und Fähigkeiten abhängt. Die Ressourcen müssen mit den vorhandenen Fähigkeiten re-kombiniert und ggf. verändert werden, um neue Wettbewerbsvorteile, und damit Innovationen, zu schaffen.[66]

Im Extremfall können die effizienten Innovationen durch die geeignete Verbindung zum Kerngeschäft dieses auf lange Sicht sogar ersetzen. So nutzte Netflix (als „etabliertes Start-up") die vorhandene Kundenbasis und Kontakte zu Filmstudios aus dem DVD-Verleihgeschäft, um das Streaminggeschäft aufzubauen. IBM konnte auf Basis der großen Anzahl von Geschäftskunden und der Expertise im IT-Geschäft im Servicegeschäft innovieren und schlussendlich das Hardwaregeschäft durch IT-Services größtenteils ablösen. Dies funktioniert jedoch nur, weil die neuen Services zwar auf der einen Seite nach Trends und zukünftigen Kundenbedürfnissen (On-Demand Streaming, IT-Outsourcing) ausgerichtet sind, auf der anderen Seite jedoch auf Basis der aktuellen Stärken des Kerngeschäfts entwickelt wurden (Abonnenten und Content bzw. IT-Expertise und Geschäftskundenkontakte).[67] Eine solche Wirkung können nur effiziente Innovationen erzielen – und keine kleinen Start-up-Schnellboote, die auf der grünen Wiese komplett neue Märkte aufbauen sollen.

Diese Beispiele zeigen: **Der Tanker kann schneller sein als das Schnellboot.** Wie es auch M.H. Meyer in seinem Artikel „Disruptive Innovation – but is it?" beschreibt, gilt es für Großunternehmen, die Stärken aus dem Kerngeschäft auszunutzen und zu erweitern und mit kundenzentrierten Innovationen auf neue Verwendungszwecke, Märkte und Zielgruppen zu übertragen.[68] Auf diese Weise können etablierte Unternehmen das Zusammenspiel zwischen disruptiver Innovation und dem Vorsprung vor neuen Konkurrenten auf Basis ihrer existierenden Ressourcen, Kunden und Fähigkeiten bewältigen.[69] Statt als langsamer Tanker von Schnellbooten überholt zu werden, bekommt dieser mit der effizienten Innovation neue Antriebsdüsen, mit denen er mit seiner ganze Kraft an den Schnellbooten vorbeizieht – bzw. sie versenkt.

Wie dies gelingen kann, zeigt auch ein Beispiel von General Electric. Dieses beschreibt der Innovationsguru Vijay Govindarajan, Professor an der Tuck School of Business am Dartmouth College: Das Unternehmen entwickelt mit seiner GE Digital Unit zwar „separat" neue Fähigkeiten für das Unternehmen, ist dabei aber stark mit dem Kerngeschäft verbunden und kann so eine sehr hohe Wirkung erzielen.[70] Mit den Daten tausender Sensoren können passende Big Data Analytics Services für die Kunden entwickelt werden. Wenn auf Basis solcher Analyseservices ein Bahnunternehmen seine Durchschnittsgeschwindigkeit um eine Meile pro Stunde steigern kann, kann das bei dem Unternehmen zu 250 Millionen USD mehr Gewinn im Jahr führen. Somit stellt Govindarajan fest, dass Großunternehmen alle „Assets, Ressourcen und Fähigkeiten haben, um Innovationen aufzubauen". Nach seiner Aussage sind Start-ups im besten Fall mit viel Wagniskapital ausgestattet, aber weit weg von der Größenordnung eines Konzerns.

Paradoxerweise zeigt selbst eine Untersuchung von Innovation Hubs die Sinnhaftigkeit dieser Verbindung aus Kerngeschäft und Innovation: So stellt O'Hare fest, dass Innovation Hubs erfolgreicher sind, je näher sie am Kerngeschäft sind – obwohl sie eigentlich für das Gegenteil gegründet wurden.[71] Die Innovation Hubs mit enger Verbindung zum Kerngeschäft sind stärker an die Strategie des Gesamtunternehmens angeglichen und haben geringere Probleme, ihre Ideen auch tatsächlich zu kommerzialisieren – sprich, die Traktion zu erreichen. Dies führt allerdings die Grundidee des möglichst separaten Innovation Hubs entsprechend ad absurdum.

Somit bleibt die Herausforderung der systematischen Entwicklung effizienter Innovationen bestehen. Auch wenn es die o.g. Positivbeispiele gibt, zeigt ein Blick in die Innovationslandschaft die große Herausforderung, diese Balance aus effizientem Kerngeschäft und disruptiver Innovation dauerhaft und systematisch zu verwirklichen.

Wenn Unternehmen sich zu sehr auf die Angleichung bzw. das Kerngeschäft konzentrieren, laufen sie Gefahr, Innovationen zu verpassen und disruptiert zu werden. Konzentrieren sie sich zu sehr auf disruptive Innovationen, werden die Vorteile des Kerngeschäfts verschenkt und unter Umständen sogar in Gefahr gebracht.

Also, was tun? Die aktuell in der Theorie beschriebenen Lösungen für dieses Problem ähneln dem Ansatz von Christensen. Es wird in separaten Einheiten oder selbstverantwortlich von Mitarbeitern entweder für das Kerngeschäft *oder* für Innovationen gearbeitet. Im ersten Fall, der *strukturellen Ambidexterität*, werden die separaten Einheiten organisatorisch verankert. Die Entscheidung geht hier hierarchisch vom Topmanagement aus, was so versucht, die Balance zwischen *Agilität* (Erforschung neuer Opportunitäten) und *Angleichung* (Ausschöpfung bestehender Tätigkeiten) zu finden. Bei der zweiten Variante, der *kontextuellen Ambidexterität*, wird dieses Prinzip auf die einzelnen Mitarbeiter umgelegt. Alle im Unternehmen sind aufgefordert, ihre Zeit selbstständig zwischen Tätigkeiten für die Agilität bzw. Innovationen und der Angleichung bzw. Verbesserung des Kerngeschäfts zu verwenden. Die Entscheidungen für die Balance werden in diesem Fall also immer nach Bedarf an der Basis getroffen, während das Topmanagement nur die Rahmenbedingungen dazu schafft. Entsprechend müssen die Mitarbeiter auch über generalistische Fähigkeiten verfügen, um die verschiedenen Bedürfnisse aus Agilität und Angleichung abbilden zu können.[72]

Alle dieser Ansätze haben aber das gleiche Problem: Sie sehen die Balance als ein „Entweder – Oder". *Entweder* werden disruptive Innovationen entwickelt, *oder* es wird das Kerngeschäft verwaltet und verbessert (auch wenn dies möglichst gleichzeitig passiert), ohne dass beides klar zusammenhängt. Nach dem Konzept der effizienten Innovation und der Logik der positiven Praxisbeispiele folgend muss aber beides im Innovationsprozess kombiniert werden, um es zu einer Lösung zu verbinden und damit wirklich neue Wettbewerbsvorteile zu erschaffen.

Für die systematische Entwicklung solch einer effizienter Innovation braucht es also eine prozessuale Ambidexterität. In dieser kann das Topmanagement die Marschrichtung vorgeben, und Mitarbeiter können anschließend in einem definierten Prozess effiziente Innovationen entwickeln, die sowohl die Stärken und Restriktionen des Kerngeschäfts als auch die Anforderungen des (zukünftigen) Marktes zur Sicherstellung der Kundenzentrierung berücksichtigen. Eine solche prozessuale Ambidexterität entspricht der Definition von „Dynamic Capabilities" nach Teece et al.:[73] *„Klare Skills, Prozessschritte, Prozeduren, organisatorische Strukturen, und Entscheidungsregeln".*

Diese dynamischen Fähigkeiten würden einem Unternehmen erlauben, Bedrohungen und Chancen zu identifizieren und durch die Konfiguration und Rekonfiguration organisatorischer Ressourcen und Kompetenzen zu adressieren. Wenn dies ermöglicht wird, kann neben dem Kundenfit auch die Traktion zur erfolgreichen effizienten Innovation erreicht werden.

Die beschriebenen benötigten Fähigkeiten für effiziente Innovation aufzubauen ist ein komplexes Unterfangen. Innovationen, die sowohl nach dem Kundenbedarf und zukünftigen Trends ausgerichtet sind als auch die Stärken existierender Ressourcen und Prozesse nutzen, indem diese berücksichtigt werden, entstehen leider nicht als Geistesblitz, sondern auf Basis von harter Arbeit. Die notwendigen Ideen können also nicht zufällig auf der grünen Wiese entstehen, sondern müssen geplant werden, um zur erfolgreichen Innovation zu werden. Glücklicherweise ist dies möglich, da Ideen nicht aus Zufall entstehen, sondern einem – in der Regel unterbewussten – Entstehungsprozess folgen. Wenn dieser entschlüsselt wird, kann er institutionalisiert, gesteuert und fokussiert werden, um passende Ideen zu entwickeln.

Wenn aber Ideen kein Zufall sind, können sie systematisch erarbeitet werden! So beschreibt der US-amerikanische Autor Steven Johnson in seinem Buch (und TED-Talk) „Where good ideas come from", dass die Geschichte des plötzlichen Geistesblitzes ein Mythos ist, der in der Wirklichkeit kaum stattfindet. Stattdessen führt immer ein nachvollziehbarer Weg zu einer Idee und Innovation. Darwin hatte z. B. bereits seit Langem alle Informationen für die Evolutionstheorie gesammelt, ehe sie ihm „plötzlich" einfiel. Auf dieser Basis stellt Steven Johnson fest, dass der beste Weg zur Idee also nicht der sein kann, den „Geistesblitz" herauszufordern, sich in eine Berghütte zurückzuziehen, um kreativ zu sein oder über Blue-sky- und Out-of-the-box-Thinking zu philosophieren[74]. Stattdessen muss die Basis für neue Möglichkeiten systematisch erweitert werden, indem möglichst viele Informationen und Inspirationen genutzt werden. Wenn nun diese Informationen und Inspirationen fokussiert vorgegeben werden, kann man den Ideenfindungsprozess (die Ideation) entsprechend lenken, um möglichst disruptive Ideen innerhalb des umsetzbaren Rahmens zu finden.

All diese und viele weitere Anforderungen haben wir über die Jahre zusammengetragen und im 5C-Prozess für effiziente Innovationen systematisiert. Diese Methodik bildet somit genau die benötigten Fähigkeiten und Methoden ab, die es erlauben, effiziente Innovationen zu entwickeln, und wird in den nachfolgenden Kapiteln im Detail erläutert. Im Anschluss wird gezeigt, wie ein solcher Prozess in einem Großunternehmen konkret implementiert werden kann.

Kurz gesagt

Von der Theorie zur Praxis effizienter Innovation

Die Balance von aktuellem Kerngeschäft und zukünftigen Opportunitäten (Ambidextrie) mit dem 5C-Prozess für effiziente Innovation ist der Schlüssel für Großunternehmen im Innovationswettkampf.

▸ Großunternehmen können mit effizienten Innovation den Innovationswettkampf gewinnen

▸ Effiziente Innovationen verbinden bestehendes Kerngeschäft mit zukünftigen Kundenbedürfnissen: So disrupt wie nötig, so nah am Kerngeschäft wie möglich

▸ Die Balance zwischen der Ausnutzung des aktuell erfolgreichen Kerngeschäfts und der Erforschung zukünftiger Opportunitäten wird auch als Ambidexterität bezeichnet

▸ Wenn die Ambidexterität gelingt, haben die Großunternehmen deutlich bessere Erfolgschancen für Innovationen als Start-ups

▸ Prozessuale Ambidexterität mit der Verbindung aus bestehendem Geschäft und zukünftigen Opportunitäten im Innovationsprozess ermöglicht effiziente Innovationen

▸ Der systematische 5C-Prozess ermöglicht prozessuale Ambidexterität, indem Kunde und Unternehmen durchgängig mit berücksichtigt werden

Website zum Buch

Die Zusammenfassungen der einzelnen Kapitel sowie ausgewählte Grafiken aus dem Buch finden Sie zum Download unter www.das-comeback-der-konzerne.de.

2. Effiziente Innovation mit dem 5C-Prozess

Kaum ein Unternehmen bestreitet noch, dass Innovation ein strategisch entscheidendes Thema ist. In einer Innovationsstudie von Accenture unter 500 US-Unternehmen stimmten 84 Prozent der Topmanager zu, dass ihr langfristiger Erfolg von Innovationen abhängig ist.[75] **Innovation ist damit zu einem der strategisch wichtigsten Faktoren für die Zukunft von Unternehmen geworden.** Und zu einer ihrer größten Herausforderungen – wie bereits ausführlich im ersten Kapitel beschrieben wurde.

Denn: Erfolgreiche bzw. „effiziente" Innovation verlangt nach der Kombination zweier Faktoren, die sich mit den aktuell bekannten Innovationsansätzen nicht ausreichend kombinieren lassen: *Kundenfit* und *Traktion*. Im Gegenteil: Je höher der Kundenfit desto geringer die Traktion und umgekehrt.

Doch **die Kombination aus Kundenfit und Traktion ist möglich – mit dem 5C-Prozess für effiziente Innovation.** Die nachfolgenden Abschnitte sollen eine detaillierte Betrachtung der einzelnen Schritte des praxisbewährten 5C-Prozesses ermöglichen und somit neue Ansätze und Impulse für den erfolgreichen Umgang mit Innovationen im eigenen Unternehmen liefern. Doch zuvor soll kurz erläutert werden, warum effiziente Innovation bei der Verwendung aktueller Innovationsansätze nicht gelingt. Und: Warum die aktuellen Strategien großer Unternehmen dies auch nicht lösen werden.

Der direkte Weg zur effizienten Innovation bleibt Unternehmen meist verschlossen, wenn aktuell bekannte Innovationsansätze zur Anwendung kommen. Wie in Abbildung 9 ersichtlich ist, verläuft der einfachste (und erfolgversprechendste) Weg eines Großunternehmens zu einer effizienten Innovation direkt „nach oben". Das heißt: Wenn etablierte Unternehmen es schaffen, Innovationen zu entwickeln, bei denen sie zwar auf ihre bestehenden Stärken aus dem Kerngeschäft aufbauen (hohe Traktion!), dabei aber gleichzeitig die Bedürfnisse der Kunden optimal befriedigen (hoher Kundenfit!), sind die Chancen am größten, eine effiziente Innovation zu erreichen – sprich: einen signifikanten Wertbeitrag für das Unternehmen zu erzielen (siehe Kapitel 1.3).

Doch **herkömmliche Innovationsansätze umgehen diesen Weg stets**: Wird z. B. durch Ideenmanagement, Stage-Gate-Prozesse oder Forschungsabteilungen im Bereich mit hoher Traktion innoviert, so ergeben sich im Normalfall inkrementelle Innovationen, d. h. evolutionäre Verbesserungen bestehender Angebote. Diese beinhalten, trotz oder gerade wegen der laufenden Verbesserungen, immer das Risiko, aktuelle und zukünftige Kundenbedürfnisse gar nicht mehr zu befriedigen und neue Wege, um diese zu erfüllen, zu ignorieren. Somit sinkt der Kundenfit trotz der laufenden Verbesserungen

Kundenfit

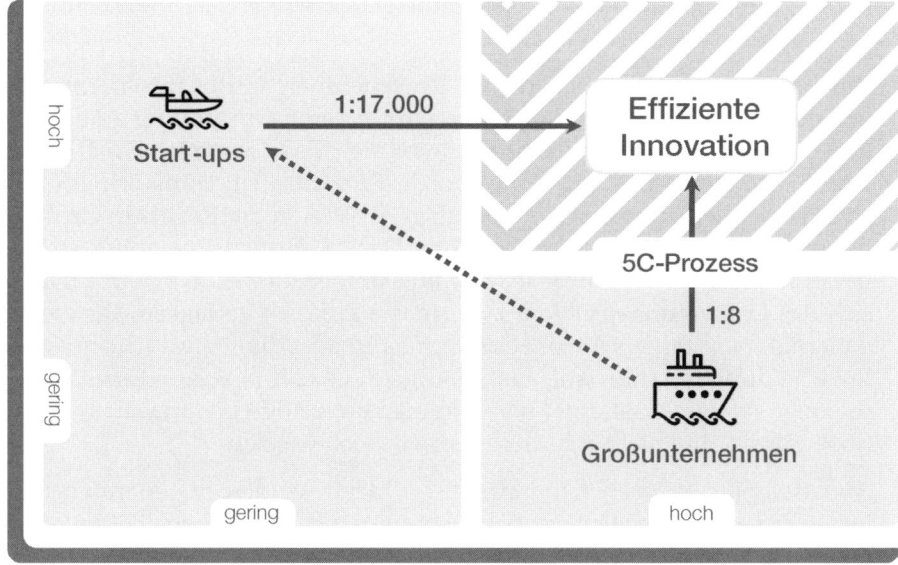

Traktion

Abbildung 9: 5C-Prozess als direkter Weg zur effizienten Innovation

immer weiter, da „am Kunden vorbei" entwickelt wird. Und Unternehmen laufen genau in die von Christensen beschriebene Gefahr, dass sie irgendwann von Unternehmen mit neuen, innovativen Angeboten mit höherem Kundenfit überholt werden (siehe Kapitel 1.2).[76]

Wird dagegen mit kundenzentrierten Innovationsmethoden wie Design Thinking oder Lean Startup im Bereich mit hohem Kundenfit innoviert, kann dies nur auf der grünen Wiese geschehen. Entsprechend problematisch ist dann die Umsetzung im Brownfield des Unternehmens und damit auch die Traktion der Innovation. Denn der Traktionsraum bzw. die Umsetzungsrestriktionen des Unternehmens werden bei diesen Methoden nicht ausreichend berücksichtigt. Schließlich sollen die Bedürfnisse der Kunden im Mittelpunkt stehen (siehe Kapitel 1.2).

Um dieses „Innovationsdilemma", das bei der Verwendung der bestehenden Innovationsansätze entsteht, zu lösen, verwenden Unternehmen aktuell meist einen der drei folgenden Lösungsansätze:

1. *Anpassung der Ideen:* Die Ideen werden in der Umsetzung solange angepasst, bis sie in die bestehenden Strukturen und Prozesse des Unternehmens passen und somit Traktion bekommen. Sie haben dann aber meist ihren Kundenfit verloren. Der Versuch, „das, was nicht passt, passend zu machen", führt zudem meist zu großer Frustration. Und dies sowohl bei den ursprünglichen Ideengebern, deren Ideen immer stärker verändert werden, als auch bei den Umsetzern, die gezwungen sind, immer weitere

Anpassungen an der ursprünglichen Idee durchzuführen, um den vielfältigen Restriktionen des Unternehmens bei der Umsetzung Rechnung zu tragen.[77]

2. *Anpassung des Unternehmens:* Das Unternehmen wird „transformiert", um sich den neuen Ideen anzupassen bzw. deren Umsetzung zu ermöglichen. Durch die Veränderung erhöht sich das Gesamtrisiko für das Unternehmen signifikant, denn nur 26 Prozent aller Transformationen sind tatsächlich erfolgreich.[78] Zudem geht dabei in der Regel ein Großteil der ursprünglichen Traktion verloren. Dazu kommt: Ein etabliertes Unternehmen kann nicht für jede neue Idee umgebaut werden. Folglich lässt sich das Umsetzungsproblem zwar in die Zukunft verlagern, aber nicht dauerhaft beseitigen. Obwohl eine Transformation aufgrund strategischer Entscheidungen langfristig notwendig sein kann (z. B. zur Einführung digitaler Prozesse), ist diese somit keine langfristige Lösung für Innovationen und sollte nicht mit dieser verwechselt werden.

3. *Anpassung der Rahmenbedingungen:* Die Ideen werden in separaten Einheiten außerhalb des Unternehmens umgesetzt. In der Folge haben diese aufgrund fehlender Traktion nur eine sehr geringe Erfolgswahrscheinlichkeit. Wird diese Strategie im Sinne einer separaten Innovationseinheit, wie einem Innovation Hub, Lab etc., dauerhaft etabliert, werden auf Dauer auch die Stärken des Kerngeschäfts ignoriert. Und so müssen sich diese separaten Einheiten im offenen Wettkampf mit anderen Start-ups behaupten. Hier scheitern jedoch die meisten dieser Einheiten bzw. erzielen nicht den für Großunternehmen benötigten Wertbeitrag (siehe Kapitel 1.3).

Somit eignet sich keine der aktuellen Lösungsstrategien dazu, systematisch effiziente Innovationen mit Kundenfit *und* Traktion zu entwickeln. Natürlich kann es vorkommen, dass eine Idee zufällig auf Anhieb Kundenfit *und* Traktion hat. Doch wie groß ist die Wahrscheinlichkeit? Nicht groß genug, als dass Unternehmen sich auf diesen Zufall verlassen sollten. Ziel sollte es vielmehr sein, einen Innovationsansatz zu verwenden, bei dem sowohl die Unternehmensperspektive zur Sicherstellung der Traktion als auch die Kundenperspektive für den Kundenfit während des gesamten Innovationsprozess gleichermaßen berücksichtigt werden. Wenn dies gelingt, wird die geforderte prozessuale Ambidexterität erzielt, die es dem Großunternehmen ermöglicht, *so nah wie möglich am Kerngeschäft* und *so disruptiv wie für den Kunden nötig* zu innovieren (siehe Kapitel 1.4). Und das Unternehmen ist befähigt, systematisch erfolgreiche bzw. effiziente Innovationen zu produzieren.

Der klassische Innovationsprozess eignet sich nicht zur Erarbeitung von effizienten Innovationen. Dies gilt sowohl für die „klassische" Variante, die insbesondere aus der Unternehmensperspektive arbeitet, als auch für deren heutzutage oftmals verwendete Anpassung für die iterative, kundenzentrierte Innovation, bei der die Ideen vorrangig aus der Kundenperspektive statt aus dem Unternehmen abgeleitet werden.

Der klassische Innovationsprozess beginnt im Normalfall bei einem Problem oder einer Opportunität. Je nach Prozessvariante verläuft er dann linear (klassisch) oder iterativ (kundenzentriert), die Bausteine bleiben jedoch ähnlich.[79] Daher genügt uns hier die Betrachtung des linearen Prozesses. Die einzelnen Bausteine unterscheiden sich in ihrer Granularität, sind jedoch grundlegend die Folgenden:

1. *Problem*: In der kundenzentrierten Innovation ergibt sich das Problem oder die Opportunität (meistens innerhalb eines breit gefassten Opportunitätsfeldes) entweder aus konkreten Kundenbedürfnissen/Anfragen oder allgemeineren Konsumententrends („Pull"). In der unternehmensorientierten Innovation sind hingegen neue Marktchancen, Ergebnisse aus der Forschung & Entwicklung oder neue Technologien und Verfahren der Ausgangspunkt („Push"). Eine Kombination beider Perspektiven zur Identifikation der größten Potenziale aus Unternehmens- *und* Kundensicht findet an diesem Punkt im Normalfall nicht statt.

2. *Ideen*: Zur Lösung des Kundenproblems oder Ausnutzung der Unternehmens-Opportunität werden mithilfe von Kreativmethoden möglichst viele Ideen generiert oder z. B. von Mitarbeitern bzw. außerhalb des Unternehmens von der Crowd gesammelt. Die Ideen basieren somit immer *entweder* auf der Kunden- *oder* der Unternehmensperspektive, abgeleitet aus der jeweiligen Problemstellung. Weiterhin werden einzelne Ideen in dieser Phase auch bereits iterativ entwickelt und mit dem Kunden getestet, was die Kundenperspektive nochmals verstärkt, die Traktion des Unternehmens jedoch außer Acht lässt.

3. *Bewertung*: Die generierten Ideen werden (ggf. nach Iteration mit dem Kunden) nach bestimmten Unternehmens- und Marktkriterien bewertet. Somit ergibt sich hier erstmals die Chance, beide Perspektiven einfließen zu lassen und sowohl den Kundenfit als auch die Traktion zu beachten. Das Problem: Aufgrund der vorherigen reinen Ausrichtung auf den Kunden *oder* das Unternehmen ist es nun Zufall, ob und in welchem Maße die für die Kunden besten Ideen auch den Anforderungen des Unternehmens entsprechen oder andersherum. Oftmals beginnt der Innovationsprozess im Übrigen auch direkt mit der Idee eines Mitarbeiters, sodass gar keine weitere Auswahl erfolgt, sondern die Idee direkt in die nachfolgende Umsetzung geht.

4. *Umsetzung*: Ausgewählte Ideen werden (wenn alles gut läuft) weiterentwickelt und umgesetzt – sofern dies möglich ist. Die Umsetzung kann dabei innerhalb oder außerhalb des Unternehmens erfolgen. Kundenzentrierte Ideen scheitern hier oftmals (oder müssen stark verändert werden), da die Umsetzung nun stark von den nicht berücksichtigten Unternehmensanforderungen abhängig ist. Vom Unternehmen her getriebene Ideen bestehen wiederum meist nicht im Markt (bzw. disruptieren ihn nicht), da sie einen zu geringen Kundenfit haben.

5. *Innovation*: Insofern die Idee umgesetzt und am Markt eingeführt ist, ist diese nun eine Innovation. Wie im vorigen Kapitel beschrieben, schaffen

dies aber nur die wenigsten Ideen, da sie entweder an den Restriktionen des Unternehmens bei ihrer Umsetzung oder aufgrund ihrer mangelnden Relevanz beim Kunden scheitern.

Mit dem aktuell verwendeten klassischen (bzw. kundenzentrierten) Innovationsprozess scheint es folglich kaum möglich, Innovationen zu erarbeiten, die *sowohl* einen hohen Kundenfit *als auch* eine hohe Traktion haben. Denn dazu ist eine prozessuale Ambidexterität nötig, also die gleichzeitige Berücksichtigung der Kunden- *und* der Unternehmensperspektive von Anfang an.

Der 5C-Prozess stellt eben diese prozessuale Ambidexterität sicher (siehe Kapitel 1.4) und ermöglicht somit die systematische Erarbeitung effizienter Innovationen mit einem hohen Kundenfit *und* einer hohen Traktion. In fünf aufeinanderfolgenden Schritten führt der 5C-Prozess dabei von den Zielen des Unternehmens bis zur effizienten Innovation (siehe Abbildung 10). Durch die Kombination von Kunden- und Unternehmensperspektive während aller fünf Schritte bricht der 5C-Prozess naturgemäß mit einigen Gewohnheiten aus den bekannten Innovationsansätzen. Aus diesem Grund ist zum genaueren Verständnis jedes einzelnen Schrittes, neben der jeweiligen Methodik und den entsprechenden Tools, auch die Betrachtung des erforderlichen Mindsets von Bedeutung. **Die fünf Schritte (und Mindsets) des 5C-Prozesses sind dabei die folgenden:**

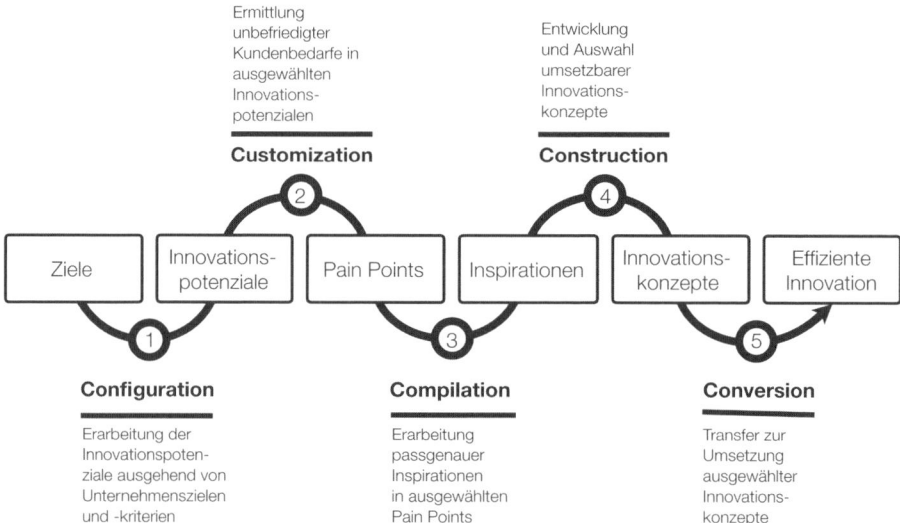

Abbildung 10: Übersicht über den 5C-Prozess

1. Configuration: Denk nicht frei!

„Denk frei" lautet der Start vieler kundenzentrierter Innovationsmethoden, wenn Restriktionen zunächst ignoriert werden, um der Kreativität freien Lauf zu lassen. Doch die Restriktionen lassen sich in der Vorstellung vielleicht wegdenken, in der Realität bleiben sie jedoch erhalten – und bringen die „frei" entwickelten Ideen irgendwann zu Fall. Die Empfehlung bei Innovationsprozessen in Großunternehmen sollte daher stattdessen „Denk *nicht* frei" lauten. Schließlich sollen entwickelte Ideen später auch umsetzbar sein.

Die *Configuration*, der erste Schritt des 5C-Prozesses, geht von priorisierten Zielen und Kriterien aus, um auf dieser Basis anschließend systematisch die relevantesten Innovationspotenziale aus Kunden- und Unternehmenssicht zu identifizieren. Nachdem die Ziele und Kriterien zunächst das passendste Innovationsfeld festlegen, können anschließend aus den internen „Traktionsfaktoren" des Unternehmens und externen „Kundenfaktoren" des Marktes die relevantesten Opportunitätsfelder abgeleitet werden. Aus diesen werden zum Abschluss konkrete Innovationspotenziale aus Kundensicht identifiziert und aus Unternehmenssicht priorisiert. So wird sichergestellt, dass Innovationen *sowohl* eine hohe Traktion *als auch* einen hohen Kundenfit– und somit eine hohe Erfolgswahrscheinlichkeit – haben.

2. **Customization: Kein Problem ist auch keine Lösung**
Jede effiziente Innovation sollte ein klares Kundenproblem bzw. einen „Pain Point" adressieren.[80] Dadurch wird ein hoher Kundenfit der Innovation sichergestellt. Aber Achtung: Im Gegensatz zu ggf. bereits verwendeten kundenzentrierten Methoden werden die Kundeninsights nicht auf der grünen Wiese bestimmt, sondern im Rahmen der zuvor definierten Innovationspotenziale (dem Ergebnis der *Configuration*). Denn nur ein Problem, das vom Unternehmen gelöst werden kann, ist auch relevant. Schließlich hilft die beste Lösung dem Kunden nicht, wenn diese vom Unternehmen nicht umgesetzt werden kann.

Bei der *Customization* werden zielgerichtete Marktforschungsmethoden angewendet, um relevante Pain Points innerhalb des Innovationspotenzials aufzudecken. Dabei gilt: Je genauer in diesem Schritt bereits die Kundenprobleme verstanden werden, umso höher ist die zukünftige Erfolgschance der Innovation im Markt. Anschließend werden die Pain Points aus Unternehmens- und Kundensicht bewertet, um die größten Opportunitäten mit Kundenfit *und* Traktion zu identifizieren.

3. **Compilation: Wer ernten will, muss erst säen**
Es mag Genies geben, denen die besten Ideen in den Schoß fallen. Generell gibt es aber keine neue Idee ohne neue Inspiration. Inspirationen erweitern den Horizont und ermöglichen neue Assoziationen im Gehirn, die zu Ideen führen. Um dabei möglichst zielgerichtet vorzugehen, werden Inspirationen (und damit später auch Ideen) konkret im Kontext des definierten Pain Points (oder mehrerer Pain Points) gesucht statt auf der grünen Wiese. Der Fokus liegt dabei auf Lösungsrichtungen, die es bisher noch nicht gab („White Spots). Durch Inspirationen aus der eigenen Branche, analogen Märkten und „der Zukunft" wird die Neuartigkeit der

Ideen innerhalb des stark eingegrenzten Pain Points gesteigert und damit die Innovationskraft der späteren Ideen sichergestellt.

In der *Compilation* werden passende Inspirationen auf Basis der Pain Points zur Unterstützung der nachfolgenden Ideenentwicklung erarbeitet.

4. Construction: Think inside the box

„Think outside the box" heißt es klassicherweise in jeder Ideenfindung. Doch um Kundenfit *und* Traktion sicherzustellen, müssen Ideen für effiziente Innovationen „in die Box" passen. Dafür eignen sich herkömmliche Kreativtechniken leider nur begrenzt, da sie Restriktionen inside-the-box nicht ausreichend berücksichtigen können – und einfache Brainstormings zu kurz greifen. Im Rahmen der ersten beiden Prozessschritte wurde die „Box" für die Ideation bereits konkretisiert, im Sinne des ausgewählten Innovationspotenzials bzw. des passenden Pain Points.

In der *Construction* erfolgt zunächst eine multidimensionale Ideation, um passende Lösungen für Kundenprobleme zu erarbeiten. Anschließend werden diese schrittweise in Innovationskonzepte überführt.

5. Conversion: Wo ein Weg ist, ist auch ein Wille

Wenn der Weg zur Umsetzung (des Innovationskonzeptes) klar ist und optimal zu den Anforderungen der Umsetzer passt, wächst auch deren Wille zur Umsetzung. Das Gute: Mit dem 5C-Prozess werden die Traktionsfaktoren für die Umsetzung von Beginn an berücksichtigt, sodass diese jetzt umso leichter fällt. Dennoch gilt es, die Ideen-Ownership, also die persönliche Identifikation mit der Idee, an die Umsetzer zu „übertragen" und anschließend den bestmöglichen Umsetzungsweg zu testen und durchzuführen.

Die *Conversion* transferiert die Innovationskonzepte in die Umsetzung und stellt deren Erfolg durch Methoden zur Übertragung des Ideen-Ownerships sowie schneller Umsetzungs-Tests sicher.

In den folgenden Abschnitten werden diese Grundmodule im Detail erläutert und durch konkrete Methoden, Tools und Praxisbeispiele ergänzt. Nicht jeder Schritt kann dabei bis ins letzte Detail beschrieben werden. Doch können stets neue Inspirationen und praktische Tipps mit in den Innovationsalltag des Unternehmens genommen sowie ein Verständnis für die Logik und den grundsätzlichen Aufbau eines Innovationsprozesses für effiziente Innovationen geschaffen werden.

Kurz gesagt

Effiziente Innovation mit dem 5C-Prozess

Der 5C-Prozess verbindet im Gegensatz zu aktuell verwendeten Innovations-prozessen Kundenfit und Traktion, um effiziente Innovationen in Großunternehmen zu ermöglichen.

▸ Innovation ist für Großunternehmen ein erfolgskritischer Faktor – und eine große Herausforderung

▸ Effiziente Innovation kann die Lösung für die Innovationsherausforderungen der Großunternehmen sein

▸ Herkömmliche Methoden bilden den direkten Weg von der Traktion des Großunternehmens zur effizienten Innovation nicht ab

▸ Der Grund: Innovationsprozesse gehen stets nur auf den Kunden *oder* das Unternehmen ein, können aber nicht beides über alle Schritte verbinden

▸ Der 5C-Prozess verbindet beide Perspektiven und führt in 5 Schritten von den Zielen des Unternehmens zur effizienten Innovation:
Configuration, *Customization, Compilation, Construction* und *Conversion*

▸ Der Prozess wird in der Folge ausführlich erläutert.

DENK NICHT FREI

2.1 Configuration: Denk nicht frei!

„Wir stellen uns jetzt mal eine grüne Wiese vor". Mit diesen Worten zur freien Ideengenerierung beginnen (leider) viele Innovationsprozesse. Aber die grüne Wiese gibt es in großen Unternehmen nicht. Stattdessen gleicht deren Realität eher einem Brownfield, auf dem kein Grün mehr zu erkennen ist.[81] Die vielen Restriktionen, die ein großes Unternehmen mitbringt, können beim Grüne-Wiese-Ansatz zwar „weg*gedacht*" werden – *wirklich* weg sind sie dadurch aber nicht. Und so bringen genau diese „weggedachten" Restriktionen die Grüne-Wiese-Ideen spätestens bei der Umsetzung zu Fall.

Um umsetzbare Ideen zu entwickeln, ist die Auseinandersetzung mit dem Brownfield des eigenen Unternehmens unvermeidlich. Nur wenn die spezifischen Unternehmensziele, Restriktionen und Stärken bekannt sind, können diese bei der Konzeption effizienter Innovationen berücksichtigt und proaktiv als Leitplanken genutzt werden. Gleichzeitig dürfen die Potenziale aus Kundensicht nicht zu kurz kommen und müssen den Stärken des Unternehmens gegenübergestellt werden.

Der Nachteil dabei: Dies steigert den Aufwand gegenüber einem Innovationsprozess auf der grünen Wiese erheblich. Der Vorteil: Noch deutlich stärker steigt die Erfolgswahrscheinlichkeit der so entwickelten Innovationen.

Entsprechend beschäftigt sich die Configuration mit dem Prozess von den Zielen des Unternehmens bis zur Identifizierung konkreter Innovationspotenziale aus Unternehmens- und Kundensicht (siehe Abbildung 11).

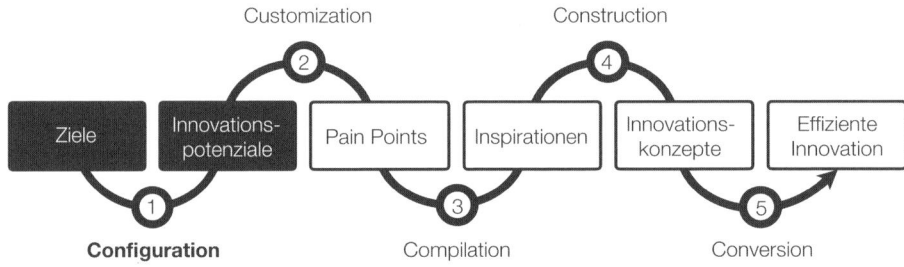

Abbildung 11: 5C-Prozess – Configuration

Dieser erste Prozessschritt enthält die folgenden drei Bausteine:

1. **Das Ziel ist der Weg** beschreibt den Startpunkt des effizienten Innovationsprozesses: die Identifikation des relevantesten Innovationsfeldes basierend auf den Zielen und Kriterien des Unternehmens.

2. **Lieber ein Schritt in die richtige Richtung als ein Sprung ins Ungewisse** befasst sich mit der Ermittlung des relevantesten Opportunity Space (Opportunitätsfeld) im gewählten Innovationsfeld. Dieser ergibt sich aus den für das Innovationsfeld relevanten internen Traktionsfaktoren (Stärken und Schwächen) des Unternehmens sowie den externen Kundenfaktoren (Chancen und Risiken) des Marktes. Dabei spielt insbesondere die Einbindung interner (und ggf. externer) Stakeholder eine wichtige Rolle.

3. **No risk, more fun** zeigt, wie innerhalb des definierten Opportunity Space anhand spezieller Kundenfaktoren konkrete Innovationspotenziale aufgedeckt und priorisiert werden können.

Mit diesen, im Folgenden detailliert beschriebenen Schritten kann die Grundlage für effiziente Innovationen mit hohem Kundenfit und hoher Traktion bereits frühzeitig gelegt werden. Eine Übersichtstabelle ist am Ende des Kapitels zu finden.

2.1.1 Das Ziel ist der Weg

Konfuzius hat einst gesagt: „Der Weg ist das Ziel". Doch auch wenn dies in vielen Lebensbereichen nur allzu wahr ist, ist es im Kontext von Unternehmen genau umgekehrt: Die unternehmerischen Ziele geben den Weg vor, und an diesen werden Projekte gemessen.

Innovationsprojekte scheinen jedoch oft die Ausnahme zu sein. Frei nach Konfuzius wird an „disruptiven Geschäftsmodellen", „neuen Services unter Nutzung von Artificial Intelligence" oder „Ideen zur digitalen Transformation" gearbeitet. Diese Arten von Projekten beschreiben zwar einen möglichen Weg, fußen in der Regel jedoch nicht oder nur begrenzt auf konkreten unternehmerischen Zielsetzungen wie Umsatz, Profit, Marktanteil, langfristiger Wettbewerbsfähigkeit etc. Weil dies bei Innovationsprojekten nicht so einfach möglich ist? Weil Ziele bereits Einschränkungen vorgeben, die bei der Ideenfindung auf der grünen Wiese blockieren?

Doch ein zielloser Innovationsprozess kann nicht zu systematischem Erfolg führen! Im globalen Innovations-Benchmark von PWC geben 69 Prozent der Topmanager „Umsatzsteigerung" als Innovationsziel an. 65 Prozent aller Unternehmen, die mehr als 15 Prozent des Umsatzes in Innovationen investieren, haben jedoch Probleme, diese in die Geschäftsstrategie zu überführen.[82] Denn in der Realität wird oftmals erst nach langem Entwickeln und Testen festgestellt, dass die geplante Innovationsmaßnahme keine großen Erfolgs- oder Umsetzungschancen hat, da relevante Unternehmensziele nicht erreicht werden können. Die Folge: Das Innovationsprojekt wird eingestellt. Und dies, nachdem bereits viel Zeit (und Geld) in die Maßnahme investiert wurde. Als langfristige systematische Strategie dient ein solches Vorgehen nicht.

Praxiskommentar

Nicolas Biagosch, Geschäftsführer, Digitalhafen GmbH, früherer CEO, Simyo, ehem. Mitglied der Geschäftsleitung, E-Plus

Aus meinen Aufgaben als CEO eines agilen Unternehmens wie der simyo GmbH als auch in Geschäftsleitungspositionen in größeren Corporates wie E-Plus bzw. später Telefonica kenne ich die Innovationsherausforderungen in diesen sehr unterschiedlichen Umgebungen im Detail. So verschieden das Umfeld auch sein mag, es gibt immer alternative Lösungswege, die zum Ziel führen. Die Herausforderung ist, den Weg zu identifizieren, der Zielpotenzial und Umsetzungswahrscheinlichkeit bestmöglich vereint. Werden Ziele nicht klar definiert oder unveränderbare Rahmenbedingungen nicht beachtet, wird die Zielerreichung immer dem Zufall überlassen bleiben.

Wenn ich als Unternehmer eine weitreichende digitale Transformation meines Geschäftes betreibe, ohne die Bereitschaft in entsprechende Know-how-Träger zu investieren und eine kulturelle Veränderung aktiv zu betreiben, werde ich nur schwer das volle Potenzial der Maßnahme ausschöpfen können. Gleiches gilt für den Versuch, in einer weiterhin traditionell organisierten IT agile Vorgehensweisen zu etablieren. Aus einem Fisch wird in der Regel kein Adler, obwohl beide offensichtlich einmalige Fähigkeiten besitzen.

Stattdessen gilt es, die **Ziele an den Beginn des Innovationsprozesses zu stellen**. Dazu sollten im ersten Schritt die relevanten Ziele aller Stakeholder, sprich aller betroffenen Personen und Einheiten, analysiert und priorisiert werden. Nur so kann sichergestellt werden, dass im weiteren Verlauf des Innovationsprozesses ebendiese Ziele berücksichtigt werden. So bemerkt z. B. Sue Siegel, Innovationsverantwortliche bei General Electric:[83] „Neue Technologien haben einen starken Einfluss, aber was wir herausfinden müssen, ist, welches nachhaltige Geschäftsmodell wir innerhalb unserer Organisation oder in Kooperation nutzen können, um das Wachstum zu steigern. Dies kann jedoch sehr herausfordernd für Unternehmen sein". Dazu ist es nötig, „das Unternehmen horizontal, über die verschiedenen Einheiten hinweg zu betrachten."

Im Kontrast dazu werden zufällige Ideen, die in der freien Zeit der Mitarbeiter ohne jegliche strategische Verbindung kreiert wurden, selten erfolgreiche Innovationen hervorbringen. Innovation ist also kein Selbstzweck, sondern muss klaren strategischen Zielen folgen, um auch zu strategischen Erfolgen zu führen.

Die Bedeutung von Zielen zeigt auch eine Innovationsstudie von Bain aus dem Jahr 2013 mit 450 Großunternehmen weltweit. Hier wurden die wichtigsten Faktoren für erfolgreiche Innovationen untersucht. Auf Platz 1: klare Innovationsziele und Strategien.[84] Die Ideengenerierung war im Gegensatz dazu kein großer Einflussfaktor für den Innovationserfolg. Entsprechend wurde festgestellt, dass Innovation ein komplexer Prozess ist, der genauso wie andere komplexe Prozesse gesteuert werden muss.

Warum werden dann aber gerade bei Innovationen klare und messbare Ziele vermieden? Die Antwort ist einfach: Mit konkreten Zielen wird Innovation zu einem komplexen Prozess statt zu einer Kreativübung, für den es aktuell kaum geeignete Methoden gibt, um ihn durchzuführen. Doch dieser herausfordernde Weg muss gegangen werden, da das „böse Erwachen" sonst bei der (Nicht-)Umsetzung kommt. Die Erkenntnis, dass Ziele im Innovationsprozess der wichtigste Startpunkt sind, ist ein erster notwendiger Schritt. Genauso wichtig ist es, darauf zu achten, dass Ziele auch wirklich messbar und für das Unternehmen strategisch relevant sind.

Wie sehen also mögliche Ziele für Innovationsprojekte aus? Es sind praktisch die gleichen Ziele wie in anderen strategischen Projekten (ggf. jedoch in anderer Priorität). Meist sind diese „SMART": spezifisch, messbar, ansprechend, realistisch und terminiert. Beispiele dafür gibt es genug: Umsatzsteigerung, Sicherung der Wettbewerbsfähigkeit, Steigerung des Marktanteils, Kostensenkung, Erhöhung der Mitarbeiterzufriedenheit etc. (siehe Abbildung 12).

Innovationsziele

Umsatzsteigerung	Profitabilität	Erhöhung Marktanteil	Kostensenkung
Kundenzufriedenheit	Unternehmenswert	Imageverbesserung	…

Abbildung 12: Innovationsziele

Im Kontrast dazu stehen „Ziele", welche die Innovation als Selbstzweck sehen. So gaben 40 Prozent der Unternehmen im PWC-Innovations-Benchmark an, dass die „Anzahl der Ideen" die vorrangige Erfolgsmessung der Innovationsaktivitäten ist. Oft finden sich aber auch noch unspezifischere Zielsetzungen wie z. B. die Entwicklung des „next big thing" oder „disruptiver Geschäftsmodelle". Insbesondere das aktuell beliebte Ziel, „Disruptionen" zu finden oder das gegenwärtige Geschäftsmodell zu „zerstören", um frei nach dem Motto „disrupt or be disrupted" anderen disruptiven Unternehmen zuvorzukommen, ist als Innovationsziel gänzlich ungeeignet. Natürlich müssen konkrete Disruptionsgefahren abgewendet werden, aber dabei sollten stets die Unternehmensziele im Vordergrund stehen.

Das oft im Kontext von Disruption verwendete Beispiel von Kodak zeigt die Problematik ziellosen Handelns: Meist wird behauptet, Kodak habe nur inkrementell seine analogen Kameras und Drucker verbessert und so die Digitalfotografie komplett verpasst. Doch das Gegenteil ist der Fall: Kodak hat die weltweit erste Digitalkamera entwickelt und patentiert – und damit der Technologie den Weg bereitet, die anschließend das eigene Kerngeschäft disruptierte. Millionen wurden in die Entwicklung digitaler Kameras und Druckstationen investiert. Zusammen mit den Experten von IDEO wurden diverse Design Thinking-Workshops durchgeführt.[85] Selbst eine soziale Photo-Sharing-Website wurde gekauft, bevor es überhaupt Facebook gab – doch deren Potenzial wurde nicht erkannt. Der Fehler lag also schlussendlich nicht im Verpassen der disruptiven Technologie oder mangelnder Innovationstauglichkeit, sondern im fehlenden Geschäftsmodell, von dieser auch zu profitieren und das Kerngeschäft mit den neuen Entwicklungen mitzunehmen. Kodak hatte großen Erfolg damit, sich selbst und die Fotobranche zu disruptieren – aber hat es verpasst, dabei auch Geschäft zu generieren.[86]

Dies zeigt, wie fatal sich falsche oder fehlende Ziele auswirken können und dass „Disruption" als Zielsetzung für Innovationsmaßnahmen nicht geeignet ist. Selbst Christensen musste im Zuge des aktuellen Hypes rund um das Thema Disruption klarstellen, dass „etablierte Firmen auf Disruptionen reagieren [sollen], wenn sie auftreten – aber nicht überreagieren, indem sie ihr profitables Geschäft aufgeben".[87] Sonst geht es den Unternehmen möglicherweise bald wie einem großen deutschen Energieversorger, der als Innovationsziel ausgegeben hat, das „Uber für Energie" zu entwickeln – worunter sich jedoch kaum jemand etwas vorstellen konnte. Schlussendlich wurden dann konkrete Themenfelder definiert, um die Aufgaben klarer und die Erfolge messbar zu machen.

Folglich gilt: Disruption sollte als möglicher Weg verstanden werden – und nicht als Zielsetzung für Innovationsmaßnahmen. Auf Basis der vorgegebenen Unternehmensziele kann dann entschieden werden, wie radikal eine Innovation tatsächlich sein muss, um das angestrebte Ziel zu erreichen. Statt „so disruptiv wie *möglich*" gilt in der effizienten Innovation daher das Motto „so disruptiv wie *nötig*".

Neben den Zielen sind auch **strategische Kriterien und Key Performance Indicators (KPIs) zu berücksichtigen**, um den Erfolg von Innovationsmaßnahmen sicherzustellen. Diese sollten, analog zum Vorgehen bei den Zielen, bereits zu Beginn des Innovationsprozesses soweit wie möglich definiert bzw. priorisiert werden. Denn nicht jedes Innovationsprojekt ist in jedem Szenario realistisch. Unterschiede in Kriterien wie Kosten, Zeit, Zielgruppe oder Ressourcenverwendung können zu gänzlich unterschiedlich geeigneten Innovationsprojekten führen. Die in der Einleitung beschriebenen „Killerphrasen" wie „kein Budget", „keine Ressourcen" oder „keine Zeit" verdeutlichen, warum es wichtig ist, die Kriterien im Vorfeld abzufragen: Auf diese Weise können sämtliche Barrieren, an denen die Umsetzung später scheitern könnte, bereits zu Beginn definiert und somit in der Folge berücksichtigt werden.

In einem Innovationsprojekt für ein großes Telekommunikationsunternehmen wurde z. B. zu Beginn bereits festgelegt, dass „kein bzw. kaum Budget für die Umsetzung der zu entwickelnden Innovationsmaßnahmen" bereitsteht. Dies mag zunächst kontraproduktiv erscheinen. Im Kontext des spezifischen Projektes, bei dem das Ziel einer signifikanten Umsatzsteigerung in den stationären Filialen verfolgt wurde, war die starke Begrenzung des Umsetzungsbudgets jedoch sehr sinnvoll. Denn so konnte bereits zu Beginn der Innovationsarbeit sichergestellt werden, dass spätere Innovationsmaßnahmen einfach und sofort in jeder stationären Filiale umsetzbar sind. „Kein Budget" ist so plötzlich keine Killerphrase mehr, sondern verändert nur die Art der Ideen, nach denen gesucht wird. Statt z. B. neue Filialkonzepte zu erarbeiten, wurde der Fokus im Innovationsprozess auf „einfache" Vertriebsmechaniken und Kampagnen gelegt, die ohne bzw. mit minimalem Budget umsetzbar sind und dennoch der Zielsetzung einer signifikanten Umsatzsteigerung gerecht wurden.

Mit Kenntnis der Ziele und Kriterien ist im Übrigen auch schnell klar, ob Innovationen tatsächlich „disruptiv" sein müssen oder nicht – anstatt sich auf der grünen Wiese den Kopf über den Disruptionsgrad von Ideen zu zerbrechen. Disruption ist somit kein Ziel mehr. Vielmehr ist diese eine mögliche Folge aus den festgelegten, konkreten Zielen und Kriterien.

Innovationskriterien

Umsetzungsbudget	Umsetzungszeit	Time-to-Market	Skalierbarkeit
Ressourcenaufwand	Partner-Einbindung	Ausschluss von X	…

Abbildung 13: Innovationskriterien

Die Bedeutung von Kriterien und KPIs in der Innovationspraxis wird auch vom Unternehmen HYPE, das sich auf Innovationsmanagement-Software spezialisiert hat, betont: Innovationsprojekte ohne klar definierte Ziele und Kriterien führen meist zu vielen Ideen, aber wenigen Innovationen (da deren Umsetzung scheitert) und damit zu entsprechend hoher Frustration. Die Empfehlung: „Indem der Beginn des Innovationsprojektes mit strategischen Suchfeldern und klaren Problemdefinitionen strukturiert wird, kann eine höhere Qualität und Relevanz der folgenden Ideen erreicht werden." [88]

Auch das Beispiel eines großen Versicherungskonzerns zeigt die Bedeutung einer frühzeitigen Entscheidung für Ziele sowie relevanter Kriterien und KPIs im Kontext von Innovationen: Als Aufgabe war zunächst formuliert worden, Produktinnovationen für eine jüngere Zielgruppe zu entwickeln. Eine sinnvolle Überlegung, da es Ziel war, eine Umsatzsteigerung mit dieser spezifischen Zielgruppe zu generieren. Doch gleichzeitig gab es ein entscheidendes Umsetzungskriterium: Das Ziel sollte bereits im Folgejahr erreicht werden! Produktinnovationen in der Versicherungsbranche dauern allerdings aufgrund der zu beachtenden Regularien in der Entwicklung oftmals zwei bis drei Jahre. Selbst neue Produktbundles lassen sich nicht einfach von einem Jahr auf das andere umsetzen. Das bedeutet: Jede Idee zu der ursprünglichen Aufgabe (also der Entwicklung von Produktinnovationen) wäre am Ende daran gescheitert, dass sie nicht im nächsten Jahr umsetzbar gewesen wäre – so stark deren Einfluss auf den Umsatz auch hätte sein können. Und das heißt auch: Um den Erfolg von Innovationsmaßnahmen im konkreten Fall sicherzustellen, musste die Aufgabenstellung völlig verändert werden. Weitere Analysen zeigten, dass das größte Potenzial gar nicht bei neuen Produkten lag (abgesehen davon, dass diese ja bis zum nächsten Jahr sowieso nicht umsetzbar gewesen wären), sondern im Vertrieb und Marketing des bestehenden Produktportfolios. Maßnahmen in diesem Bereich lassen sich auch kurzfristig umsetzen, sodass das zeitliche Kriterium bei dieser veränderten Aufgabenstellung entsprechend erfüllt werden konnte.

Aber wer legt die Ziele und Kriterien für ein Innovationsprojekt fest? Damit diese auch tatsächlich einen Wert für das Innovationsprojekt haben, ist es wichtig, sie bei all denjenigen Stakeholdern abzufragen und bewerten zu lassen, die später auch über die Umsetzung von Ideen entscheiden. Und dies vor der Auswahl bzw. dem Start eines konkreten Innovationsprojektes! Dies mag selbstverständlich erscheinen, wird in vielen Unternehmen aber genau andersherum gehandhabt: Innovationen werden dort solange wie möglich im „Geheimen" – an den offiziellen Prozessen und Budgets vorbei – entwickelt, um dann Entscheider vor möglichst vollendete Tatsachen zu stellen.

Dass es nicht sinnvoll ist, Innovationen an den Entscheidern und bestehenden Strukturen und Prozessen vorbeizuschleusen, beschreibt auch Steve Blank, Stanford-Professor und Mitbegründer der Lean-Startup-Methode. Er bemerkt, dass Innovation heutzutage wichtiger Bestandteil jedes Unternehmens sein muss. Dazu wird die Unterstützung der Entscheider benötigt. Nur so kann Innovation im Unternehmen nachhaltig verankert werden.[89] Entsprechend kritisch sind demnach viele der separaten Innovationseinheiten zu sehen, die sich – getrennt vom Unternehmen – um Innovationen kümmern sollen. Dies verstärkt geradezu das Gefühl, dass Innovation nicht zum eigentlichen Unternehmen gehört. Mark Ridley von Reed.com stellt dazu fest: „Labs mit dem Ziel 'Innovation' sind komplett falsch. Unternehmen sollten Innovationen nicht separat kreieren. Stattdessen muss es eine Geschäftsstrategie geben, welche die Ziele und Aufgaben für Innovationen vorgibt".[90]

Im Gegensatz zum klassischen Innovationsprozess ist bei der Entwicklung effizienter Innovationen also nicht der Kundenbedarf oder eine Mitarbeiteridee der Startpunkt einer Innovation. Stattdessen geben strategische Ziele und Umsetzungskriterien der relevanten Stakeholder die Richtung vor, um Innovation sinnvoll mit der Gesamtstrategie zu verbinden. Wir müssen dem eingangs erwähnten Konfuzius daher eindeutig widersprechen: Nicht der Weg gibt das Ziel vor, sondern das Ziel den Weg – zumindest im Kontext von Innovationen bei Großunternehmen.

Doch wie sieht nun der Weg aus, der durch das Ziel bestimmt wird? **Die sogenannten Innovationsfelder geben dazu die Richtung vor** (siehe den folgenden Exkurs).[91] So zeigt sich, dass es verschiedenste Wege gibt, um zum Ziel zu kommen – neben klassischen Produktinnovationen könnte der Schwerpunkt z. B. auch in Vertriebsinnovationen, innovativen Monetarisierungsmodellen, neuen Geschäftsfeldern oder Prozessinnovationen liegen, die im Folgeprozess entsprechend unterschiedliche Ideen benötigen.

Übersicht möglicher Innovationsfelder

Die folgenden Innovationsfelder können jeweils als Grundlage eines Innovationsprojektes dienen und werden anhand der Ziele und Kriterien des Unternehmens bewertet und ausgewählt. Ausgewählte Beispiele zu jedem Innovationsfeld sollen dabei dem besseren Verständnis dienen.

Geschäftsfelder

Geschäftsfeld-Innovationen umfassen neue Angebote, die das Ziel haben, in andere (Red Oceans) bzw. neue Märkte (Blue Oceans) vorzudringen. Hierbei können vertikale oder horizontale Geschäftserweiterungen, Brand Extensions, Kooperationen, Lizenzierungen, Mergers & Acquisitions und ähnliche Formen gewählt werden, um neue Geschäftsfelder zu realisieren. Grundlegende Ziele sind dabei oftmals die Steigerung des Unternehmenswertes bzw. des Umsatzes oder auch die Sicherung der Wettbewerbsfähigkeit durch Diversifizierung.

▸ *Amazon bietet mit den Amazon Web Services Cloud-Speicher für andere Unternehmen an*
▸ *REWE bietet mit REWE-Reisen Pauschalurlaub über die bestehenden On- und Offlinekanäle an*
▸ *Apple verkauft mit iTunes zusätzlich zu Produkten wie iPhone und iPad auch Medieninhalte*

Prozesse

Prozess-Innovationen umfassen Verbesserungen an betrieblichen Abläufen (z.B. Produktion) oder Geschäftsprozessen (z.B. Verkauf). Sie werden oft in späteren Lebensphasen eines Produktzyklus angewandt, um die Wettbewerbsfähigkeit zu erhalten, können aber auch Grundlage eines komplett neuen Angebots sein. Typischerweise dienen Prozess-Innovationen dazu, die Produktivität (und damit Profitabilität) zu erhöhen oder Kostensenkungen zu realisieren.

▸ *IKEA bietet seine Möbel günstiger an, indem der Aufbau vom Kunden erledigt wird*
▸ *Dell stellt mittels des „Built-to-Spec"-Programms Computer erst nach Kauf zusammen*
▸ *Adidas produziert mittels 3D-Druck individuelle Schuhe direkt in den Filialen*

Human Resources & Kultur

Human Resources Innovationen umfassen innovative Maßnahmen zur Optimierung der internen Organisationsstruktur, Kultur und Personalprozesse. Hierdurch lassen sich z.B. Umsatz- und Kostenziele (Leistungssteigerung), Wachstumsziele (Rekrutierung) und Qualitätsziele (Know-how-Steigerung) erreichen. Human Resources Innovationen sind auch in Bezug auf die Integration neuer Mitarbeitergenerationen (Generation Y, Z, Millenials) relevant, um die grundlegende Funktionsfähigkeit des Unternehmens zu erhalten.

▸ *P&G verleiht in regelmäßigen Abständen einen Failure Award für Mitarbeiter*
▸ *Google bietet 20% der Arbeitszeit zur freien Verfügung, um an neuen Projekten & Ideen zu arbeiten*
▸ *Beim Hotel Kameha Grand Zurich hat jeder Mitarbeiter 2.000 Franken Budget pro Kunde*

Customer Experience

Customer Experience Innovationen umfassen besondere Markenerlebnisse für Kunden. Diese können dabei an verschiedenen Touchpoints (z.B. online, offline) für verschiedene Gruppen (Premiumkunden, Zufall, Nichtkunden, Familien, Frauen etc.) mithilfe verschiedener Mechaniken und Technologien (z.B. Virtual Reality, Wettbewerb, Geschenke, Überraschungen etc.) stattfinden. Customer Experience Innovationen dienen in erster Linie der Imageverbesserung, welche indirekt zu Umsatz- und Profitabilitätssteigerungen führt.

▸ *Coca-Cola bietet Kunden eine in der Verpackung integrierte Google Cardboard VR-Brille an*
▸ *Marriott-Hotels bietet mit dem „Teleporter" Virtual-Reality-Reisen an*
▸ *True Religion verwendet Smart Watches, um die Einkaufserfahrung der Kunden zu individualisieren*

Produkte & Services

Produkt- und Service-Innovationen sind das bekannteste und populärste Innovationsfeld. Produkte können von Grund auf neu entwickelt (z.B. auf Basis neuer Technologien, Materialien, Inhaltsstoffe, Fertigungsprozesse oder Designs) oder optimiert (z.B. in Bezug auf Leistung, Geschmack, Geschwindigkeit, Qualität, Preis etc.) werden. Durch neue bzw. verbesserte Produkte und Services können u.a. signifikante Umsatz- bzw. Profitabilitätssteigerungen erzielt werden. Zudem kann durch besondere Produkte und Services auch das Markenimage verbessert werden.

▸ *LEGO bietet seine Bausteine mit Serious Play explizit für Workshops mit Erwachsenen an*
▸ *Die Rügenwalder Mühle setzt mittlerweile 30% des Umsatzes mit fleischlosen Produkten um*
▸ *Snapchat ermöglicht dank einer Kooperation mit Square das Versenden von Geld*

Customer Service

Customer Service Innovationen umfassen innovative Hilfestellungen für den Kunden an allen relevanten Touchpoints, z.B. bei der Suche, Beratung, beim Kauf oder im Aftersales. Je nach Ausgestaltung können die Innovationen zu einer Verbesserung der Kundenzufriedenheit und des Markenimages beitragen oder auch zu Umsatzsteigerungen, z.B. durch den Verkauf zusätzlicher Produkte und Services oder einer Minimierung von Kaufabbrüchen.

▸ *IKEA bietet in einigen Ländern ein lebenslanges Rückgaberecht an*
▸ *Bosch bietet über die Zertifizierung von Werkstätten ein globales Netzwerk von Servicepartnern*
▸ *Amazon versendet ausgewählte Artikel in Großstädten innerhalb von einer Stunde*

Monetarisierungsmodelle

Monetarisierungsmodelle umfassen die Neuentwicklung oder Erneuerung der Wertschöpfung des Unternehmens bzw. einzelner Bereiche, Produkte oder Services. Dabei werden neue Mechaniken, wie z.B. Abonnement, Leasing, Freemium, Open Source, etc., genutzt. Entsprechend eignen sich neue Monetarisierungsmodelle besonders zur Erreichung von Umsatz-, Profitabilitäts- und Kostenzielen, aber auch zur langfristigen Steigerung des Marktanteils oder Unternehmenswertes.

▸ *HILTI bietet mit dem Geräteleasing eine ständig aktualisierte Geräteflotte für Geschäftskunden an*
▸ *Apple bietet mit Apple Music die Möglichkeit, Musik im monatlichen Abonnement zu beziehen*
▸ *BMW bietet mit DriveNow die Möglichkeit, die Fahrzeuge minutengenau zu mieten*

Vertrieb & Kanäle

Innovationen im Bereich Vertrieb und Kanäle sind auf innovative Verkaufsmechaniken und -wege ausgerichtet und dienen entsprechend dazu, vorhandene (oder neue) Produkte bzw. Services an neue Zielgruppen bzw. vermehrt an bestehende Zielgruppen zu verkaufen. Damit lassen sich auch kurzfristig Umsatz- und Marktanteilssteigerungen erzielen.

▸ *Lufthansa hat als spezielle Verkaufsaktion Premium Economy Flüge über Airbnb verkauft*
▸ *Tesla bietet eine kostenpflichtige Reservierung für neue Modelle an, um die Nachfrage zu planen*
▸ *Amazon bietet mit Prime einen kostenpflichtigen Kundenclub mit stetig wachsenden Vorteilen*

Brand

Brand- (oder: Marken-)Innovationen dienen dazu, die Marke nachhaltig beim Kunden zu verankern, z.B. durch Partnerschaften, PR, Positionierung, Charity, viralem Content etc. Brand-Innovationen zahlen dabei insbesondere auf das Unternehmensimage ein und können entsprechend sekundär zu Umsatzsteigerung mit höherem Marktanteil bzw. erhöhter Profitabilität führen. Zusätzlich kann auch ein positiver Effekt für die Rekrutierung neuer Mitarbeiter erzielt werden.

▸ *Der Stratosphäre-Sprung von Red Bull knackte den Rekord an Live-Zuschauern auf Youtube*
▸ *Jägermeister erreichte durch Party-Promotion-Teams ein neues Image als Party-Getränk*
▸ *TOMS hilft mit jedem Paar Schuhe, das gekauft wird, Kindern in Not*

Genau dieses Potenzial der vielfältigen Innovationsfelder wird bei Unternehmen oftmals verkannt. Dies liegt daran, dass sich viele Unternehmen generell auf klassische Produkt- und Serviceinnovationen fokussieren. So zeigt die PWC-Breakthrough-Innovation-Studie von 2015, dass 40 Prozent der Innovationsprojekte deutscher Unternehmen ausschließlich auf Produktinnovationen fokussiert waren. Nur 10 Prozent der untersuchten Unternehmen hatten dagegen am Monetarisierungsmodell eine Innovation vorgenommen – obwohl dies je nach Zielsetzung deutlich größere Potenziale mit sich bringen könnte. Und selbst wenn Unternehmen (teilweise sogar sehr bewusst) in verschiedensten Innovationsfeldern innovieren, wird die Auswahl des jeweiligen Innovationsfeldes in der Regel nicht abhängig von den spezifischen Zielen und Kriterien getroffen.

Die Priorisierung und Auswahl der passendsten Innovationsfelder kann abhängig von den zuvor priorisierten Zielen, Kriterien und KPIs erfolgen. Denn basierend auf intuitiver Bewertung, Benchmarking und Erfahrungen aus vorherigen Projekten lässt sich sehr gut abschätzen, welches Innovationsfeld am besten geeignet ist, die spezifischen Innovationsziele und Kriterien zu erfüllen (siehe Abbildung 14). So eignet sich z. B. eine Produktinnovation in der Regel besser zur Erreichung von Umsatzzielen als eine Prozessinnovation. Eine Prozessinnovation ist dafür beim Ziel Kostensenkung besonders gut geeignet. Und ein neues Geschäftsfeld ist in der Regel nicht sinnvoll, wenn wenig Zeit und Ressourcen zur Verfügung stehen – eine Innovation im Feld Vertrieb & Kanäle kann dann aber genau das Richtige sein.

Entsprechend gilt es, die Innovationsfelder nach deren Potenzial in Bezug auf die gewählten Ziele und Kriterien zu bewerten und auf dieser Basis eine entsprechende Auswahl zu treffen. Statt dem erstbesten kann so der richtige Weg eingeschlagen werden.

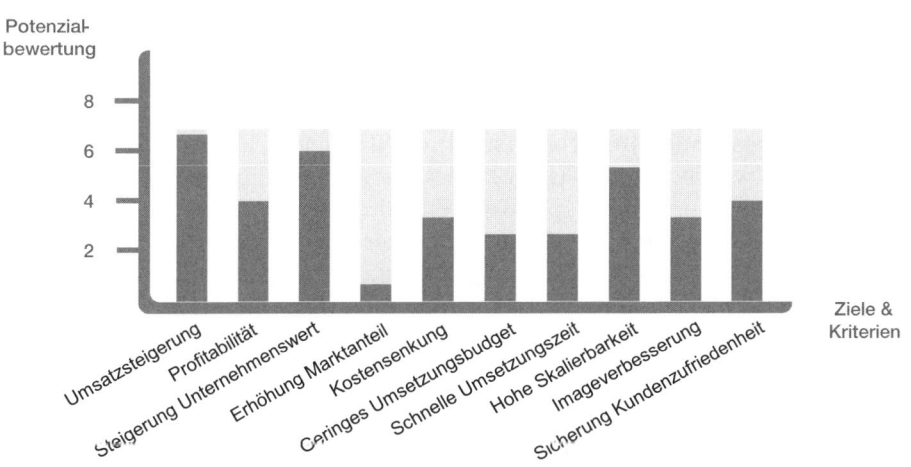

Abbildung 14: Beispiel zur Bewertung eines Innovationsfeldes
(„Monetarisierungsmodelle")

Das ausgewählte Innovationsfeld gibt nun die Richtung für das Innovationsprojekt vor. Dies bedeutet nicht, dass z. B. ein Innovationsprojekt im Innovationsfeld „Monetarisierungsmodelle" nicht auch Überlegungen zu neuen Prozessen, Vertrieb oder Produkten enthalten kann. Es zeigt jedoch, wo der Schwerpunkt und damit der Startpunkt des Innovationsprozesses liegen sollte (in diesem Fall eben bei neuen Möglichkeiten der Monetarisierung, wie z. B. Abomodellen, Services, Open Source, Freemium etc.). Dieser Schwerpunkt ermöglicht es in der Folge, die (für das Unternehmen und den Kunden) relevantesten Innovationspotenziale zu identifizieren und somit die Grundlage für die nachfolgende Ideensuche und Erarbeitung konkreter Innovationen zu schaffen, die zu den Zielen und Kriterien des Unternehmens optimal beitragen können. Wie dieser Weg zum Ziel beschritten werden kann, zeigen die folgenden zwei Bausteine der *Configuration.*

2.1.2 Lieber ein Schritt in die richtige Richtung, als ein Sprung ins Ungewisse

Bei Innovationsprojekten auf der grünen Wiese gleicht der Start oft einem Sprung ins Ungewisse: Ausgehend von einem Auslöser, wie z. B. einem Kundeninsight (also der Erkenntnis eines Kundenbedürfnisses), einem Forschungsergebnis oder einer neuen Technologie, „stürzt" sich das Unternehmen in die Suche nach möglichst spannenden Ideen auf Basis der neuen Erkenntnisse. Die Frage danach, ob das „entdeckte" Thema vom Unternehmen auch sinnvoll adressiert werden kann, wird dabei selten gestellt. Schließlich soll doch erst einmal möglichst frei überlegt werden, um nichts auszuschließen, was vielleicht später zur Millionen-Euro-Idee führt. Doch wie soll das „später" gelingen, wenn die Ideen nicht zum Unternehmen passen und daher gar nicht umgesetzt werden können? Und wie erfolgreich wird eine Umsetzung sein, wenn die Entwicklung des Marktes oder signifikante Kundenbedürfnisse dabei nicht oder nur unvollständig berücksichtigt werden?

Statt blind ins Ungewisse zu springen, empfiehlt es sich, in systematischen Schritten voranzugehen – und dies auf dem richtigen Weg. Denn selbst wenn ein passendes Innovationsfeld auf Basis von Zielen und Kriterien ausgewählt wurde, ist dies noch keine ausreichende Eingrenzung für den nachfolgenden Innovationsprozess. Es gilt, innerhalb des ausgewählten Innovationsfeldes zunächst die spannendsten Opportunity Spaces zu ermitteln und zu priorisieren. Denn innerhalb dieser Opportunity Spaces kann anschließend das relevanteste Innovationspotenzial identifiziert werden.

Der erste Schritt in die richtige Richtung ist die **Identifikation der Opportunity Spaces innerhalb des ausgewählten Innovationsfeldes**. Ein Opportunity Space besteht dabei aus dem Innovationsfeld, ergänzt durch einen externen und/oder internen Faktor. Im gewählten Innovationsfeld werden dazu in einem iterativen Vorgehen – gemeinsam mit den entscheidenden Stakeholdern und ergänzendem Research – zunächst die wichtigsten (internen) *Traktionsfaktoren* und (externen) *Kundenfaktoren* gesammelt und anschließend mögliche Opportunity Spaces abgeleitet und ausgewählt. Somit wird der Grundstein zur Sicherstellung von *Traktion* und *Kundenfit* späterer Innovationen gelegt. Und es wird vermieden, dass die Innovationsprojekte bei der Umsetzung an genau diesen Faktoren scheitern.

Insbesondere die **Traktionsfaktoren (interne Faktoren) sind an dieser Stelle von großer Bedeutung**. Dazu zählen z. B. Personal- oder IT-Ressourcen, vorhandene Marken, bestehende Kunden oder auch etablierte Strukturen und Prozesse (siehe Kapitel 1.3). Diese bilden in ihrer Summe die internen Stärken und Schwächen des Unternehmens bezogen auf das gewählte Innovationsfeld. Die Sammlung dieser Traktionsfaktoren gleicht dabei zunächst der Erarbeitung eines „Pflichtenheftes": Es gilt, alle für die Umsetzung von Ideen bedeutsamen Faktoren aufzudecken. Kann ein spezifischer Faktor des Unternehmens bei der Umsetzung von Ideen als Stärke genutzt werden, liegt ein *positiver Traktionsfaktor* vor. Dieser Faktor kann die Traktion einer Innovation erhöhen. Muss ein Faktor bei der Umsetzung von Ideen dagegen zwingend beachtet werden, sollte dieser als *negativer Traktionsfaktor* vermerkt werden. Denn dies ist ein Faktor, der bei Nichtbeachtung die Traktion verringern oder gar die Umsetzung einer Idee vollständig verhindern kann. Dadurch, dass die Faktoren also positiv oder negativ sein können, ergibt sich ein „Traktionsraum" (siehe Abbildung 15), in dem die Stärken des Unternehmens im Sinne von Opportunity Spaces (und später einer darin liegenden effizienten Innovation) möglichst genutzt sowie Schwächen möglichst vermieden werden sollten. Damit stellen die Traktionsfaktoren sicher, dass die gewählten Opportunity Spaces eine hohe potenzielle Traktion haben. Wird diese Systematik verfolgt, stellen unternehmensinterne Faktoren später keine Innovationsbarriere mehr dar, sondern können die Innovationen im Gegenteil sogar beflügeln!

Die Definition eines solchen „**Traktionsraums**" mag zunächst überraschend erscheinen, weil sie den möglichen Innovationsraum signifikant einschränkt und somit die nachfolgende Ideengenerierung (*Ideation*) erschwert. Doch dieser Schritt macht sich dort bezahlt, wo meist die größten Probleme der Innovationsprozesse liegen: in der Umsetzung. „Ideen haben wir genug, die Umsetzung ist das Problem" ist ein Satz, der wohl in jedem Unternehmen schon hunderte Male ausgesprochen wurde. Und genau dieser Satz zeigt die Fehlinterpretation der Problematik: Wenn die Ideengenerierung leicht und die Umsetzung schwer ist, heißt dies in der Regel nicht, dass es an Umsetzungsfähigkeit mangelt. Es zeigt stattdessen einen Mangel an *richtigen* Ideen. *Viele* Ideen sind in diesem Fall dann einfach viele *falsche* bzw. nicht passende Ideen. Umsetzungsprobleme entstehen bei der Reibung mit der existierenden Organisation – wenn diese vorher nicht berücksichtigt wurde.[92]

Konnte Kodak keine Digitalkameras bauen? Konnte AirBerlin nicht sehen, mit welchen Prozessveränderungen Ryanair Billigflüge anbieten konnte? In jedem dieser Fälle war nicht die Umsetzung per se das Problem. Stattdessen

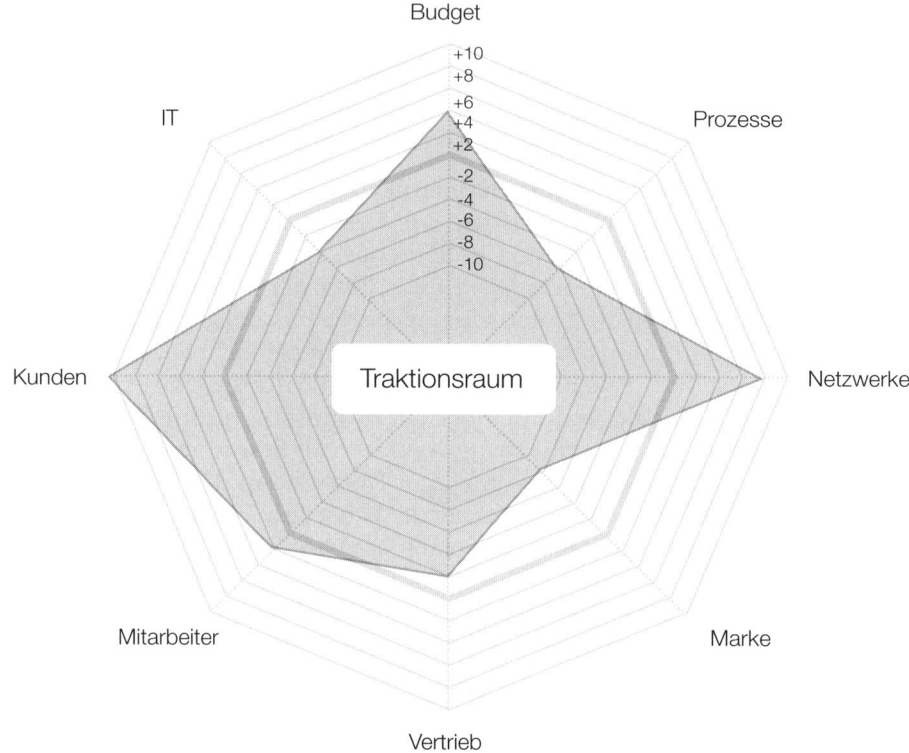

Abbildung 15: Traktionsraum (vereinfacht)

passten die disruptiven Ideen der anderen nicht zum eigenen Unternehmen. Wenn Kodak jedoch systematisch Innovationen für die Digitalfotographie entwickelt hätte, die zum eigenen Kerngeschäft gepasst hätten, oder Air-Berlin das Geschäftsmodell basierend auf ihren eigenen Strukturen und Prozessen verändert hätte, würde die Marktposition dieser Unternehmen heute vielleicht anders aussehen. So bemerkte Martin Zwilling im *Forbes Magazine*: „Innovationen sollten niemals isoliert vom aktuellen Geschäft sein. Quasi jede bedeutsame Innovation muss die vorhandenen Ressourcen und Fähigkeiten des Unternehmens ausnutzen".[93] Die Definition des Traktionsraums stellt genau diese geforderte Verknüpfung sicher.

Nach der Definition des Traktionsraums gilt es, **die relevantesten Kundenfaktoren zu identifizieren.** Die Kundenfaktoren stellen die Relevanz der Opportunity Spaces aus Kunden- bzw. Marktperspektive sicher – und damit den *Kundenfit.* Sie basieren auf externen Veränderungen, wie z. B. neuen Trends und Technologien, veränderten Regularien oder Marktentwicklungen. Im Kontrast zu den Traktionsfaktoren beschreiben sie also externe Chancen (und Gefahren). Ähnlich wie die Traktionsfaktoren werden auch die Kundenfaktoren ausgehend von dem Innovationsfeld und der Branche gesammelt – sowohl von den internen und externen Experten im Unterneh-

Luke Mansfield, Vice President Innovation, PepsiCo Beverages

Viele große Unternehmen sehen ihre Größe als Innovationshindernis an, aber das sehe ich anders. Wenn Sie einem Entrepreneur Zugang zu all unseren Ressourcen geben würden, stellen Sie sich vor, was er machen würde! So betrachten wir es bei PepsiCo und nutzen Ressourcen, Größe und Macht als Wettbewerbsvorteil.

Wir führen Marken und Produkte, welche Menschen schon seit über 100 Jahren Vergnügen bereiten. Das verschwindet nicht einfach und ist eine starke Basis für Innovationen.

men als auch durch ergänzenden Research und Analysen, wie z. B. Trendreports, Forecastings, Marktberichte, Studien u.ä.

Zu diesem Zeitpunkt des Innovationsprozesses können sich die Kundenfaktoren noch auf einem generellen Level bewegen: Welche Megatrends sind von Bedeutung? Welche neuen Technologien könnten in Zukunft eine Rolle spielen? Wie verändern sich Markt und Kundenbedürfnisse? Antworten auf solche Fragen geben passende Kundenfaktoren vor.

Rohrbeck bekräftigt die Bedeutung solch externer Faktoren:[94] „Den Wettbewerb im Innovationswettkampf zu schlagen benötigt die Fähigkeiten, auf Basis früher Signale in Trends zu innovieren und interne und externe Partner in Diskussionen über die Zukunft zu involvieren". Oftmals gibt es bereits ein Trendscouting wie z. B. einen „Trendradar", auf dessen Ergebnisse hier zurückgegriffen werden kann. Falls nicht, helfen unzählige Publikationen zu Trends, Technologien und Konsumenten (z. B. Zukunftsinstitut, Gartner Hype Cycle, PFSK, Stylus, Trendwatching etc.) sowie Diskussionen mit externen Experten dabei, den Input der internen Experten zielgerichtet zu ergänzen.

Bei der Sammlung der Traktions- und Kundenfaktoren ist das **„Stakeholder Management"** von großer Bedeutung. Diejenigen Stakeholder, die für die Entscheidung und Umsetzung von Ideen maßgeblich sind, werden beim Zusammentragen der Faktoren als interne Experten einbezogen. Im Gegensatz zu „U-Boot Projekten", bei denen versucht wird, an Entscheidern und Mitarbeitern vorbei zu agieren, werden die Stakeholder beim hier beschriebenen Vorgehen entsprechend frühzeitig involviert. Einerseits wird

Technologien	Megatrends	Konsumtrends	Markttrends	Regulatorik
Artificial Intelligence	Urbanisierung	On Demand	Kategorie-Wachstum	Datenschutz
Blockchain	Globalisierung	Cashless	Neue Bedürfnisse	Verordnungen
Machine Learning	Demografie	Customized	Neue Konkurrenz	Normen
Robotik	Individualisierung	Preiskampf	Neue Zielgruppen	Verbote
Internet of Things	Migration	As a Service	Konsolidierung	Richtlinien
Industrie 4.0	Klimawandel	Erlebnis	Konvergenz	Prämien
Wireless	Digitalisierung	Online	sinkende Margen	Sanktionen
...	...	...	...	...

Abbildung 16: Beispiel von Kundenfaktoren

damit sichergestellt, dass keine Faktoren übersehen werden. Andererseits sind die Stakeholder dadurch schon frühzeitig „mit im Boot" – und lehnen die Ideen später nicht ab, wenn sie sehen, dass ihre Inhalte bereits berücksichtigt wurden.

Im Umkehrschluss bedeutet das: Wenn es nicht gelingt, die relevanten Entscheider und betroffenen Personen frühzeitig durch ihren Input „abzuholen" (und diesen später auch tatsächlich zu berücksichtigen), ist eine erfolgreiche Umsetzung unwahrscheinlich. Dann werden Ideen beim Versuch der Umsetzung wie von einem Immunsystem „abgestoßen". Mitarbeiter und Prozesse erscheinen dann als „Antikörper", die keine neuen Ideen zulassen. Für diese Mitarbeiter erscheinen neue Ideen wie Krankheiten, die die Stabilität ihres aktuellen Kerngeschäfts bedrohen, das sie beschützen müssen.

Wie bereits bei der Planung eines unternehmensweiten Innovationsprojektes die wichtigsten „Antikörper" mit einbezogen werden können, beschreibt Mitra Best, Innovation Leader bei PWC in den USA: „Es war nicht schwierig, die größten 'Antikörper' des Unternehmens zu identifizieren. Es waren die Personen, deren Aufgabe es ist, sich um die Risiken des aktuellen Geschäfts Gedanken zu machen: Rechtsabteilung, Finanzen, IT und Markenteam. Um sie zu Verbündeten zu machen, hielten wir eine Reihe sehr persönlicher Treffen ab, in denen jede Person darum gebeten wurde, mit ihrer Kernkompetenz die Details der Innovationsinitiative zu planen. Der CFO gab Preis- und Budgetkriterien vor, der Rechtsberater Konditionen und das Markenteam Kernelemente der Visual Identity."[95]

Mit einer solchen Einbindung der Stakeholder wird deren „Buy-in" sichergestellt, wenn es später um Investments und Ressourcen für die Umsetzung geht – insofern die von ihnen genannten „Traktions- und Kundenfaktoren" auch tatsächlich in den Ideen berücksichtigt sind.[96] Auf diese Weise können die Mitarbeiter in den Innovationsprozess eingebunden werden, ohne dass sie konkrete Ideen oder Lösungen liefern müssen. Wenngleich sie oftmals am besten wissen, was funktionieren wird und was nicht – oder was Kunden wollen und was nicht -, können sie Schwierigkeiten haben, wirklich neue Potenziale und Ideen in ihrem Bereich zu finden. Während kleine Verbesserungen in der Verantwortung jedes Mitarbeiters liegen, haben Mitarbeiter meist nicht die Möglichkeiten oder das Interesse, neben ihrem Tagesgeschäft strategische Innovationen zu entwickeln.[97] Mit der oben beschriebenen Methodik gelingt es nun, auch in strategischen Top-down-Innovationen Mitarbeiter „bottom-up" einzubinden und so den Erfolg strategischer Innovationen frühzeitig sicherzustellen.

Ein ähnliches Vorgehen empfiehlt sich auch für die Einbindung von externen Stakeholdern wie möglichen Partnerunternehmen, Zulieferern oder Kunden. Analog zur Integration interner Stakeholder sollten diese als Input- statt als Ideengeber fungieren. Denn die Entwicklung von Ideen erfordert spezifische Fähigkeiten und sollte daher „Spezialisten" überlassen werden (siehe Kapitel 2.4.1, 3.2), um Ideen systematisch planbar zu machen.

Dazu kommt: Wenn externe Stakeholder bei Innovationsprojekten „nur" Input geben müssen, können die Vorteile von Co-Creation, Crowdsourcing und anderen populären Open-Innovation-Methoden genutzt werden, ohne gleichzeitig deren Nachteile bzw. Risiken in Kauf nehmen zu müssen. Und diese Vorteile sind vielfältig: fremde Perspektiven und Überlegungen, frühes Feedback und somit bessere Akzeptanz im Markt, Hebung von Synergien, Etablierung möglicher Partnerschaften, Erhöhung der Kundenzufriedenheit durch die Einbindung etc. Wenn man sich jedoch zu sehr auf externe Stakeholder als Ideengeber verlässt, können Innovationen nicht mehr systematisch geplant werden und unterliegen gleichzeitig einem hohen Erwartungsdruck von den beteiligten externen Ideengebern.

Warum es wichtig ist, externe Stakeholder als Input- statt als Ideengeber einzubinden, zeigt das Beispiel von Yahoo im Vergleich zu anderen, erfolgreicheren Unternehmen: Obwohl Yahoo First Mover im Bereich der Online-Suchmaschine war, sank dessen Aktienkurs von 2010 bis 2017 von 100 USD auf 50 USD pro Aktie, während im gleichen Zeitraum Google von 300 USD auf 1000 USD pro Aktie kletterte. Wie Jens Martin Skibsted in seinem Artikel für das Magazin *Fast Company* beschreibt, kann ein Grund dafür die falsche Innovationsstrategie sein:[98] Im Sinne der Open Innovation „hörte Yahoo zu sehr auf jeden, kaufte Unternehmen hier und dort basierend auf Kundenfeedback. Open Innovation ist eher der Grund für die Probleme von Yahoo als deren Lösung." Yahoo richtete sich also zu sehr nach externen Faktoren und Ideen und schaute zu wenig auf die eigenen Stärken und Schwächen.

Im Gegensatz dazu sind Unternehmen wie Google und Apple insbesondere durch ihren starken Fokus (auf kontextbasierte Werbung bzw. ausgewählte Hard- und Software) erfolgreich. So bemerkt ein Apple Mitarbeiter: „Bei Apple verschwenden wir unsere Zeit nicht damit, den Nutzer [nach allem] zu fragen, sondern bauen großartige Produkte, welche die Leute lieben werden." Auch andere erfolgreiche Marken verlassen sich nicht auf den Kunden oder andere externe Stakeholder als Ideengeber, sondern geben selbst die Richtung vor. Bei IKEA ist die unausgesprochene Philosophie „Wir zeigen den Leuten den Weg".[99]

Diese Beispiele machen deutlich, dass Unternehmen nicht darauf bauen sollten, Ideen für erfolgreiche strategische Innovationen von externen Stakeholdern zu erhalten. Dies gilt jedoch nicht für deren Input im Allgemeinen. Denn durch den frühzeitigen Austausch mit den relevanten Stakeholdern wird ersichtlich, was bei der Umsetzung tatsächlich möglich und gewünscht ist, und was eben nicht. Dies gibt den Traktionsraum und mögliche Opportunity Spaces für eine erfolgreiche Umsetzung mit hohem Kundenfit und hoher Traktion vor.

Die gesammelten Traktions- und Kundenfaktoren können schließlich analysiert und ausgewertet werden, um mögliche Opportunity Spaces abzuleiten. Diese zeigen jeweils auf, wo einerseits Innovation überhaupt aus externer

Sicht sinnvoll ist und wo andererseits die bestehenden Stärken des Unternehmens bei der Umsetzung von Ideen optimal genutzt werden können (siehe Abbildung 17). Somit gilt:

Opportunity Space = Innovationsfeld + genereller Kundenfaktor (+ ggf. Traktionsfaktor)

Welche Trends spielen genau eine Rolle? Welche Regularien sind zukünftig auschlaggebend? Welche Prozesse müssen beachtet werden, welche Ressourcen stehen zur Verfügung? Die Kundenfaktoren und Traktionsfaktoren als Antworten auf solche Fragen können konkrete neue Innovationsopportunitäten hervorbringen (und auch bereits vorher definierte Opportunity Spaces ergänzen). Somit kann das ausgewählte Innovationsfeld mit passenden Opportunity Spaces gefüllt werden, die einen potenziell hohen Kundenfit *und* hohe Traktion ermöglichen.

Geschäftsfelder	Produkte & Services	Vertrieb & Kanäle	Monetarisierungs-modelle	...
Digitale Angebote	On-Demand Services mit Filialbezug	Artificial Intelligence-Berater	Software as a Service-Modelle	...
Kooperationen für Gesundheitsangebote für Ältere	Internet-of-Things-Produkte	Direkthandel über Onlinekanäle	Pay as you go-Angebote	...

Opportunity Space = Innovationsfeld + genereller Kundenfaktor (+ ggf. Traktionsfaktor)

Abbildung 17: Beispiel von Opportunity Spaces in Innovationsfeldern

Zum Schluss erfolgt eine **finale Bewertung und Priorisierung der erarbeiteten Opportunity Spaces.** Die Opportunity Spaces werden dazu zunächst anhand ihres Potenzials zur Erfüllung der zu Beginn definierten Ziele und Kriterien bewertet. Anschließend bietet es sich an, die Traktionsfähigkeit erneut anhand der im Verlauf identifizierten Traktionsfaktoren zu überprüfen. Hierbei kann jeder Opportunity Space positiv oder negativ durch die Traktionsfaktoren beeinflusst werden. Insbesondere ein Opportunity Space, der maßgeblich auf einem Kundenfaktor basiert, birgt ansonsten die Gefahr, außerhalb des Traktionsraums zu liegen. Anschließend gilt es, die finalen Opportunity Spaces je nach Ergebnis in eine priorisierte Liste bzw. Roadmap zu übertragen. Dabei können Opportunity Spaces ggf. zusätzlich nach kurz- und langfristiger Relevanz sortiert und in Cluster zusammengefasst werden.

Es bietet sich an, die Bewertung gemeinsam mit den relevanten Stakeholdern vorzunehmen bzw. zu überprüfen. Das Ergebnis: priorisierte Opportunity Spaces im relevantesten Innovationsfeld basierend auf den wichtigsten Zielen, Kriterien, Traktions- und Kundenfaktoren (siehe die Abbildung 18).

Kundenfit

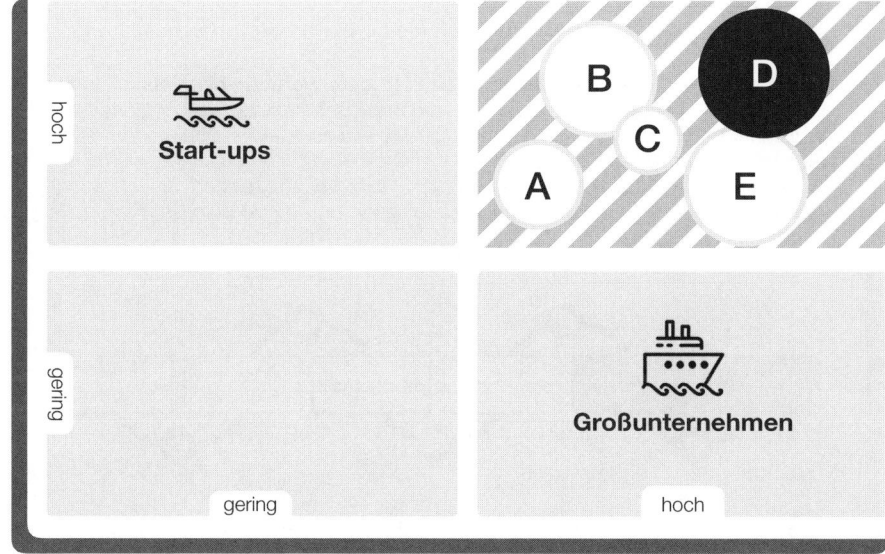

Traktion

Abbildung 18: „Effiziente" Opportunity Spaces

Je nach Ressourcen können ein oder mehrere Opportunity Spaces zur weiteren Bearbeitung ausgewählt werden. Im zweiten Fall muss der im Folgenden beschriebene Prozess mehrfach (parallel) durchgeführt werden. Denn es gilt nun, im ausgewählten Opportunity Space (bzw. den ausgewählten Opportunity Spaces) das größte Innovationspotenzial zu identifizieren. Eines bringt dieses Innovationspotenzial aufgrund des in diesem Kapitel beschriebenen Vorgehen bereits mit: Kundenfit und Traktion. Ein guter Start für ein systematisches Innovationsprojekt!

2. Effiziente Innovation mit dem 5C-Prozess

Estée Lauder Companies

Erarbeitung 3-Jahres Wachstumsstrategie für die Marke Lab Series

„Lab Series" ist eine Hautpflege-Marke aus dem Portfolio der Estée Lauder Companies, die sich ganz den individuellen Bedürfnissen der Männerhaut verschrieben hat. In Deutschland wird die Marke ausschließlich über ausgewählte Parfümerien vertrieben. Um das Premium-Image der Marke zu stärken, wurde die Anzahl der Vertriebspartner in Deutschland kurz vor Projektstart um etwa 2/3 reduziert. Gleichzeitig wurden jedoch neue, herausfordernde Wachstumsziele für die Marke aufgestellt.

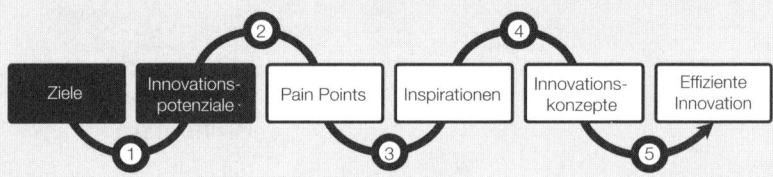

① **Configuration**

Zu Beginn der *Configuration* wurde zunächst die Zielsetzung spezifiziert: ein hohes zweistelliges Wachstum der Marke über die nächsten drei Jahre. Da die Anzahl der Parfümerien zuvor stark reduziert wurde, bedeutete dies, dass die Umsätze pro einzelner Parfümerie sich vervielfachen mussten. Gleichzeitig gab es entscheidende Kriterien für die Umsetzung: Zusätzliches Budget für Innovationsmaßnahmen stand nicht zur Verfügung. Und da die Marke strategisch nicht aus Deutschland gesteuert wird, gab es auch keine Möglichkeiten der Beeinflussung zukünftiger Neuprodukte, Verpackungsgestaltungen oder des generellen Markenauftritts. Aufgrund der stark umsatzgetriebenen Zielsetzung wurde das *Innovationsfeld* „Produkte" ausgewählt, in Bezug auf die enorme Bedeutung weniger, ausgewählter Vertriebspunkte zusätzlich noch das *Innovationsfeld* „Vertrieb & Kanäle". Bei der Analyse zur Erarbeitung relevanter *Opportunity Spaces* war im Bereich „Produkte" zwar – aufgrund des vorgegebenen Kriteriums – keine Produktinnovation möglich, doch steckte viel Potenzial in einer *Optimierung des Gesamtportfolios* der Marke. Schließlich wurden ca. 50% des Umsatzes der Marke von weniger als einem Fünftel der Produkte erwirtschaftet. Auch zeigte sich, dass insbesondere die (vom internationalen Marketing) vorgegebenen *Produktlaunches*, welche für die nächsten drei Jahre geplant waren, angereichert mit innovativen Mechaniken durch das deutsche Team zu signifikanten Umsatzsteigerungen führen konnten. In Bezug auf „Vertrieb & Kanäle" ergab die Analyse, dass bei den VerkäuferInnen in den Parfümerien im Vergleich zum bekannten Hauptkonkurrenten „Biotherm Homme" noch zu viele *Unsicherheiten in Bezug auf die Produkte* von Lab Series vorhanden waren und so die Kunden meistens über die Konkurrenzprodukte beraten wurden. Entsprechend wurden die *Opportunity Spaces* „Optimierung des Produktportfolios", „Innovative Produktlaunches" und „Optimierung der Beratungssicherheit der VerkäuferInnen am Point of Sale" zur weiteren Bearbeitung definiert.

Im Zuge des weiteren 5C-Prozesses wurde eine Vielzahl unterschiedlicher innovativer Maßnahmen erarbeitet, die das Produktportfolio optimiert, die Wiederkaufsrate erhöht, die Effizienz der Mitarbeiter am POS gesteigert und den Launch insbesondere des neuen Produktes „Pro LS" befeuert haben. Über die nächsten drei Jahre konnten die hohen Wachstumsziele der Marke sogar noch übertroffen werden.

2.1.3 No risk, more fun

Obwohl die meisten Innovationsprojekte scheitern, wird wenig dafür getan, deren Risiken im Vorfeld zu minimieren. Scheinbar hält sich der Glaube, dass Innovationsprojekte per Definition risikoreich sein müssen: je mehr Risiko, desto mehr Rendite bzw. Spaß. Doch im Vergleich zu Finanzprodukten trifft „More risk, more fun" bei Innovationen nicht zu. Im Gegenteil: Der Vorstand eines Konzerns wird es wohl eher begrüßen, wenn mit möglichst geringem Umsetzungsrisiko (bzw. hoher Traktion) möglichst hohe Erträge mit dem Innovationsprojekt generiert werden können (hoher Kundenfit). Beim Thema Innovationen gilt also: „No risk, more fun!" Doch wie können möglichst hohe Traktion und Kundenfit sichergestellt werden, um das Risiko eines Innovationsprojektes zu minimieren?

Dies geschieht, indem von vornherein **am relevantesten Innovationspotenzial gearbeitet wird, das durch die Kundenperspektive determiniert (Kundenfit) und für das Unternehmen adressierbar ist (Traktion).** Der erste Schritt zur Reduktion des Risikos des Innovationsprojektes ist folglich bereits durch die Definition der Opportunity Spaces auf Basis von Traktions- und Kundenfaktoren erfolgt. Dadurch bewegt sich das Innovationsprojekt automatisch im richtigen Rahmen. Innerhalb dieses Rahmens muss der Kundenfit nun maximiert werden, um eine möglichst hohe Erfolgschance der Innovationen zu ermöglichen. (Hinweis: Da der ausgewählte Opportunity Space bereits auf Basis des Traktionsraums identifiziert wurde, müssen die Traktionsfaktoren nicht nochmals aktiv einbezogen werden, sollten jedoch im Hinterkopf verbleiben.)

Um den Kundenfit zu maximieren, werden innerhalb des ausgewählten Opportunity Spaces die größten Innovationspotenziale spezifiziert. Dies sind die Bereiche, die insbesondere aus Kundensicht das größte Potenzial für neue Lösungen beinhalten. Dazu müssen die im vorigen Prozessschritt nur generell recherchierten Kundenfaktoren entsprechend detailliert bzw. von einem generellen auf ein spezifisches Level „heruntergebrochen" werden. Die Bedeutung eines solchen Schrittes betont auch Mootee in seiner Ausführung zur Entwicklung strategischer Innovationen.[100] Dabei sieht er den Fokus für die Ideenentwicklung im Erwerb und der Synthetisierung *kontextuell relevanter Informationen*, um Potenziale erkennen und detaillieren zu können.

Doch wo genau soll die Suche nach den Innovationspotenzialen starten? „Kontextuell relevante Informationen" bzw. in unserem Fall „spezifische Kundenfaktoren" zu finden, ist keine leichte Aufgabe. Es gibt zwar verschiedenste Quellen, die Kundenfaktoren enthalten können (z. B. Konsumententrends, Kundenumfragen, Studien oder Marktdaten), doch können diese ohne ein passendes System kaum zielgerichtet durchsucht werden. Genauso wenig, wie ein Archäologe einfach beliebig anfängt zu graben, wenn er auf der Suche nach den besten Artefakten ist, kann auch nicht unstrukturiert gesucht werden, wenn es um die spezifischen Kundenfaktoren geht. Stattdessen sollte der Suchbereich (in unserem Fall der Opportunity Space) möglichst systematisch aufgeteilt werden, um anschließend in der Tiefe nach spezifischen Kundenfaktoren „zu graben".

Einen **strukturierten Ansatz für die systematische Aufteilung des Opportunity Spaces bietet der sogenannte morphologische Kasten**, der bereits im Jahr 1966 von Fritz Zwicky entwickelt wurde.[101] Die Methodik dient generell der Lösung nicht quantifizierbarer Probleme, für die durch das Aufzeigen aller möglichen Parameter zwar nicht die Anzahl der Variablen verringert wird, jedoch logische und nicht-logische Verbindungen dieser Parameter ersichtlich werden. Das Konzept wurde bereits für verschiedenste Methoden adaptiert: Warfield verwendete es für seinen Options Field/Options Profile Approach, Michael Michalko beschreibt es als Kreativmethodik in seinem Buch „Thinkertoys", und Dym und Little verwenden in ihrem Buch „Engeneering Design" ein morphologisches Chart.

In der Adaption dieser Methodik für ein Innovationsprojekt genügt es, sich die Systematik und Darstellung zu eigen zu machen: Zum gewählten Opportunity Space werden zunächst möglichst viele relevante Parameter gesammelt. Somit werden passende Potenziale schneller und effizienter aufgedeckt als durch zufallsbasiertes Ad-hoc Brainstorming.

Ein guter Start sind dabei die W-Fragen: *Wer* (Zielgruppen), *Wo* (Touchpoints, Orte), *Wie* (Mechaniken, Modelle), *Was* (Mehrwerte, Angebote) und *Warum* (Bedürfnisse). Weitere Beispiele siehe Abbildung 19. Diese Parameter bilden somit einzelne „Unterbereiche" des Opportunity Space, in denen anschließend nach spezifischen Kundenfaktoren gesucht werden kann.

Ausprägungen

Parameter						
Wer (Zielgruppe)	Stammkunden	Neukunden	Freunde	Rentner	Allein	...
Wo (Orte)	Am POS	Website	Shopping Mall	Im Auto	Am Strand	...
Wie (Mechanik)	Pay as you go	Abonnement	Zum mitnehmen	Als Geschenk	Over the Air	...
Warum (Bedürfnis)	Ersparnis	5 Minutes of Fame	Belohnung	Freiheit	Sicherheit	...
Was (Mehrwert)	Produkt	Service	Verpackung	Geschenk	Beschleunigung	...
Geschäftsmodelle	Freemium	Software as a Service	In-App Kauf	Direktkauf	Kickback	...
Gefühle	Angst	Trauer	Freude	Wut	Spaß	...
Technik-Nutzung	Smartwatch-Tracker	Smartphone-Tracker	TV	Smart Home	...	...
...	...	...	...	...	...	

Abbildung 19: Beispiel eines Morphologischen Kastens

Dazu werden die unterschiedlichen Parameter mit ihren möglichen Ausprägungen angereichert. So können z. B. für den Parameter „Touchpoints" die Ausprägungen „Point of Sale", „zuhause", „unterwegs", „bei der Arbeit" usw. definiert werden (jeweils passend zum Opportunity Space).

Durch die Ausprägungen ergibt sich eine Übersicht möglicher Potenziale innerhalb des Opportunity Space, die dann durch die zielgerichtete Suche nach spezifischen Kundenfaktoren innerhalb dieser Parameter bzw. Ausprägungen bestätigt, ergänzt oder verworfen werden können. Auf diese Weise können die spezifischen Kundenfaktoren mit den höchsten Erfolgschancen (und somit dem geringsten Risiko) identifiziert werden.

Schlussendlich gilt es nun, die relevantesten Innovationspotenziale daraus abzuleiten. Ein Innovationspotenzial entspricht dabei immer einem spezifischen Kundenfaktor (inkl. Zielgruppe), der sich im Opportunity Space befindet. Da der Opportunity Space aus *Innovationsfeld + generellem Kundenfaktor (+ ggf. Traktionsfaktor)* besteht, gilt:

Innovationspotenzial = ((Innovationsfeld + genereller Kundenfaktor (+ ggf. Traktionsfaktor)) + spezifischer Kundenfaktor (inkl. Zielgruppe), kurz:

Innovationspotenzial = Opportunity Space + spezifischer Kundenfaktor

Dies klingt komplizierter als es ist, wie die folgenden Beispiele (aufbauend auf einer Auswahl der vorigen beispielhaften Opportunity Spaces) zeigen (siehe Abbildung 20).

Digitale Angebote	On Demand Services	Artificial Intelligence-Berater	Software as a Service - Modelle	...
Digitale Angebote für junge Reisende	On-Demand Frauen-Fashion-Service mit Filialbezug	Artificial Intelligence-Berater für Neukunden im Ausland	Software as a Service-Modelle für Mobilitätsanbieter	...
Digitale Angebote für alleinlebende Senioren	On-Demand Fahrdienst für Ältere mit Filialbezug	Artificial Intelligence-Beratung für Whatsapp-Nutzer	Software as a Service für Krankenhäuser	...

Innovationspotenzial = Opportunity Space + spezifischer Kundenfaktor (mit Zielgruppe)

Abbildung 20: Beispiel von Innovationspotenzialen in Opportunity Spaces

Zur Vereinfachung bietet es sich an, die Liste der auf Basis des morphologischen Kastens recherchierten spezifischen Kundenfaktoren zunächst zu clustern (z. B. anhand der ausgewählten Parameter), um damit ggf. ähnliche Kundenfaktoren zusammenzufassen und anschließend als mögliche Innovationspotenziale im Opportunity Space zu formulieren.

Diese Innovationspotenziale werden anschließend anhand der Ziele und Kriterien bewertet, um das für das Unternehmen relevanteste Innovationspotenzial zu identifizieren. Wie auch bei den Opportunity Spaces bietet es sich an, diese Bewertung gemeinsam mit den entscheidenden Stakeholdern durchzuführen bzw. von diesen überprüfen zu lassen.

Da jedes Innovationspotenzial im gewählten Opportunity Space liegt (siehe Abbildung 21), sind Traktion, Kundenfit und Relevanz (in Bezug auf Ziele und Kriterien) für das Unternehmen bereits grundsätzlich sichergestellt. Ebenso ist sichergestellt, dass das Risiko für das Unternehmen generell gering ist. Die Auswahl des passendsten Innovationspotenzials (sprich: desjenigen mit der höchsten Bewertung) maximiert nun den Kundenfit und damit die Erfolgschancen für das Innovationsprojekt. Der Weg für den weiteren Innovationsprozess ist geebnet – mit weniger Risiko, aber höherer Erfolgschance![102]

Abbildung 21: „Effiziente" Innovationspotenziale innerhalb des ausgewählten Opportunity Space

Ein gutes Beispiel für ein relevantes Innovationspotenzial im Innovationsfeld „Brand" kommt von Unilever: In einer Studie mit 3.200 Frauen nannten nur 2 Prozent der Frauen sich selbst „schön", 76 Prozent wollten die Grundidee von „Schönheit" verändern. Somit konnte das Potenzial „Ansprache von Frauen, die die Definition von 'Schönheit' verändern wollen" genutzt werden. Ausgehend von diesem Innovationspotenzial mit konkreter Zielgruppe und klarem Fit zu Unilever (Pflegeprodukte) wurde die Marke „Dove" komplett neu positioniert, um mit Kampagnen, Produkten und Services die Sicht auf „Schönheit" zu verändern („Campaign for real beauty"). So wurden z. B. in der Werbung diverse „echte" Frauen als Models verwendet, was die Marke sehr erfolgreich machte. Dies zeigt, wie selbst ein einzelnes Innovationspotenzial einen großen Innovationsschub geben kann.

Was ist mit Ideen, die keinen Innovationspotenzialen im Opportunity Space entsprechen? Besteht durch die starke Eingrenzung des Raums für die Ideensuche nicht das Risiko, dass besonders spannende Ideen ignoriert bzw. nicht gefunden werden, nur weil sie außerhalb des Opportunity Spaces oder Innovationspotenzials liegen? Die Antwort darauf ist: Ja, generell spannende Ideen werden ggf. nicht berücksichtigt bzw. nicht gefunden. Diese „generell spannenden" Ideen sind aber für das spezifische Unternehmen nicht die relevantesten Ideen. Sie hätten z. B. keinen hohen Kundenfit, lägen zu weit außerhalb des Traktionsraums des Unternehmens oder würden nicht dessen Zielen und Kriterien optimal entsprechen. Die Ermittlung und Auswahl eines Innovationspotenzials stellt sicher, dass die darin liegenden Ideen von der gegenwärtigen Situation des Unternehmens aus erreicht werden können – und minimiert auf diese Weise das Risiko. Dies entspricht der Theorie des „Adjacent Possible", des Nächstmöglichen. Danach liegen neue Ideen immer am Rande des Existierenden und werden von diesem aus erreicht (siehe Abbildung 22).[103]

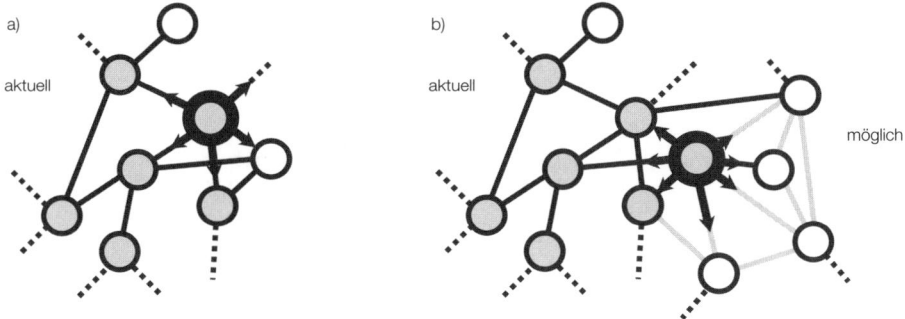

Abbildung 22: Das „Adjacent Possible"[104]

Das „Adjacent Possible" zeigt: Genauso wie ein iPhone nicht ohne Telefon und ein Buch nicht ohne Schrift hätte erfunden werden können, können Unternehmen auch nicht einfach zum nächsten, komplett disruptiven Geschäftsmodell springen, sondern müssen sich diesem schrittweise annähern. Somit bedeutet die Eingrenzung nicht, dass Unternehmen sich nicht verändern sollen und können, sondern dass diese Veränderung den größten Potenzialen schrittweise folgen sollte.

Die Alternative zur Eingrenzung des Suchfeldes für Innovationen ist im Übrigen eine stetige Transformation des Unternehmens, das sich immer wieder an neue Ideen anpassen muss. Dies gelingt jedoch nur bis zu einer bestimmten Unternehmensgröße. Für Großunternehmen ist eine stetige Transformation wenig sinnvoll, da neben der Innovation auch eine operative

Exzellenz – die der Transformation widerspricht – lebenswichtig ist. Studien zeigen außerdem den geringen Erfolg organisatorischer Change-Prozesse: So antworten in der McKinsey Global Survey 2015 nur 26 Prozent der befragten Vorstände, dass Transformationen erfolgreich waren.[105] Und auch wenn es manchmal aufgrund bestimmter Einflussfaktoren größere Transformationsprojekte geben muss (so z. B. oft bei der Digitalisierung eines Unternehmens), sollte dies nicht zum Standard für Innovationsprojekte werden. Schließlich muss Innovation in jedem Status des Unternehmens funktionieren.

Telekom Innovation Laboratories

Steigerung der Kundenzufriedenheit bei Konnektivitätslösungen

Die Telekom Innovation Laboratories der Deutschen Telekom (kurz: T-Labs) konzentrieren sich auf mittel- und langfristige Innovationsthemen im Bereich der Informations- und Kommunikationstechnologie. Für eine spezielle Produktkategorie im Bereich von Konnektivitätslösungen wurde ein Innovationsprojekt mit dem Ziel der Steigerung der Kundenzufriedenheit von Endkunden initiiert.

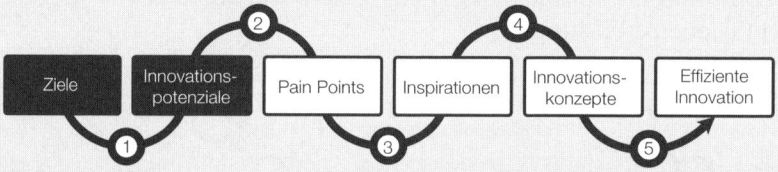

① Configuration

Gemäß der obigen Zielsetzung sowie abteilungsspezifischen Kriterien wurde im Rahmen der *Configuration* zunächst das *Innovationsfeld* „Customer Experience" ausgewählt.

Auf Basis von generellen Kundenfaktoren in der ausgewählten Produktkategorie, wie z.B. geringer Marktreife, schwacher Durchdringung im Markt und einer hoher Hemmschwelle bei potenziellen Konsumenten, wurde anschließend folgender *Opportunity Space* definiert: „Steigerung der Customer Experience bei der Akquise von Neukunden [in der ausgewählten Produktkategorie]".

Zur Erarbeitung von konkreten *Innovationspotenzialen* wurden mithilfe des morphologischen Kastens systematisch sämtliche relevante Parameter und ihre Ausprägungen innerhalb des Opportunity Spaces identifiziert und anschließend kategorisiert und bewertet. Als besonders wichtiger Parameter stellte sich dabei die Customer Journey beim Erstkauf der Konnektivitätslösungen heraus. Dort fanden sich als Ausprägungen z.B. Information, Beratung, Kauf, Gebrauch, Kundenservice und Inbetriebnahme. Unter den weiteren, in Bezug auf die gewählte Zielsetzung relevanten Parametern fanden sich z.B. „Touchpoints" (mit Ausprägungen wie Filiale, Shop-in-Shop, Website, Zuhause, Events etc.) oder „Transaktion" (Finanzierung, Abonnement, Freemium, gratis etc.).

Aus der Analyse der relevantesten Parameter bzw. deren Ausprägungen anhand von Marktstudien, Statistiken, Umfragen etc. wurden schließlich neun Innovationspotenziale zur Bearbeitung im weiteren Innovationsprozess abgeleitet. So stellte sich z.B. heraus, dass die Ausprägung „Inbetriebnahme" bei der Customer Journey besonders entscheidend ist, da die Kaufentscheidung signifikant von der Sorge vor zu großer Komplexität bei der Inbetriebnahme geprägt ist und so eine relevante Hürde für potenzielle Neukunden darstellt.

Praxisbeispiel

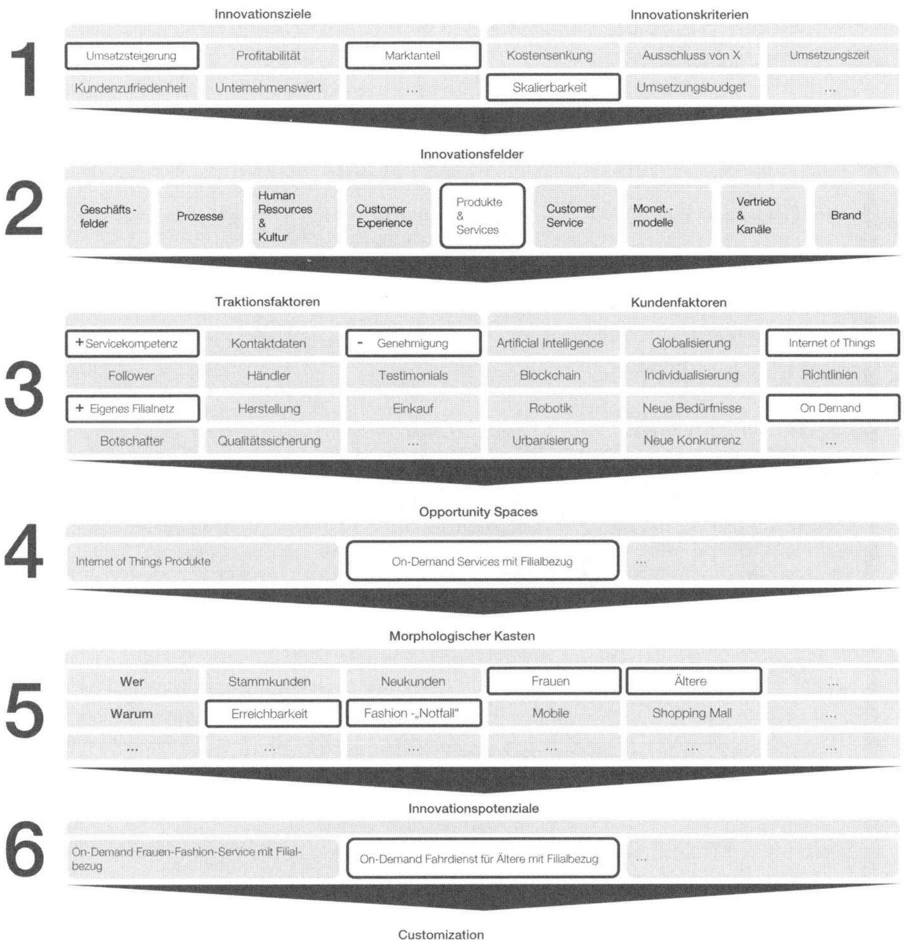

Abbildung 23: Ablaufplan der Configuration

2. Effiziente Innovation mit dem 5C-Prozess

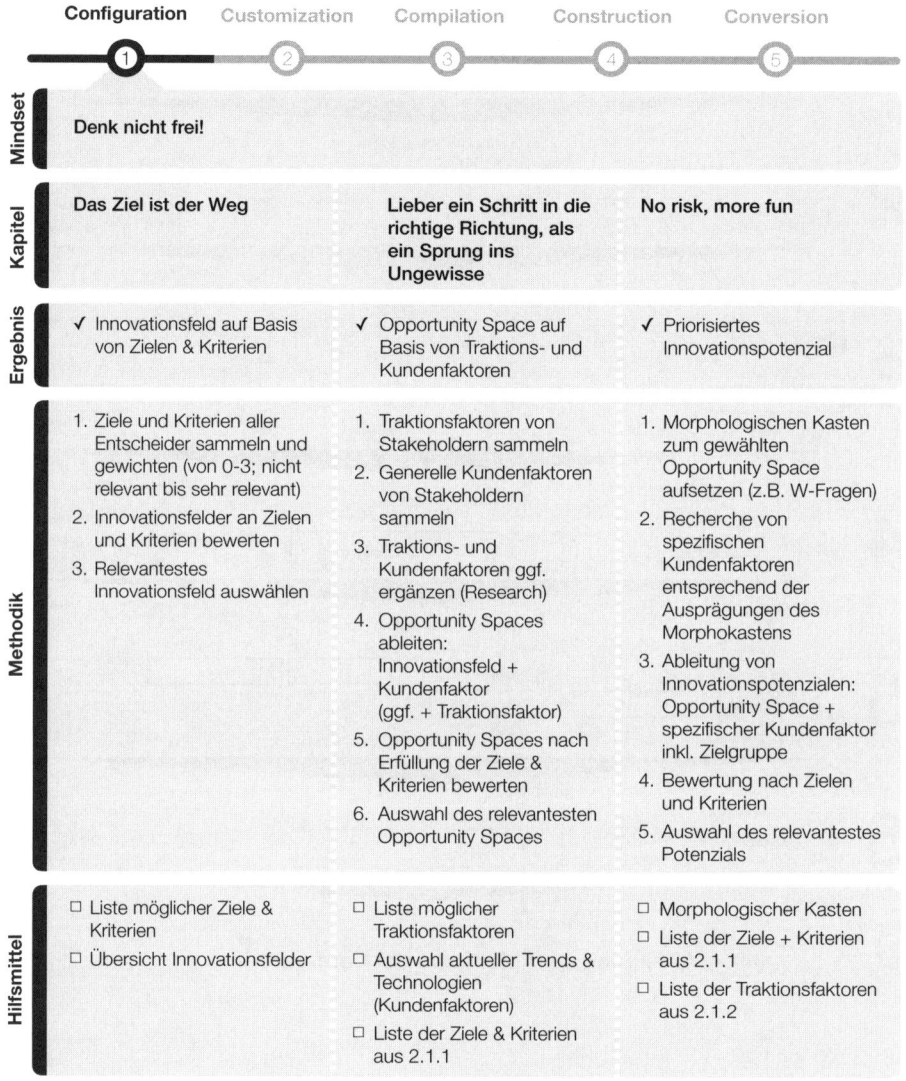

Abbildung 24: Übersicht Configuration

KEIN ~~PROBLEM~~ IST AUCH KEINE ~~LÖSUNG~~

2.2 Customization: Kein Problem ist auch keine Lösung

Eine Lösung ohne Problem ist eigentlich keine Lösung. Entsprechend sind Innovationsprojekte, die keine Kundenprobleme bzw. Pain Points lösen, schlichtweg obsolet. Und doch findet die Frage nach dem eigentlichen Problem des Kunden in vielen Innovationsprojekten kaum Beachtung. So zeigt z. B. die „Car Innovation Studie 2015" von Oliver Wyman, dass von den rund 800 Mrd. Euro Forschungsbudget in der Autoindustrie ca. 40 Prozent, also 320 Mrd. Euro (!), für falsche Projekte vergeudet werden. Von 315 untersuchten Innovationen hatten nur 10 Prozent das Potenzial, gut beim Kunden anzukommen.[106] Eine solche Quote lässt sich leicht dadurch verbessern, dass die relevanten Kundenbedarfe bereits vor der Ideenentwicklung identifiziert werden.

Ein konkretes Kundenproblem wird als Pain Point beschrieben, wenn es einen noch nicht adressierten bzw. unbefriedigten Bedarf darstellt. Ein Pain Point basiert immer auf einem konkreten Kundeninsight, also einer Erkenntnis, die von der Zielgruppe bzw. dem Kunden gewonnen wurde. Als „Kunde" ist dabei der Adressat des Innovationsprojektes gemeint. Dies kann bei Prozessinnovationen also z. B. auch der Mitarbeiter sein. Da „kein Problem auch keine Lösung ist", müssen also die relevantesten Pain Points für das Innovationsprojekt identifiziert werden, bevor es mit der Ideensuche losgeht. Entsprechend beschreibt die Customization den Prozess von den Innovationspotenzialen zu den Pain Points (siehe Abbildung 25).

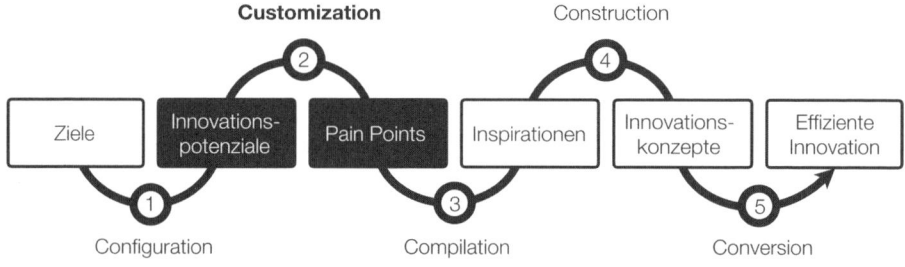

Abbildung 25: 5C Prozess – Customization

Bei vielen Unternehmen wurde die Bedeutung von Pain Points dank kundenzentrierter Innovationsmethoden wie Design Thinking bereits verinnerlicht. Durch das richtige Mindset und passende Methoden und Tools rückt der Kunde dort in den Mittelpunkt der Innovationsbemühungen. Da bei diesen Unternehmen bereits konkret am „Kundenfit" der Ideen gearbeitet wird, kann die hier beschriebene Systematik für effiziente Innovationen gut darauf aufbauen. Im Unterschied zum Design Thinking folgen die Suche und die Auswahl relevanter Pain Points zur Bearbeitung jedoch einer deutlich analytischeren Systematik, um später an genau den Pain Points zu arbeiten, deren Lösung nicht nur den größten Kundenfit, sondern auch die größte Traktion bieten. Dazu muss die Methodik sicherstellen, dass die Pain Points auch in den Traktionsraum passen. Sprich: Es müssen diejenigen Kundenprobleme identifiziert werden, die vom Unternehmen am besten gelöst werden können. Denn von Lösungen, die vom Unternehmen nicht (bzw. nicht gut) umgesetzt werden können, kann schließlich auch kein Kunde profitieren – egal wie kundenzentriert diese entwickelt wurden.

Die folgenden **drei Bausteine sind für die Ermittlung der Pain Points** entscheidend und werden in der Folge detaillierter beschrieben:

1. **Wer weiß wohin, der kommt auch an:** Kunden haben immer Probleme – wenn man sie danach fragt. Entsprechend könnte man überall neue Lösungen erfinden, wenn man blind den Kundenproblemen folgt. Eine systematische Vorbereitung erlaubt es jedoch, die für das Innovationspotenzial wichtigsten Pain Points auf Basis der Kundenfaktoren zielgerichtet zu identifizieren. Damit können Suchfelder, Methoden und Teilnehmer klar definiert und ausgewählt werden, um am Ende bei den entscheidenden Pain Points anzukommen.

2. **Wer nicht fragt, der nicht gewinnt:** Ohne die richtigen Fragen zu stellen, kann man auch nicht die richtigen Antworten erhalten. Bei der Aufdeckung von Pain Points ist es entsprechend wichtig, die richtige Art von Fragen bzw. die richtigen Vorgehensweisen zu nutzen, um signifikante Pain Points zielgerichtet aufzudecken. Bestimmte Techniken stellen sicher, dass der Kunde über seine relevanten Probleme spricht und ermöglichen so, dass man tief genug „graben" kann, um bei den wirklichen Pain Points statt bei oberflächlichen Beschwerden und Wunschvorstellungen anzukommen.

3. **Der Kunde ist nicht immer König** – denn, wenn es so wäre, könnten wir nicht entscheiden, welcher Pain Point gelöst werden soll. Da diese Entscheidung aber auch mit der Fähigkeit des Unternehmens zu tun hat, ihn zu lösen, sowie mit der generellen Relevanz des Pain Points, sollte diese nicht von einzelnen Kunden abhängen. Entsprechend werden durch Quantifizierung und die vorher gesammelten Ziele und Kriterien des Unternehmens die aus Kunden- *und* Unternehmenssicht relevantesten Pain Points zur effizienten Innovation ausgewählt.

2.2.1 Wer weiß wohin, der kommt auch an

„Wer nicht weiß, wohin er will, darf sich nicht wundern, wenn er nicht ankommt", bemerkte bereits der Autor Mark Twain. Diese Aussage behält auch im Innovationsprozess ihre Gültigkeit: Nur wer vorher weiß, welches Problem gelöst werden soll, wird auch eine passende Lösung erarbeiten können. Und nur wer im Vorfeld systematisch plant, wie genau die relevantesten Pain Points aufgedeckt werden können, wird am Ende auch bei den Kundenproblemen landen, die am besten vom Unternehmen lösbar sind. Die gute Nachricht: Egal welches Innovationspotenzial gewählt und wie stark es im Vorfeld fokussiert wurde, es wird in der Regel genügend Kundenprobleme zu lösen geben. Entscheidend ist es daher, davon die wichtigsten zu identifizieren.

Das Problem oder der Kundenbedarf sollte dabei immer möglichst konkret – und relevant genug – sein. Je spezieller das Kundenproblem, umso innovativer (für den Kunden) kann die Lösung sein (Kundenfit). Dabei sollten alle Pain Points innerhalb des definierten Innovationspotenzials liegen, sodass diese am Ende auch erfolgreich durch das Unternehmen gelöst werden können (Traktion). Um dies zu erreichen, genügt es nicht, eine gelernte Marktforschungsmethodik mit mehr oder weniger zufällig definierten Teilnehmern durchzuführen. Stattdessen müssen die Pain Points systematisch ermittelt werden, indem abhängig vom Innovationspotenzial mit den passenden Methoden die relevantesten Zielgruppen in den wichtigsten *Suchfeldern* untersucht werden.

Dabei gilt es zunächst, das richtige **Framework zur Ermittlung der Pain Points** festzulegen. Dieses richtet sich nach den folgenden drei Fragen:

1. *Wo wird gesucht:* Für die Ermittlung von Pain Points werden **Suchfelder** benötigt, die vorgeben, zu welchem Thema die Zielgruppe befragt wird. Im Normalfall wird für die Identifizierung möglicher Suchfelder auf ein gegebenes Schema zurückgegriffen. So wird z. B. im Design Thinking die „Customer Journey" verwendet, die den gesamten Kundenprozess für ein Produkt oder einen Service in einzelne Schritte aufgliedert und diese dann als Suchfelder für die Pain Points verwendet.[107] Doch muss die Frage gestellt werden, ob die Schritte in der Customer Journey tatsächlich immer die relevantesten Suchfelder sind – und zwar aus Kunden- und Unternehmenssicht. Gibt es nicht vielleicht noch andere Aspekte, die mindestens genauso wichtig sind, aber in der Customer Journey nicht spezifisch genug auftauchen? So kann ein Supermarkteinkauf als Customer Journey vom leeren Kühlschrank zuhause über die Auswahl der Produkte und das Bezahlen bis hin zum Füllen des Kühlschranks betrachtet werden. Aber was ist mit unterschiedlichen Zielgruppen, verschiedenen Anlässen, anderen Kanälen und Touchpoints, Einfluss durch Medien, unterschiedlichen Bedarfssituationen? Solcherlei Faktoren tauchen im besten Fall in der Customer Journey am Rande mit auf. Ob diese in den Fokus rücken, hängt aber gänzlich vom befragten Kunden ab. Die Customer Journey allein genügt also nicht. Statt ein solch starres Schema zu verwenden, lohnt es sich, im Vorfeld die wichtigsten Suchfelder in den ausgewählten Innovationspotenzialen aus einem größeren Pool von Kundenfaktoren auszuwählen. Anschließend können diese zielgerichtet mit Kundeninsights gefüllt werden, um daraus die Pain Points zu bestim-

men. Der Einfachheit halber bietet es sich an, die relevantesten Kunden-faktoren für das zu untersuchende Innovationspotenzial aus der bereits zuvor auf Basis des morphologischen Kastens angefertigten bewerteten Parameter-Liste auszuwählen (siehe Abschnitt 2.1.3). Entsprechend gibt nicht die Customer Journey die Suchfelder vor, sondern diese ergeben sich aus den innerhalb des Innovationspotenzials wichtigsten Kunden-faktoren.

2. *Wer wird untersucht?* Die Definition der passenden Teilnehmer einer Un-tersuchung ist keine leichte Aufgabe. Nicht immer ist für ein Innovati-onsprojekt bereits eine **klare Zielgruppe** definiert, denn das Entdecken neuer Zielgruppen kann Teil des Innovationsprozesses sein. Das Design Thinking behilft sich dabei mit sogenannten Personas, die mögliche Kun-dentypen genau beschreiben. Dies sind fiktive Charaktere mit konkreten Merkmalen wie Name, Alter, Geschlecht, Beruf, Konsumgewohnheiten, Einkommen, Träume usw. Diese facettenreichen Stereotypen basieren dabei im besten Fall auf Feld- und Milieuforschung, oft aber auch schlicht-weg auf Empathie und Vorstellungskraft.[108] Diese Methodik ist somit eine Weiterentwicklung klassischer Zielgruppenbeschreibungen wie „40-jäh-riger Mann mit mittlerem Einkommen", um sich bei der Ideensuche und Entwicklung durch die Verdichtung und Reduktion von Komplexität möglichst gut in den Kunden hineinzuversetzen und differenzierte Ide-en entwickeln zu können. Eine Lösung, die nicht von mindestens einer „Persona" genutzt werden würde, fällt entsprechend aus dem Innovati-onsprozess heraus. Das Problem dabei: Mit der generellen Einteilung von Zielgruppen im Vorfeld – egal ob auf klassische Weise oder mit Personas – werden die Kundeninsights von mehr oder weniger zufällig ausge-wählten Personen abhängig gemacht. Eine zielgerichtete Suche bedingt jedoch, dass die relevanteste Zielgruppe befragt wird. Die Auswahl dieser Zielgruppe sollte im vorliegenden Prozess bereits durch die Definition des Innovationspotenzials erfolgt sein, da dieses sich immer aus der Kombi-nation von Kundenfaktor und Zielgruppe ergibt (siehe Abschnitt 2.1.3). Doch wenn die Zielgruppe an dieser Stelle noch unklar bzw. nicht de-tailliert genug ist, ist eine weitere, tiefergehende Recherche der für das Innovationspotenzial entscheidenden Kundefaktoren notwendig. Je nach-dem, wie spezifisch oder generalistisch die Zielgruppe schlussendlich bestimmt werden kann, sind auch die Teilnehmer der Marktforschung auszuwählen. Statt die Kundentypen also wie im Design Thinking mit qualitativen (Phantasie-)Merkmalen auszustatten, erfolgt die Bestimmung durch ein tieferes Eintauchen in die entscheidenden Kundenfaktoren, um die Zielgruppe des Innovationspotenzials weiter zu detaillieren.

3. *Wie wird gesucht?* Die möglichen Methoden zum Aufdecken von Pain Points sind vielfältig – ob Interviews, Fokusgruppen, Online-Communi-tics, Lead User, Ethnografie, Beobachtungen oder soziale Experimente. Alle haben ihre Vor- und Nachteile (siehe den folgenden Exkurs). Oft-mals erfolgt die Auswahl der verwendeten **Marktforschungs-Methodik**

jedoch nur auf Basis der organisatorischen Rahmenbedingungen bzw. subjektiver Bevorzugung. So werden in schnellen Design Thinking-Workshops gerne einfache Interviews „auf der Straße" durchgeführt, Marketing-Agenturen diskutieren häufig in sorgfältig zusammengestellten, repräsentativen Fokusgruppen und Innovationsberatungen weiten die Untersuchungen auf Beobachtungen oder Ethnografie aus. So beschreibt z. B. die Innovationsberatung „RED" ihr Vorgehen: „Beobachten, Teilnahmen, Fragen und in der gleichen psychischen und physischen Umgebung wie die Kunden sein, ermöglicht es uns, ihre Geschichten zu verstehen und wiederzugeben."[109] Auch die „Lead User Analysis", ursprünglich erdacht von Eric von Hippel, erfreut sich immer größerer Beliebtheit. Dabei wird mit den Kunden gearbeitet, die sich selbst bereits stark mit einem Produkt oder Service beschäftigen und neue Lösungen dafür entwickeln. Zum Beispiel fingen Mountainbiker in den 1970er-Jahren damit an, sich aus verschiedenen Motorrad- und Fahrradteilen ihre eigenen Fahrräder zu bauen. Die Firma „Specialized Bicycle Components" in Kalifornien bemerkte diese Verwendung ihrer Fahrradteile und begann, selbst Mountainbikes herzustellen. Heute machen Mountainbikes 60 Prozent des Marktes für Spezialfahrräder aus.[110] Die Methodik kann also sehr erfolgreich sein. Insbesondere Unternehmen mit „Liebhaber-Produkten" wie z. B. LEGO setzen auf solche Lead-User. So arbeitet das Unternehmen mit Experten von Brickfest, der jährlichen LEGO-Kundenkonferenz, um die nächste Generation ihrer „Mindstorms"-Serie zu entwickeln.

All diese Methoden führen sicherlich immer zu *irgendwelchen* Kundeninsights und Pain Points und manchmal sogar zu neuen Ideen. Ob es sich auch um die relevantesten Pain Points und Lösungen für das Innovationspotenzial handelt, bleibt dabei jedoch dem Zufall überlassen. Um den Erfolg hier planbar zu machen, sollten auch die Methoden zum Aufdecken der Pain Points passend zu den Innovationspotenzialen und Suchfeldern (Kundenfaktoren) ausgewählt werden. Durch diese Systematik kann festgelegt werden, welche Suchfelder durch welche Methoden am besten bearbeitet werden können. So mag es hilfreich sein, Kunden nach ihrer Meinung zu einem Preis zu fragen. Wenn der interessanteste Parameter aber z. B. der Prozessschritt der Inbetriebnahme eines Gerätes ist, kann eine Beobachtung sinnvoller sein. Genauso kann eine Lead-User-Analyse helfen, wenn „Produktfeatures" ein spannendes Suchfeld sind, während Gefühle ggf. am besten durch Ethnografie oder technologische Tests entdeckt werden usw. Gleiches gilt auch für die Innovationspotenziale selbst: Wenn das Thema z. B. Inkontinenz ist, kann es schwierig sein, eine Fokusgruppe dazu zusammenzustellen – die eigene Verwendung von Inkontinenzeinlagen wird jedoch viele Pain Points aufdecken. Entsprechend ist es wichtig, die unterschiedlichen Methoden und ihre möglichen Anwendungsbereiche zu kennen – und dann passend zum Suchfeld und der Zielgruppe auszuwählen.

Exkurs

Übersicht ausgewählter Markforschungsmethoden

Die folgenden Methoden ermöglichen den Einbezug von Markinformationen und Kundeninsights zur Evaluierung oder Validierung von Innovationsprojekten.

Fokusgruppen

Unter einer Fokusgruppe versteht man eine moderierte Gruppendiskussion, die sich meist an einem Leitfaden mit offenen Fragen orientiert. Ziel der Forschungsmethode, die man auch als teilstandardisiertes Interview bezeichnen kann, ist es, das Relevanzsystem der Teilnehmer in Erfahrung zu bringen. Durch die weitgefassten Fragen können sie ihre persönliche Sichtweise zum Ausdruck bringen. Der Einfluss der Gruppe im offenen Gespräch ist dabei erwünscht und wird als Teil der Dynamik betrachtet.

Befragung

Bei einer Datenerhebung in Form einer Befragung werden dem Probanden eine Reihe von vorher ausgearbeiteten Fragen gestellt. Diese Befragung kann sowohl mündlich als auch schriftlich, online oder real erfolgen. Charakteristisch dabei ist, dass die Antwortmöglichkeiten vordefiniert sind und geschlossenen Fragen gestellt werden, um quantitatives Datenmaterial zu erzeugen. Der Befragte gibt zu einer bestimmten Frage bzw. Aussage je nach Grad seiner Zustimmung einen Wert an oder sucht eine zutreffende vordefinierte Antwortmöglichkeit aus.

Ethnografie

Diese Methodik dient der möglichst ungefilterten Erforschung menschlicher Verhaltensmuster, um daraus relevante Verhaltensweisen, Rituale und Probleme bzw. Opportunitäten abzuleiten. Eine klassische Anwendung ist die teilnehmende Beobachtung, bei der man sich gemeinsam mit der Zielgruppe in die realen Problemstellungen und Anwendungsszenarien begibt. Dabei wird der zu Beobachtende sich selbst überlassen und nicht von einem Experimentleiter gesteuert. Eine weitere Variante ist die Videoaufzeichnung von Kunden in der zu untersuchenden Interaktion.

Zählung

Eine direkte Form der Erhebung neben der Beobachtung ist die Zählung. Hierbei wird das Untersuchungsziel quantitativ definiert und ermittelt. Sie kommt insbesondere bei Besucherströmen oder Verkehrserhebungen zum Einsatz.

Online-Tracking

Beim Tracking wird die Bewegung des zu beobachtenden Subjekts verfolgt, um es in seinem raum-zeitlichen Verhalten zu untersuchen. Dies geschieht heutzutage vermehrt online. So kann beispielsweise ermittelt werden, wie lange ein User auf einer bestimmten Seite verweilt, welche Links er klickt und weitere Nutzerverhaltensweisen (wie z.B. die Bewegung des Cursors) beobachtet werden.

Lead User

Die Lead User-Methode setzt auf trendführende Nutzer, die aktiv daran interessiert sind, ihre eigenen Bedürfnisse innovativ zu befriedigen. Durch die intensive Auseinandersetzung mit dem jeweiligen Thema besitzen Lead User einen gewissen Expertenstatus. Um Lead User in den Marktforschungs- und Entwicklungsprozess einzubinden, eignen sich insbesondere gemeinsame Workshops zur Entwicklung neuer Anwendungsfelder bzw. Lösungsansätze oder die gemeinsame Validierung bzw. Optimierung bereits erarbeiteter neuer Lösungen.

Nachdem Suchfelder, Teilnehmer und Methoden auf Basis der vorherigen Analyse systematisch ausgewählt und vorbereitet wurden, kann im nächsten Schritt zielgerichtet die Generierung der Kundeninsights erfolgen. So kommt man am Ende auch dort an, wo man hinwollte: bei den Pain Points mit der größten Relevanz für das Unternehmen und die Kunden.

2.2.2 Wer nicht fragt, der nicht gewinnt

„Hätte ich die Leute gefragt, was sie wollen, hätten sie gesagt ʼschnellere Pferdeʼ". Dieses berühmte Zitat von Henry Ford zeigt *nicht*, dass man den Kunden nicht fragen sollte, sondern nur, dass man vom ihm keine fertigen Problemlösungen erwarten kann. Der Schritt der Kundenbefragung sollte entsprechend nicht dazu dienen, vom Kunden zu erfahren, was er will, sondern vielmehr zu verstehen, welche Probleme er hat (Kundeninsights) und welche verborgenen Bedürfnisse noch unbefriedigt sind (Pain Points).

Im Beispiel von Henry Ford hätte die Frage „Was soll an der Kutsche verbessert werden" voraussichtlich zu der Antwort „Die Pferde sollen schneller sein" geführt. Mit dieser Antwort können im besten Fall inkrementelle Innovationen wie z. B. besseres Futter oder Training für die Pferde entwickelt werden – nicht jedoch das Automobil. Das Problem besteht auch heute noch: Unternehmen fragen den Kunden meist danach, was er will. Diese antworten dann in „Produkten" oder „Services"; sie wünschen sich „schnellere Pferde", „ein Videotelefon" oder „Lebensmittel online kaufen". Wenn diese Wünsche dann in Form von Produkten und Services erfüllt werden, kaufen die Kunden sie aber gar nicht – weil ihr eigentliches Bedürfnis nicht erkannt wurde. Diese Problematik verstärkt sich noch dadurch, dass oftmals nur auf Trends oder „Big Data" geschaut wird und daraus „Kundenbedürfnisse" abgeleitet werden. Da diese im 5C-Prozess bereits als „generelle Kundenfaktoren" in den vorigen Schritten betrachtet und zur Fokussierung aufgenommen wurden, gilt es nun, tiefer zu bohren, um die konkreten Pain Points und so die tatsächlichen unbefriedigten Bedürfnisse hinter den generischen Kundenfaktoren aufzudecken.

Martin Lindstrom beschreibt dieses Phänomen in seinem Buch „Small Data".[111] Am Beispiel von LEGO stellt er heraus, dass es wichtig ist, reale Probleme von realen Menschen zu erfahren bzw. diese selbst in deren natürlichen Umgebungen zu erleben. In 2002 war der Spielzeughersteller in der Krise, und das Problem wurde schnell identifiziert: Videospiele fesselten die Kinder vor den Fernseher und sorgten für schnelle Gratifikation und entsprechend geringe Aufmerksamkeitsspannen. Damit war der vermeintliche Pain Point identifiziert, und LEGO reagierte mit größeren Blöcken, um Erfolge bereits nach Minuten statt nach Stunden zu ermöglichen. Die Umsätze sanken aber weiter, ja sogar noch mehr.

Es wurde klar: Der wirkliche Pain Point war noch nicht gefunden, die Kinder hatten scheinbar noch andere Bedürfnisse, die von LEGO bislang nicht erkannt und bedient wurden. Mitarbeiter begaben sich nun auf der Suche nach „Small Data" in das Kinderzimmer eines 11-jährigen Jungen und fragten ihn, was sein wertvollster Besitz sei. Überraschenderweise zeigte er auf abgetragene Sneaker. Diese waren der Beweis, dass der Junge der beste Skater der Stadt war, da sich an den Sohlen die genauen Spuren seiner Tricks und Slides „ablesen" ließen. LEGO lernte daraus, dass die Kinder trotz sofortiger Gratifikation auch Hunderte von Stunden mit ihrer Leidenschaft verbringen konnten, wenn sie dabei im Mittelpunkt standen. Entsprechend wurden dazu passende Produkte wie kleinere Blocks und komplexere Aufbauten sowie ein darauf zugeschnittenes Storytelling (z. B. „the LEGO Movie") entwickelt.

Aus kleinen Kundeninsights können also reale Pain Points und Trends abgeleitet und durch Lösungen bedient werden – wenn diese richtig aufgedeckt werden. Die einfache Frage, was für ein LEGO-Produkt der Junge sich wünscht, hätte vermutlich nicht zu der Erkenntnis geführt, dass er vor allem stolz etwas zeigen und sich als Mittelpunkt „seiner" LEGO-Welt fühlen will.

Eine Evaluation der Kundenwünsche über einfache, oberflächliche bzw. direkte Fragen ist also an mehreren Stellen falsch: Das Risiko ist hoch, dass die beste Lösung gar nicht gefunden wird, da sie nicht vom Kunden berücksichtigt wurde und somit nicht in der Auswahl ist. Außerdem können die Kunden nicht unbedingt die Verbindung zwischen (technologischen) Produkten und Services und ihren persönlichen Bedürfnissen herstellen.

Stattdessen muss in den Untersuchungen herausgefunden werden, **welche Funktion oder welchen „Job" ein Produkt oder Service für die Menschen erfüllt** und wie man diesen besser oder günstiger gestalten kann. Henry Ford hätte dann herausgefunden, dass die Pferde eigentlich egal sind, die Menschen aber möglichst schnell von A nach B kommen wollen, dabei eine individuelle Route nehmen möchten, vom Wetter geschützt sein wollen, Pferde teuer im Unterhalt sind usw. – und mit dem Automobil viele dieser grundlegenden Probleme entsprechend gelöst. Und LEGO hat eben herausgefunden, dass das Spielen die Kinder stolz machen sollte und sie in den Mittelpunkt einer Geschichte stellen muss.

Dieses Vorgehen wird in Modellen wie der Outcome-Driven-Innovation oder dem Jobs-to-be-done-Ansatz näher beschrieben.[112] Anthony Ulwick von der Innovationsberatung Strategyn beschreibt etwa, dass von Kunden nicht erwartet werden sollte, Lösungen hervorzubringen, da sie keine Experten und entsprechend nicht informiert genug für diesen Teil des Innovationsprozesses sind. Stattdessen sollten Kunden nur nach „Ergebnissen" (Outcomes) gefragt werden, die beschreiben, was eine neue Innovation für sie tun soll.[113] Statt „Videotelefon" erfährt man dann vielleicht als Antwort, dass die Kunden stärker mit den Menschen verbunden sein möchten, mit denen sie telefonieren; statt „Lebensmittel online kaufen" geht es eventuell darum, weniger Zeit auf dem Einkaufsweg zu verbringen. Wie dann die Lösungen für diese Pain Points aussehen, sollte das Unternehmen entscheiden und nicht der Kunde.

Clayton M. Christensen beschreibt in einem Beispiel, wie der Spezialglas-hersteller Corning Inc. sich immer wieder auf den „Job to be done" fokus-siert.[114] Das Unternehmen ist stark technologiegetrieben. Wenn in einem Bereich keine Premiumpreise durch technologischen Vorsprung mehr erzielt werden können, ist es somit auf Innovationen angewiesen. So war Corning z. B. Marktführer in CRT-Displays. Statt den Kunden nur zu fragen, was an diesen verbessert werden könnte, um weiterhin hohe Preise mit der Technologie zu erzielen, fokussierte sich das Unternehmen auf den „Job to be done": bestmögliche Displays. Folgerichtig realisierte Corning, dass die LCD-Technologie in Zukunft viele Vorteile für diesen „Job" haben würde, entwickelte entsprechende LCD-basierte Produkte und verließ den CRT-Markt schlussendlich sogar ganz.

Das Beispiel zeigt: Unternehmen gewinnen im Markt, wenn sie Innovationen hervorbringen, mit denen Kunden ihre gewünschten Ergebnisse schneller, günstiger oder besser erzielen können als mit existierenden Lösungen. Um diese Innovationen zu finden, müssen nicht Lösungen und Ideen, sondern Kundeninsights und daraus abgeleitete Pain Points identifiziert und bewer-tet werden.

Ein guter Kundeninsight beantwortet drei „W's": Was macht der Kunde? (Thema), Warum macht der Kunde es? (Job to be done) und Wow (Das wuss-te bisher noch niemand). Ein Insight ist somit immer *gezielt* auf ein Thema, bzw. in unserem Fall einen Kundenfaktor, *real* in Bezug auf ein konkretes Bedürfnis bzw. einen „Job to be done" und *neu*, wenn dies eine noch nicht dagewesene Erkenntnis ist (siehe Abbildung 26). Wenn es zu einem solchen Insight noch keine passende Lösung gibt (sprich: nur der „Schmerz" da ist, nicht aber die Lösung zu dessen Linderung), liegt ein potenzieller Pain Point vor. Dieser hat dann das Potenzial, Innovationen mit hohem Kundenfit zu triggern.

Digitale Angebote für junge Reisende	On-Demand Frauen-Fashion-Service mit Filial-Bezug	Artificial Intelligence-Beratung für Whatsapp-Nutzer	Software as a Service für Krankenhäuser	...
Wollen allein reisen-trauen sich aber nicht	Wollen weniger für Kleidung ausgeben	Wollen persönlichen Kontakt	Finden Software zu kompliziert	...
Wollen Auszeit vom Handy	Alle haben gefühlt die gleichen Marken	Wollen Wartezeit überbrücken	Wollen sich um nichts kümmern	...

Kundeninsight = Neu entdeckter Kundenbedarf, Pain Point = unbefriedigter Kundeninsight

Abbildung 26: Beispiel von Kundeninsights in Innovationspotenzialen

Ein gutes Beispiel für einen relevanten Kundeninsight ist die Neupositi-onierung der Marke Persil. Die Mutterfirma Unilever entdeckte bei einer Beobachtungsstudie mit Müttern und Kindern für ihre Marke Persil, dass

„Dreck" für viele der Mütter eine positive Assoziation hatte. Sie sahen Dreck als eine Lernerfahrung für ihre Kinder an, die draußen spielten oder drinnen kreativ waren und neue Erfahrungen machten – und waren stolz auf ihre Kinder. Dieser Kundeninsight war zudem ein Pain Point, da er bisher nicht bedient wurde: Waschmittel fokussierten sich alle (naturgemäß) in ihrer Markenbotschaft und Positionierung darauf, Dreck als etwas Negatives zu beschreiben und klinische Sauberkeit zu versprechen. Auf Basis dieses Pain Points wurde Persil in eine deutlich emotionalere und freundlichere Marke mit neuer Botschaft („Dirt is good"), neuen Produkten und Services verändert. Dies beinhaltete nicht nur den genannten Slogan, sondern z.B auch einen Fokus darauf, Kinder zu mehr Outdoor-Aktivitäten zu bringen (www.dirtisgood.com). Damit erzielte die Marke über viele Jahre hinweg ein zweistelliges Wachstum.[115]

Doch wie findet man die wichtigsten Kundeninsights nun konkret? Sie liegen meist verborgen unter Schichten oberflächlicher Antworten, Vermutungen und Mehrdeutigkeiten. Wie eine Zwiebel, die von all ihren Schichten befreit werden muss, kommt es also darauf an, durch die richtigen – und immer tiefergehenden – Fragen oder Erfahrungen Schicht für Schicht abzutragen, bis der erkenntnisreichste Kundeninsight des Suchfeldes gefunden wird. Dazu ist (je nach Methodik) die Art der Fragen oder Erfahrungen ausschlaggebend: Offene Fragen können dabei helfen, den Raum der möglichen Antworten zu öffnen, wiederholte „Warum"-Fragen helfen, zum Kern spannender Kundeninsights vorzustoßen. Eigene Erfahrungen (Ethnografie) oder Warum-Fragen kombiniert mit Beobachtungen können ebenfalls tiefergehende Erkenntnisse hervorbringen.

Gleichzeitig ist auch der Researcher selbst wichtig. Dieser Fragesteller (bei Interviews), Moderator (bei Fokusgruppen) bzw. Beobachter muss es schaffen, in einen echten Dialog mit dem Kunden zu treten, intelligent zuzuhören, zu verstehen, was gesagt wurde und wo nachgefragt werden muss sowie zu wissen, wo Potenziale liegen könnten. Er muss also führen können, ohne Antworten aufzudrängen, und verstehen können, ohne alles gesagt zu bekommen. Es wird ein „Forscher" benötigt, der sich durch die Schichten von vagen Aussagen, Anekdoten oder irrelevanten Kommentaren arbeitet. Aussagen müssen klarifiziert, detailliert und validiert werden, während gleichzeitig sichergestellt werden muss, dass alle wichtigen Aspekte berücksichtigt werden – und dabei auch vorher nicht bedachte Richtungen innerhalb des Suchfeldes möglich sind.[116]

So wurde z. B. für eine kleinere Bank die Kundenzufriedenheit untersucht. Diese war davon überzeugt, dass die Zufriedenheit von den Kundenberatern abhing, da ja ebendiese den Kern des Bankangebotes ausmachten. Durch detaillierte Fragen, die über den reinen Bankberater hinausgingen, zeigte sich, dass tatsächlich die Callcenter für die größte Unzufriedenheit sorgten, da sie den Zugang zum Kundenberater einschränkten und keinen Zugriff auf relevante Kundendaten hatten.[117]

Auf Basis der erforschten Kundeninsights für das Innovationspotenzial müssen nun die exakten Pain Points identifiziert werden. Geschulte Marktforscher oder Anthropologen können dabei helfen, per Inhaltsanalyse und in Diskussion mit Business-Experten, Designern, Marketern und anderen Spezialisten die relevantesten Ergebnisse, Pattern und Opportunitäten zu identifizieren und in mögliche Pain Points zu überführen. Ein Pain Point ist dabei immer ein nicht erfülltes Bedürfnis auf Basis mindestens eines konkreten Kundeninsights bzw. Pattern. Weitere Details zu dem auch Coding genannten Vorgehen lassen sich insbesondere in sozialwissenschaftlicher Literatur finden.

Erst das Wissen über die relevantesten Pain Points innerhalb der Innovationspotenziale ermöglicht die Entwicklung von Lösungen mit möglichst hohem Kundenfit. Um sicherzustellen, dass die Pain Points tatsächlich noch nicht gelöst sind, und um herauszufiltern, welcher Pain Point das größte Potenzial bietet, müssen diese im Folgenden noch formal quantifiziert und somit aus Kundensicht priorisiert werden (Kundenfit). Zudem gilt es, diese auch aus Unternehmenssicht zu bewerten und zu priorisieren, um einen optimalen Fit mit den Zielen und Kriterien des Unternehmens sicherzustellen (Traktion). Das nächste Kapitel beschreibt das konkrete Vorgehen dazu.

2.2.3 Der Kunde ist nicht immer König

„Der Kunde ist König" ist die Devise der kundenzentrierten Innovation – und so soll es grundsätzlich auch sein. Aber: Dies bedeutet nicht, dass jeder für einen Kunden wichtige Pain Point blind in den Innovationsprozess als Grundlage der Ideensuche übernommen werden sollte. Denn im Hinblick auf die Auswahl des relevantesten Pain Points gilt: Der Kunde ist nicht immer König. Stattdessen müssen für die effiziente Innovation sowohl der Kundenfit als auch die Traktion insgesamt maximiert werden.

Um den Kundenfit zu maximieren, sollten die Pain Points in einer statistisch signifikanten Kundenumfrage quantifiziert und priorisiert werden. Dadurch wird sichergestellt, dass die „Small Data"-Erkenntnisse auch tatsächlich weitreichende Relevanz haben. Um das Traktionspotenzial zu maximieren, werden die wichtigsten Pain Points dann nochmals anhand der zu Beginn festgelegten Ziele und Kriterien des Unternehmens bewertet. Auch wenn alle Pain Points tendenziell im Innovationspotenzial und somit im Traktionsraum des Unternehmens liegen, wird so sichergestellt, dass die Probleme des Kunden *und* die Fähigkeiten und der Wille des Unternehmens, diese zu lösen, im bestmöglichen Verhältnis zueinanderstehen – und die Kunden das Unternehmen nicht ohne sichtbare Strategie vor sich hertreiben. Denn wie ein echter König fühlt sich der Kunde insbesondere dann, wenn er nicht nur danach gefragt wird, was er möchte, sondern seine Probleme auch bestmöglich gelöst werden.

Die erfolgreichsten Unternehmen leiten den Kunden, statt umgekehrt.[118] So z. B. Amazon: Wenn das Unternehmen zufällige Pain Points seiner Buchkunden ausgewählt hätte, hätte es vielleicht eine Leselampe, ein Lesezeichen oder eine Online-Büchertauschbörse entwickelt. Indem aber die relevantesten Pain Points speziell in Bezug auf das Innovationspotenzial, den Konsum von E-Books, bearbeitet wurden (bevor es überhaupt einen Markt für diese gab), konnte der Kindle als separates Device mit speziellem E-Ink-Bildschirm und langer Batterielaufzeit entwickelt werden – und zusammen mit den Stärken von Amazon aus dem Contentgeschäft seinen Siegeszug antreten.

Genauso kümmerte sich Apple auch nicht vorrangig darum, was den Nutzer alles an einem Mobiltelefon störte. Stattdessen wurde untersucht, warum dieser das Internet und digitale Medien noch nicht ausreichend mobil nutzte – denn hier lag für Apple das relevanteste Potenzial. Entsprechend konnte statt einem Mobiltelefon mit schnellerer Internetverbindung und längerer Akkulaufzeit das iPhone mit nativen Apps und großem Touchscreen entwickelt werden und den Markt der Mobiltelefone disruptieren.

Um den Kundenfit zu maximieren, sollten zunächst alle relevant erscheinenden **Pain Points nochmals von der jeweiligen Zielgruppe bestätigt bzw. bewertet werden.** Denn die Kundeninsights des vorangegangenen primären Research basieren zumeist auf den Aussagen einzelner Kunden („Small Data"), sodass allein auf dieser Basis noch nicht sicher ist, ob tatsächlich an einem insgesamt relevanten Problem gearbeitet wird. Quantitative Methoden wie z. B. Befragungen, Zählungen oder experimentelle Aufzeichnungen mit einer möglichst repräsentativen Stichprobe schaffen hier Abhilfe. Aus der Praxis empfiehlt sich besonders eine (Online-)Umfrage, in der die für die jeweilige Zielgruppe möglichen Pain Points auf Basis einer größeren Fallzahl statistisch signifikant bewertet werden können. Anthony Ulwick schlägt dabei in der *Harvard Business Review* eine Bewertung nach zwei Kriterien vor:[119] Jeder Pain Point wird auf einer Skala von 1 bis 10 zunächst nach seiner Bedeutung und anschließend nach seiner aktuellen Befriedigung bewertet – die Fragen lauten also:

1. *Wie wichtig ist der Pain Point/Problem XYZ für Sie? (1 = unwichtig, 10 = wichtig).*

2. *Zu welchem Grad wird Pain Point/Problem XYZ bereits gelöst? (1 = gar nicht, 10 = komplett)*

Wenn die quantitativen Antworten anschließend in eine mathematische Formel eingefügt werden, kann die Relevanz des jeweiligen Pain Points bzw. die Höhe des Kundenfits abgeschätzt werden. Die Formel ist dabei sehr simpel:

Bedeutung + (Bedeutung – Befriedigung) = Relevanz.

Ist ein Problem für den Kunden sehr wichtig, wird dieses jedoch bereits adressiert, so wird es einen geringeren Score haben als ein wichtiges Problem, das noch nicht adressiert ist: $10 + (10 - 10) = 10 < 10 + (10 - 1) = 19$. Auf diese Weise lässt sich eine erste Rangliste der relevantesns Pain Points aus Kundensicht erstellen.

Um auch das Traktionspotenzial zu maximieren, müssen im zweiten Schritt die relevantesns Pain Points aus Sicht des Unternehmens bewertet werden. So wird sichergestellt, dass die Bedürfnisse mit dem größten Potenzial für Kundenfit *und* Traktion bearbeitet werden. Dazu bietet es sich an, die Pain Points mit der höchsten Bewertung aus Kundensicht nun nach den zuvor gesammelten Zielen und Kriterien des Innovationsprojektes zu bewerten, z. B. von 1 (geringes Potenzial) bis 10 (hohes Potenzial).

Anschließend kann **der relevanteste Pain Point einfach ausgewählt werden.** Der in dieser zweistufigen Logik (Kundenfit und Traktion) am höchsten bewertete Pain Point (bzw. mehrere Pain Points, je nach Ressourcen) dient als Ausgangspunkt bzw. „Aufgabenstellung" zur Bearbeitung des ausgewählten Innovationspotenzials in den nächsten Schritten. Spätestens an dieser Stelle sollte ein „Schulterblick" der Entscheider erfolgen. In diesem Rahmen können die ermittelten Pain Points und deren Herleitung präsentiert und diskutiert werden. Je nachvollziehbarer die Auswahl des Pain Points für die Stakeholder ist, umso größer wird deren Vertrauen in den weiteren Verlauf des Innovationsprojektes sein. Dazu sollte auch eine weitere Bewertungsrunde mit den Entscheidern durchgeführt werden, um diese aktiv „mitzunehmen" und deren Bedürfnisse optimal für die Folgeschritte festzuhalten und in die Bewertung mit einfließen zu lassen. Dazu können die entscheidenden Stakeholder – wie ggf. auch für die Auswahl des Opportunity Space und des Innovationspotenzials bereits geschehen – die verschiedenen Pain Points nach ihrem Potenzial zur Erreichung der Ziele und Kriterien bewerten.

Mit dem insightbasierten und von Kunden und allen entscheidenden Stakeholdern bestätigten Pain Point aus der *Customization* geht es nun in die Vorbereitung der Ideenentwicklung, in die sogenannte *Compilation*. Hier wird beschrieben, wie die relevanten Pain Points mit relevanten Inspirationen und Informationen für die Lösungsfindung gefüllt werden können.

[Containerschifffahrts-Unternehmen]
Differenzierungsstrategie für den Vertrieb von Maritimen Services an Dritte

Als 2008 die globale Finanz- und Wirtschaftskrise ausbrach, wurde die Schifffahrtsindustrie schwer getroffen. Der anhaltende Druck auf die Einnahmen der Reedereien weltweit sorgte für folgenschwere Verluste bei den Investoren. Das [Containerschifffahrts-Unternehmen] musste im Zuge dieser Entwicklung auch eigene Schiffe veräußern. Gleichzeitig wurde entschieden, dass die dadurch entstehenden personellen Überkapazitäten in Form von „Maritimen Services" dritten Schiffseigner angeboten werden sollen.

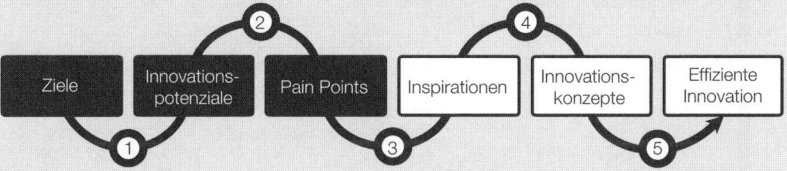

① Configuration

Wichtigstes Ziel für das [Containerschifffahrts-Unternehmen] war die nachhaltige Steigerung bzw. Stabilisierung der Umsätze. Gleichzeitig musste eine schnelle Lösung für die entstandenen personellen Überkapazitäten gefunden werden, da diese ohne den Einsatz bei Dritten nur Kosten, aber keine Umsätze produzierten. So wurde folglich das *Innovationsfeld* „Vertrieb & Kanäle" ausgewählt.

Basierend auf der Analyse der Marktsituation wurde deutlich, dass Banken und Private Equity Fonds eine besonders spannende Zielgruppe für „Maritime Services" sind, und in der Konsequenz der *Opportunity Space* „Vermarktung von Maritimen Services an Banken und Private Equity Fonds" definiert wird.

Der Konkurrenzdruck im Bereich maritimer Services ist riesig. Weltweit bieten mehr als tausend Unternehmen entsprechende Services an. Doch ein erstes Benchmarking unter den Hauptkonkurrenten zeigte, dass kaum Differenzierung zwischen den Angeboten gegeben ist und dass die Zielgruppe der Banken und Private Equity Fonds bislang noch nicht zielgenau mit besonderen Angeboten adressiert wurde. Folglich wurde „Die Erarbeitung einer Differenzierungsstrategie zur Vermarktung von maritimen Services an Banken und Private Equity Fonds" als *Innovationspotenzial* für den weiteren Prozess festgelegt.

② Customization

Im Rahmen der *Customization* wurden mithilfe von quantitativen, schriftlichen Befragungen sowie qualitativen Einzelinterviews mit Personen aus der Zielgruppe Banken und Private Equity Fonds (die im Besitz von Containerfrachtschiffen sind) diverse Insights generiert. Als wichtigster *Pain Point* wurde schließlich identifiziert, dass bestehende Angebote von Anbietern maritimer Services bislang keinen Fokus auf die *Profitabilität* des Investments (sprich: des Schiffes) legen. Doch genau dies war für die Banken und Private Equity Fonds das (einzig) wesentliche Interesse. Im Gegensatz übrigens zu klassischen Schiffseignern, die z.B. genau wissen wollen, wo sich das Schiff befindet, wie viele Besatzungsmitglieder sich auf dem Schiff befinden, wie das Schiff betankt oder beladen wird etc.

Auf Basis des identifizierten Pain Points wurden im Verlauf des weiteren 5C-Prozesses Differenzierungsmerkmale für die maritimen Services des [Containerschifffahrts-Unternehmens] erarbeitet und in eine Vertriebsstrategie gegenüber Banken und Private Equity Fonds übersetzt. Mithilfe dieser neuen Strategie konnten die personellen Überkapazitäten nicht nur behoben, sondern der neue Bereich der maritimen Services innerhalb von nur 6 Monaten deutlich ausgebaut werden.

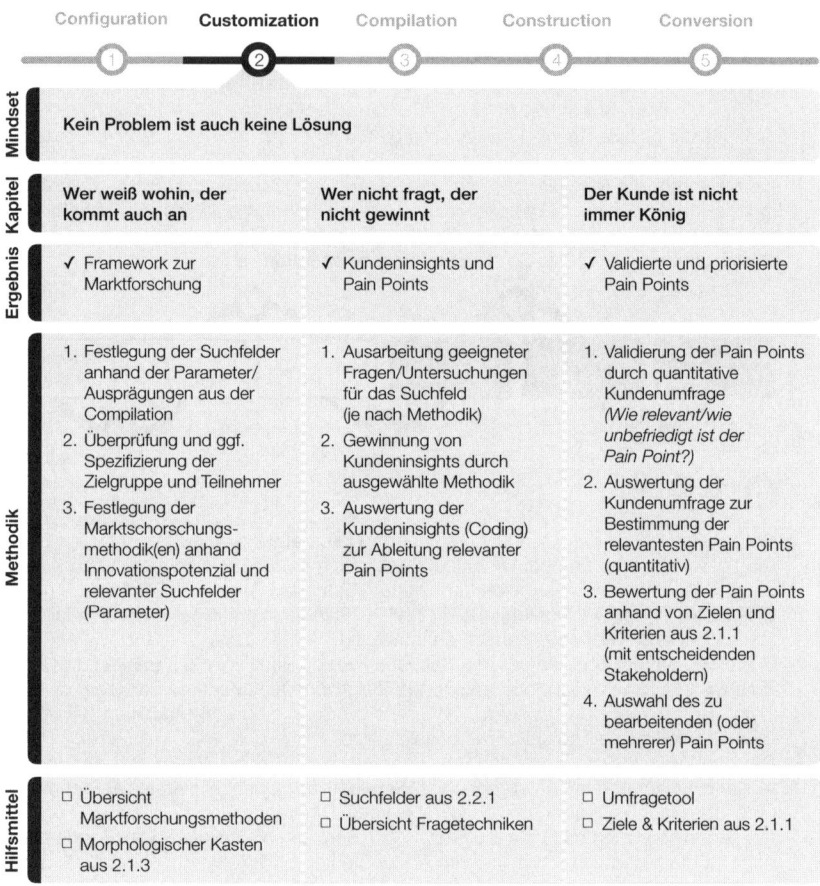

Abbildung 27: Übersicht Customization

WER
ERNTEN
WILL,
MUSS
ERST
SÄEN

2.3 Compilation: Wer ernten will, muss erst säen

Wie bei der Feldarbeit gilt auch bei Ideen: Ohne die richtige Saat kann die gewünschte Ernte nicht eingefahren werden. Selbst Newton wäre der berühmte Apfel nicht auf den Kopf gefallen und hätte ihm so die Idee der Schwerkraft vergegenwärtigt, wenn nicht zuvor ein Apfelbaum gepflanzt worden wäre.

Die Erfahrung zeigt: Es ist schwierig, zielgerichtete Lösungen für einen spezifischen Pain Point zu finden, wenn dabei nur auf bereits vorhandenes Wissen zurückgegriffen werden kann. Denn: Die Suche nach Ideen verkommt auf diese Weise zu einem Glücksspiel. Insbesondere dann, wenn neue Ideen weltweit einzigartig sein sollen. Bei einem systematischen Innovationsprozess sollte die Regel daher lauten: *Keine neue Idee ohne neue Inspiration.*

Inspirationen sind neue Informationen, die als Impuls für neue Ideen dienen können, also quasi ein „Sprungbrett für Kreativität"[120]. Sie gehen damit immer der eigentlichen Idee voraus. Oleynick/Trash nennen die Phase der Inspiration durch einen Stimulus (also eine neue Information) *Evocation,* die nachfolgende Verwandlung der Inspiration in eine neue Idee *Transcendence.*[121] Der Kreativitätsexperte Dave Birss („A User Guide to the Creative Mind") beschreibt die Phase der Inspirationssammlung als „Dot Collecting", wobei „Dots" bei ihm für einzelne Informationen stehen. Er erläutert, dass das Gehirn nur mit dem Arbeiten kann, was es an Input bekommt. Entsprechend empfiehlt er, möglichst viele, möglichst unterschiedliche Punkte zu sammeln, um so eine hohe Diversität des Inputs und in der Folge eine möglichst große Anzahl unterschiedlicher Ideen für eine bestimmte Aufgabenstellung zu erhalten.[122] Neue externe Informationen erweitern also den Horizont. Sie bilden die Grundlage dafür, dass ausreichend viele und neue Ideen gefunden werden.

Werden die Inspirationen zielgenau zu dem zuvor gewählten Pain Point (und damit auch zum Innovationspotenzial im Traktionsraum) gesucht, kann mit deren Hilfe sowohl so nah am Kerngeschäft wie möglich als auch so disruptiv wie nötig innoviert werden. Traktion und Kundenfit können dadurch systematisch sichergestellt werden. Die Compilation beschreibt dabei den Prozess vom ausgewählten Pain Point (oder mehreren Pain Points) zu den dafür relevanten Inspirationen (siehe Abbildung 28).

Warum Inspirationen so wichtig sind, zeigt auch ein Ausflug in die Neurowissenschaft. Ideen können hier als Manifestationen eines komplexen Netzwerks von Neuronen betrachtet werden, die im Gehirn „herumfeuern". *Neue* Ideen sind in diesem Netzwerk immer dann möglich, wenn *neue* Verbindun-

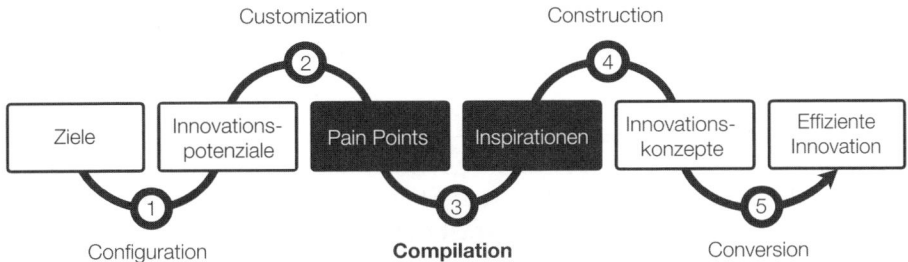

Abbildung 28: 5C-Prozess – Compilation

gen geformt werden – was meist dann geschieht, wenn *neue* Informationen auf die vorhandene Wissensbasis treffen.[123]

Dies zeigt auch ein Versuch des Neurowissenschaftlers Charlan Nemeth: Zwei Gruppen sollten Assoziationen zu bestimmten Farben herstellen. Der ersten Gruppe wurden lediglich verschiedene Farben gezeigt. In die zweite Gruppe wurden dagegen eingeweihte Personen integriert, die ab und zu behaupteten, andere Farben zu sehen – und somit neue Informationen zu den gezeigten hinzufügten. Während die erste Gruppe eher naheliegende Assoziationen hatte (z. B. „Himmel" für die Farbe Blau), war die zweite Gruppe deutlich kreativer. Die zusätzlichen Informationen durch die „Fehler" inspirierten die Teilnehmer offenbar dazu, eine größere Menge an Möglichkeiten in Betracht zu ziehen.

Die Recherche von Inspirationen widerspricht vielen aktuellen Innovationsmethoden, die schnelles Brainstormen und Testen propagieren. Unsere Erfahrungen haben jedoch immer wieder gezeigt, dass es sich lohnt, vor der (bzw. für die) Ideengenerierung eine gute Inspirations- und Informationsbasis zu erarbeiten. Geschieht dies nicht, ist die Wahrscheinlichkeit gegeben, dass an exakt den gleichen Ideen und Lösungen gearbeitet wird wie bei der Konkurrenz. Denn: Unternehmen, die sich in der gleichen Branche befinden, arbeiten in der Regel auf Grundlage einer ähnlichen Informationsbasis bzw. eines ähnlichen Erfahrungsschatzes und kommen so bei der Ideensuche entsprechend auf ähnliche oder gar identische Lösungen. Ein Phänomen, das den Akteuren oft gar nicht bewusst ist. Bringt die Konkurrenz wenige Monate vor oder nach der eigenen Produktinnovation eine nahezu identische Lösung auf den Markt, gehen die Akteure eher von einem unglücklichen Zufall oder gar von Industriespionage aus – statt das eigentlich Naheliegende zu erkennen: den systematischen Fehler beim eigenen Innovationsprozess. Denn dieser stellt offenbar nicht ausreichend sicher, dass wirklich neue Lösungen gefunden werden. Um nachhaltige Wettbewerbsvorteile zu erzielen, ist aber genau dies entscheidend. Und so lohnt es sich, zwischen sogenannten Normideen und „Ideen außerhalb der Norm" zu unterscheiden. Also Ideen, die besonders naheliegend sind (Normideen), und Ideen, die dank einer soliden Inspirationsbasis über den bisherigen Erfahrungshorizont (idealerweise der gesamten Branche) hinausgehen (Ideen außerhalb der Norm). Denn nur Letztere stellen systematisch sicher, dass die eigenen Innovationen tatsächlich Wettbewerbsvorteile gegenüber der Konkurrenz generieren.

In einem Projekt für einen Snackhersteller hatten wir die Möglichkeit, das Phänomen der Normideen genau zu untersuchen. Während der ersten Schritte des Innovationsprojektes notierten wir bereits Ideen, die noch ohne weitere Inspirationen „nebenbei" entstanden. Nach einiger Zeit wurde uns die Ideenliste einer Agentur vorgelegt, welche mit Brainstormings bereits ein Jahr zuvor das gleiche Thema für den Snackhersteller bearbeitet hatte. Der Schock war groß: Von 20 Ideen auf der Liste der Agentur waren 18 Ideen nahezu deckungsgleich mit denjenigen, die wir bereits „nebenbei" ohne Inspirationen entwickelt hatten. Im Kontrast dazu konnten nach der inspirationsgestützten Ideation am Ende über 70 umsetzungsfähige Innovationskonzepte entwickelt werden, die bisher auf keiner Liste standen.

Seitdem schließen wir die Normideen bereits zu Beginn der Ideation aus. Wir stellen nicht nur über die Sammlung von zielgerichteten Inspirationen und Informationen sicher, dass wirklich neue Lösungen gefunden werden. Wir starten sogar jedes Innovationsprojekt mit einem Brainstorming, um die bei diesem Brainstorming generierten Ideen vom weiteren Prozess auszuschließen. Die Logik dahinter: Wenn wir auf der Grundlage einer ähnlichen Wissensbasis (unserer und der unseres Kunden) neue Ideen generieren, werden diese mit einiger Wahrscheinlichkeit denjenigen Ideen entsprechen, an denen bei anderen Unternehmen bereits gearbeitet wird. Und wenn diese Normideen einmal identifiziert sind, können diese im weiteren Innovationsprozess von den möglichen Lösungen ausgeschlossen werden. Auf diese Weise kann systematisch die Wahrscheinlichkeit erhöht werden, dass die eigenen, späteren Innovationen tatsächlich neue, nachhaltige Wettbewerbsvorteile generieren.

Die folgenden drei Module unterstützen bei der zielgerichteten Ermittlung passender Inspirationen:

1. **Nur wer sucht, findet:** Dass die Suche nach Inspirationen für den weiteren Innovationsprozess von entscheidender Bedeutung ist, wurde oben bereits erläutert. Wichtig ist jedoch auch, dass diese Suche zielgerichtet erfolgt. Schließlich soll sichergestellt werden, dass nicht „irgendwelche" Inspirationen gefunden werden, sondern die „richtigen" – also Inspirationen, die zur Problemlösung tatsächlich beitragen können. Dazu können anhand eines Benchmarkings zunächst Best Practices im Sinne bereits vorhandener Innovationen zur Lösung des Pain Points im lokalen und internationalen Markt, ermittelt werden. Auf diese Weise werden gleichzeitig White Spots identifiziert, in denen es bislang offenbar noch keine Lösungsansätze (Best Practices) für das definierte Problem gibt – und wo sich die anschließende weitere Inspirationssuche entsprechend besonders lohnt.

2. **Good artists copy, great artists steal:** Auf Basis der identifizierten White Spots und weiterer Suchparameter kann im Folgenden der berühmte „Blick über den Tellerrand" des eigenen Unternehmens und Marktes erfolgen. Es gilt, Lösungen für ähnliche Probleme aus anderen Branchen zu identifizieren. Denn diese analogen Beispiele können anschließend in der Ideation adaptiert und so auf das eigene Problem und die notwendige Umsetzung angepasst werden.

3. **Lieber morgen als heute:** Nicht immer wurden Probleme bereits in anderen Industrien oder Märkten gelöst. Die White Spots bleiben also zunächst White. Umso besser, denn dies zeigt, dass das Potenzial umso größer ist. Und was heute nicht gelöst ist, könnte ja morgen durchaus lösbar sein. Inspirationen dafür lassen sich durch einen Blick in die Zukunft finden. Ob Technologien, Konzepte, Forschungsergebnisse oder Patente – oftmals können noch nicht umgesetzte Lösungskonzepte und Erkenntnisse die entscheidende Inspiration bringen.

2.3.1 Nur wer sucht, findet

Die Suche nach Inspirationen scheint per Definition zufällig und chaotisch zu sein – stets in der Hoffnung, dass irgendwelche Assoziationen zufällig zu einer großartigen Idee führen. Dabei ist es genau andersherum: Am hilfreichsten sind diejenigen Inspirationen, die möglichst spezifisch für die genaue Problemlösung nutzbar sind. Entsprechend gilt es, die relevantesten Informationen und Inspirationen zu suchen, um damit auch die Qualität und Zielgenauigkeit der auf dieser Basis generierten Ideen zu erhöhen. Wenn Inspirationen gezielt gesucht werden, erhöht dies also gleichzeitig auch die Wahrscheinlichkeit, die passendsten Ideen zu finden.

Doch wo soll die zielgerichtete Suche beginnen? Da Lösungen für einen (oder mehrere) bestimmten Pain Point erarbeitet werden sollen, bildet ebendieser Pain Point auch den Ausgangspunkt für die folgende Recherche. In verschiedenen Abstufungen wird nach möglichen Lösungen und Lösungsansätzen für das Kundenproblem gesucht, um eine erste Inspirationsbasis für die folgende Ideenphase zu generieren. Genau wie z. B. ein deutscher Sternekoch, der von der asiatischen Küche inspiriert wird, diese mit seinem vorhandenen Wissen kombinieren und etwas ganz Neues erschaffen kann, können „Best Practices" aus dem Markt zu neuen Ideen führen. Im ersten Schritt ist die Suche in der eigenen Branche entscheidend, um zu verstehen, welche Lösungen es überhaupt schon gibt – und welche nicht. Selbst zu einem einzigen Pain Point kann es dabei verschiedene Lösungsrichtungen und Ansätze geben (z. B. teuer, günstig, digital, analog, zentral, dezentral usw.), sodass ein Benchmarking lohnenswert ist.

Die Suche nach **Best Practices**, also Erfolgsbeispielen in der Branche, bildet die **Grundlage für die Inspirationssammlung**. Es bietet sich an, hier zunächst eine **Liste der aktuell wichtigsten Konkurrenten** anzufertigen und dort mit der Analyse zu starten. Die W-Fragen (was wird wem zu welchem Preis angeboten) können hier eine Struktur vorgeben, ebenso wie die relevantesten Parameter und Ausprägungen des morphologischen Kastens (siehe Abschnitt 2.1.3).

Zusätzlich empfiehlt es sich, wichtige **Start-ups in das Benchmarking mit aufzunehmen**. Start-up-Datenbanken wie z. B. angellist bieten dafür, dank ihrer themenspezifischen Suchmöglichkeiten, einen guten Ausgangspunkt. Ein spannender Nebeneffekt: Auch mögliche Start-ups für eine potenzielle Akquise bzw. ein Investment können auf diese Weise zielgerichtet identifiziert werden. Denn eine gewisse Passgenauigkeit ist bei den so identifizierten Start-Ups bereits systematisch gegeben, da ihr Geschäft zumindest bestimmten Zielen, Kriterien und dem Opportunity Space entsprechen sollte. So kann auch die M&A-Tätigkeit großer Unternehmen von diesem Schritt im Innovationsprozess profitieren, falls neben der Entwicklung eigener Innovationen auch externe Zukäufe eine Option sind.

Des Weiteren lohnt sich die Erweiterung des Suchbereichs auf internationale Märkte. Dies kann über eine entsprechende Internetrecherche und/oder lokale Spezialisten erfolgen. Messebesuche im In- und Ausland mit besonderem Fokus auf den zu untersuchenden Pain Point können die Suche nach Best Practices komplettieren und gleichzeitig das bestehende Kontaktnetzwerk erweitern.

Ein besonders prominentes und einfaches Beispiel liefert der Energy-Drink-Hersteller Red Bull. Der Inhaber entdeckte den Energydrink in Thailand und realisierte, dass es ein solches Getränk in den meisten anderen Ländern noch nicht gab. Mit der Lizenzierung des Getränks für den Rest der Welt (und innovativem Marketing) konnte Red Bull sich zu einem international sehr erfolgreichen Unternehmen entwickeln.

Die **Suche nach Best Practices** fördert zudem eine weitere wichtige Information zutage: die sogenannten **White Spots**. Ein White Spot (oft auch „White Space" genannt) ist ein *möglicher Lösungsbereich für einen bestimmten Pain Point, in dem bislang noch keine Lösungen existieren.* Dieser kann auf Basis einer Lücke in existierenden Angeboten entstehen, ein Bereich ohne Konkurrenz sein oder gar Potenziale für einen gänzlich neuen Markt bieten. Wobei anzumerken ist, dass hierzu verschiedenste Definitionen existieren.[124] In unserer Definition sind White Spots *„auf dem Pain Point basierende Marktchancen, die durch eine noch nicht existierende Lösung besser bedient werden könnten."*

Sollte sich auch nach eingehender Prüfung zeigen, dass tatsächlich ein solcher White Spot für einen bestimmten Pain Point vorliegt, konnte ein besonders großes Potenzial für den weiteren Innovationsprozess erfolgreich identifiziert werden. Schließlich zeigt sich hier ein Kundenbedürfnis, das noch nicht durch eine passende Lösung ausreichend befriedigt wird.

Dies bedeutet übrigens nicht, dass nicht auch in Feldern mit bereits vorhandenen Lösungen erfolgreich innoviert werden kann. Doch ist das Potenzial für Innovationen in White Spots eben besonders hoch. Einige Innovationsmethoden wie z. B. die Blue-Ocean-Methode setzen aus diesem Grund fast ausschließlich auf die Ermittlung und Bearbeitung solcher White Spots.

Blue Ocean-Methode

Blue Ocean ist eine Methode aus dem Bereich des strategischen Managements zur Entwicklung von langfristig profitablen Geschäftsmodellen. Grundgedanke ist, dass durch die Erschaffung neuer Märkte ein dauerhafter Wettbewerbsvorteil generiert werden kann.

Der Begriff Ocean steht in diesem Zusammenhang für einen Markt oder Industriezweig. Es wird zwischen unberührten Märkten (Blue Oceans) und etablierten Märkten voller Mitbewerber (Red Oceans) unterschieden. Hinter dem Konzept steht der Gedanke, dass in Red Oceans langfristig nur Marktführer oder Kostenführer überleben können. Erfolgreiche Unternehmen sollten sich demzufolge nicht am Wettbewerb orientieren, sondern ihre eigenen Blue Oceans kreieren. Dadurch sind sie für lange Zeit keinem oder nur wenig Wettbewerb ausgesetzt. Sie profitieren von höheren Margen und können Kunden konsistenter binden. Innovationen, die Zugänge zu Blue Oceans verschaffen, beruhen dabei selten auf technischen Innovationen, sondern in den meisten Fällen auf einer neuartigen Gestaltung des Angebots. Oftmals basieren sie auf einer Neudefinition des Marktes oder einer Neuorientierung an den Kundenbedürfnissen.

Ziel ist es, bestehenden und potenziellen Kunden einen wirklich differenzierten und relevanten Nutzen zu bieten. Ein Beispiel für eine gelungene Blue Ocean-Strategie liefert der Billigfluganbieter Southwest Airlines, der sich mit Inlandsflügen in den USA als Wettbewerber zum Auto betrachtete – statt zu anderen Fluganbietern. Mit einem angepassten Businessmodell, das auf reduzierte Preise, schnellere Check-In-Zeiten und eine höhere Abflugfrequenz ausgelegt war, konnte Kunden eine höhere Reisegeschwindigkeit bei niedrigeren, mit dem Auto vergleichbaren Preisen angeboten werden. Das Angebot wurde in diesem Fall an die Bedürfnisse des gewöhnlichen Reisenden angepasst und nicht auf Urlaubs- oder Geschäftsreisende fokussiert.

In einem einfachen Beispiel könnte ein spezifisches Gesundheitsproblem z. B. aktuell nur durch eine *teure* medizinische Behandlung gelöst werden. Wenn nun durch die Verwendung neuer Technologien oder alternativer Behandlungsansätze eine deutlich *günstigere* – jedoch ähnlich wirksame – Alternative gefunden werden könnte, wäre deren Erfolgspotenzial sicher sehr hoch. Der White Spot wäre also in diesem Fall die *günstige* Behandlung für die Indikation.

Per Definition bedingen White Spots neue Lösungen, die nicht durch das aktuelle Angebot des Unternehmens abgedeckt sind. Da der entsprechende Pain Point aufgrund der vorigen Prozessschritte jedoch bereits im ausgewählten Innovationspotenzial liegt – und damit auf den Traktionsfaktoren, Zielen und Kriterien des Unternehmens basiert – wird sichergestellt, dass White Spots sich in einem Bereich befinden, der durch das Unternehmen mit neuen Lösungen adressierbar ist. Um ebendiese Lösungen zu erarbeiten, gilt es, die nun folgende Recherche nach Inspirationen insbesondere auf die identifizierten White Spots zu fokussieren. Dies bedeutet jedoch per se keinen Ausschluss sonstiger Lösungsbereiche (außerhalb der White Spots) von der weiteren Recherche. Schließlich können auch hier später Lösungen gefunden werden, die den Mehrwert bisheriger Lösungen für den Kunden übersteigen und so entsprechend zur Zielerreichung führen.

2.3.2 Good artists copy, great artists steal

Gibt es wirklich neue Ideen? Untersuchungen zeigen, dass sich neue Innovationen in der Regel aus Vorhandenem zusammensetzen. Entsprechend wichtig ist es, sich von eben diesem Vorhandenen inspirieren zu lassen, es aber so zu adaptieren, dass etwas Neues dabei entsteht. Dies beschreibt auch der Ausdruck *„Good artists copy, great artists steal"*, der (angeblich) von Picasso stammt. In der Kunst ist es gang und gäbe, sich von anderen Künstlern inspirieren zu lassen. Erst dadurch entstehen die Epochen und Phasen, welche durch ähnliche Stile geprägt sind. Die besten Künstler schaffen es dabei jedoch, andere Werke nicht nur zu kopieren, sondern sie zu „stehlen" – das heißt, ihre ganz eigenen Interpretationen zu entwickeln und bereits Vorhandenes so zu etwas Eigenem zu machen. Auch bei der Ideensuche im Rahmen des Innovationsprozesses muss das Rad nicht jedes Mal neu erfunden werden. Denn auch hier können (und sollten) bereits vorhandene Lösungen

Praxiskommentar

Nicolai Andersen, EMEA Lead Innovation & Head of Deloitte Garage, Deloitte

Die Verwendung von Inspirationen aus anderen Märkten, Branchen und Lebensbereichen im Zuge des eigenen Innovationsprozesses lässt sich auch als „Stealing" bezeichnen. Der Begriff ist im Kontext von Innovationen positiv belegt, denn Ziel von „Stealing" ist es, Innovationen zu entwickeln, die bestehende Kundenbedürfnisse besser befriedigen und dadurch neuen Wert für das Unternehmen schaffen. Dabei ist es jedoch entscheidend, nicht nur zu „stehlen", sondern die Inspirationen tatsächlich in Innovationen für die konkreten Bedürfnisse im eigenen Markt bzw. der eigenen Branche umzuwandeln.

„Stealing" findet sich heutzutage insbesondere bei digitalen Geschäftsmodellen, die häufig von einem Land ins nächste übertragen werden. Man denke dabei z.B. an Zalando und Zappos. Und auch wenn dies zunächst wie plumpes Kopieren erscheint: Am erfolgreichsten sind am Ende die „Kopierer", die es schaffen, das kopierte Geschäftsmodell in Bezug auf die Marke, dem Look&Feel, die Produktauswahl, die Preisgestaltung, die Kommunikation, die Logistik usw. möglichst gut an lokale Vorlieben und Infrastrukturen anzupassen. Diese Anpassungen werden umso relevanter, wenn die Übertragung von Geschäftsideen nicht nur über Länder-, sondern auch über Branchengrenzen hinweg vollzogen wird. So können z.B. Cross- und Upselling-Mechaniken von Amazon auch in anderen B2C-Branchen wie Finanzdienstleistungen, Reisen oder Essen genutzt werden – müssen dort aber den spezifischen Pain Points entsprechend in vielen Punkten verändert werden.

Ein Erfolgsbeispiel ist für mich die Entwicklung des Tesla: In dessen, im Vergleich zu anderen Autos wenig differenzierten Innenraum wurde ein – in anderen Bereichen längst etabliertes – Tablet als Bedienfeld eingebaut. Durch diese Kombination zweier existierender Teilkomponenten ist eine für den Bedienkomfort wegweisende Innovation entstanden. Und auch BMW bediente sich bei einer existierenden Lösung: Hier wurde ein Joystick, wie er bei Videospielen üblich ist, eingesetzt, um mit möglichst wenigen Knöpfen auszukommen. Diese Beispiele zeigen, ob es sich um ganze Geschäftsideen oder einzelne Komponenten handelt: „Stealing" kann sich lohnen – wenn es richtig gemacht wird.

als Inspirationsquelle genutzt werden – insbesondere dann, wenn diese aus anderen Industrien stammen und entsprechend im eigenen Markt noch gar nicht existieren. Schließlich können diese im Rahmen der anschließenden Ideation für den eigenen Marktkontext adaptiert bzw. (auch wenn es sich um Lösungen aus dem bestehenden Markt handelt) deren Wertversprechen, Funktion und/oder Nutzung verändert werden.

Dieser **Blick über den Tellerrand des eigenen Unternehmens und Marktes hinaus geschieht im Innovationsprozess anhand von analogen Beispielen.** Dies sind Lösungen für ähnliche Probleme in anderen Industrien oder auch ganz anderen Lebensbereichen, wie z. B. der Kunst. Es ist also zunächst entscheidend, Problemstellungen und ihre Lösungen in anderen Bereichen zu identifizieren, die direkte oder strukturelle Gemeinsamkeiten mit dem eigenen Markt bzw. dem zu untersuchenden Pain Point bzw. White Spots haben.

Berühmte Beispiele für Ideen, die aus vorhandenen, analogen Beispielen geboren wurden, sind z. B. das Internet oder die Buchpresse. So war das World Wide Web zunächst ein Netzwerk zum Austausch von Forschungsergebnissen zwischen Universitäten, bevor es z. B. für die Nutzung von Online-Shopping, Pornographie und Zahlungsabwicklung adaptiert wurde. Gutenberg wiederum fertigte die erste Buchpresse auf Basis einer 1.000 Jahre alten Erfindung, der Weinpresse. Der Mechanismus der Weinpresse, der bislang dazu verwendet wurde, Saft aus Trauben zu pressen, konnte tatsächlich so adaptiert werden, dass er für den Buchdruck eingesetzt werden konnte.

Auch im Kleinen sind solche Beispiele immer wieder zu beobachten. Insbesondere dann, wenn es viele Restriktionen gibt, müssen vorhandene Dinge kreativ für neue Zwecke verwendet werden. Diese sogenannte Frugal Innovation ist gerade in Entwicklungsländern immer wieder zu beobachten: So wurde in Indien z. B. der ChotuKool-Kühlschrank entwickelt, der ähnlich wie das Kühlsystem eines Computers funktioniert und auch mit einfachen Autobatterien betrieben werden kann.[125]

Solch „analoges Denken" entsteht nicht durch Zufall, sondern benötigt einen systematischen Ansatz. Denn es muss – wie schon im Kontext der Suche von Best Practices im bestehenden Markt – sichergestellt werden, dass nicht „irgendwelche" analogen Beispiele gefunden werden, sondern eben diejenigen, die sich in der anschließenden Ideation zur Entwicklung neuer Lösungen für den entsprechenden Pain Points auch tatsächlich nutzen lassen.

Voraussetzung dafür ist eine möglichst klar formulierte Problemstellung – was durch den gewählten Pain Point bereits gegeben sein sollte. Anschließend ist eine **Abstraktion des Problems notwendig**, sodass dieses allgemeingültig genug ist, um nach weiter entfernten Lösungen suchen zu können. Im Beispiel des Innovationsprojektes für Hymer (siehe Case am Ende von Kapitel 2) wurde die Problemstellung „Produktinnovationen im Bereich der Kastenwagen für alleinreisende Paare" z. B. auf die Problemstellung „Raumaufteilung für zwei Personen (bzw. Paare) bei begrenztem Platzangebot" abstrahiert. Diese konnte in der Folge z. B. anhand von Kreuzfahrtschiffen,

Yachten, Flugzeugen, Raumschiffen bzw. -stationen, Microappartments usw. untersucht werden.

Anschließend kann die **Suche nach den Analogien** beginnen: Welche analogen Lösungen (je nach Innovationsfeld z. B. Produkte, Services, Prozesse, Mechaniken, usw.) gibt es bereits, die ggf. anders genutzt werden können? Zum Beantworten dieser Frage bietet es sich an, zunächst vergleichbare Branchen zu definieren, die für den gewählten Pain Point relevant sind, um anschließend in diesen nach passenden Lösungen zu suchen.

Dazu empfiehlt es sich, in sogenannten konzentrischen Kreisen vorzugehen, sich also von sehr eng verwandten Analogien schrittweise immer weiter zu entfernen. Wenn es beispielsweise um ein neues Straßensystem geht, wäre eine naheliegende Analogie ein Schienensystem. Anschließend könnte man sich über Flughafen-Transportsysteme, Lagerhaussysteme bis hin zu Blutkreislaufsystemen in der Biologie immer weiter entfernen.

Je weiter weg die Analogien sein sollen, umso schwieriger wird deren Identifikation – und umso mehr kognitive Fähigkeiten der Abstraktion werden benötigt. Helfen können auch hier wieder die Parameter und Ausprägungen des morphologischen Kastens, um strukturelle Übereinstimmungen zu identifizieren bzw. zu untersuchen.

Das Ergebnis der Suche: analoge Beispiele bzw. Lösungen zum ausgewählten Pain Point, die anschließend zu Innovationen führen können, indem existierende Lösungen aus einer bestimmten Industrie in kreativer Art und Weise für eine neue Verwendung in einer anderen Industrie adaptiert werden. Studien zeigen, dass Analogien signifikant zu der Entwicklung sehr neuartiger Innovationen beitragen, da die Kombination entfernter Informationen mehr Kreativität benötigt. Gleichzeitig minimieren die auf Analogien basierenden Innovationen das Risiko der Unsicherheit, da Umsetzbarkeit und Kundenfit bereits in einem analogen Beispiel nachgewiesen sind.[126]

Dies wusste auch der Skihersteller Fischer zu nutzen. Dieser ermittelte den Pain Point, dass Skier ab einer gewissen Geschwindigkeit nur schwer zu kontrollieren waren. In der Analyse des Problems förderte das Unternehmen dabei zutage, dass die Skier ab einer bestimmten Geschwindigkeit vibrierten, da sie sich in einer Resonanzfrequenz >1800 Hz befanden. Der daraus resultierende White Spot (denn bestehende Lösungen existierten damals noch nicht): eine Dämpfung bzw. Eliminierung der Vibration durch eine entsprechende Produktinnovation. Mit der abstrakten Problembeschreibung „Dämpfung einer Vibration >1800 Hz" begab sich das Unternehmen auf die Suche nach analogen Beispielen. Die Recherche zeigte, dass dieser Frequenzbereich besonders in der Akustik von Relevanz war. In dieser Branche existierte bereits eine passende Lösung für das definierte Problem, die im Kontext der Dämpfung ungewollter Vibrationen bei Streichinstrumenten entwickelt worden war. Diese „Schwingungsharmonisierung" konnte von Fischer auf Skier übertragen werden, indem dort eine zusätzliche Schicht eingefügt wurde, die in Struktur und Material der verwendeten Lösung für

Streichinstrumente ähnelte. Dieses sogenannte Frequency Tuning ist heute in nahezu jedem Ski zu finden.

Doch auch über analoge Beispiele hinaus kann es noch weitere neuartige Lösungsansätze geben, die bislang jedoch noch nicht umgesetzt wurden. Das folgende Kapitel befasst sich damit, wie ebendiese Lösungsansätze durch einen „Blick in die Zukunft" ermittelt und anschließend zur Ideensuche verwendet werden können.

2.3.3 Lieber morgen als heute

„Was du heute kannst besorgen, das verschiebe nicht auf morgen." Was aber, wenn etwas heute noch nicht besorgt werden kann? Nicht immer gibt es für jeden Pain Point bereits zufriedenstellende Lösungen im eigenen oder einem analogen Markt. Entsprechende Beispiele als Inspiration bleiben dann aus – und die White Spots bleiben weiß.

Auf der einen Seite ist dies eine perfekte Ausgangssituation. Denn wenn ein White Spot noch nirgends gelöst werden konnte, ist das Innovations- und Ertragspotenzial in der Regel umso größer. Es kann quasi ein komplett neuer Markt geschaffen werden. Auf der anderen Seite ist dann jedoch auch die Herausforderung besonders groß. Denn: Eine neue Lösung für ein Problem zu finden, das bisher noch nie gelöst wurde, ist ein schwieriges Unterfangen. Umso wichtiger also, dass auch dort Inspirationen die Ideensuche unterstützen. Da Best Practices und analoge Beispiele in diesem Fall keine Hilfe sind, lohnt sich stattdessen ein **Blick in die Zukunft**. Was heute nicht gelöst werden kann, kann morgen lösbar sein.

Dies ist übrigens auch empfehlenswert, wenn bereits „ausreichend viele" Lösungsansätze durch Best Practices und analoge Beispiele gefunden wurden, also gar kein reiner White Spot vorliegt: Auch in diesem Fall helfen Inspirationen „aus der Zukunft" dabei, ganz neue Lösungsansätze zu finden, die gegebenenfalls für einen deutlich höheren Kundenfit sorgen können als bestehende Lösungen.

Für die Reise in die Zukunft gibt es unterschiedliche **Inspirationsquellen.** Diese bewegen sich von ganz konkreten Lösungen, die bis jetzt noch nicht umgesetzt wurden, bis hin zu Forschungsergebnissen, deren Erkenntnisse ggf. zukünftig zur Entwicklung neuer Lösung verwendet werden könnten. Entsprechend ist auch hier wieder ein schrittweises Vorgehen – in diesem Fall von der nahen in die fernere Zukunft – anzuraten:

a) **Patentrecherche:** Patente bieten unzählige Lösungsansätze, die oftmals (noch) gar nicht umgesetzt wurden, aber dennoch inspirieren können – und bilden so praktisch eine Landkarte von Ideen und möglichen Innovationen, die zur Neu- und Weiterentwicklung genutzt werden können. So werden z. B. immer wieder neue Patente von Apple diskutiert, da diese einen Blick in die mögliche Zukunft von iPhones und iPads geben.

Da Patentdatenbanken frei zugänglich sind, eignen sie sich gut für eine zielgerichtete Suche nach (bislang nicht umgesetzten) Lösungsansätzen zum identifizierten Pain Point. Durch die Vielzahl an Patenten und ihrem durchaus anspruchsvollen Inhalt ist die Auswertung jedoch selbst in einem kleinen Bereich nicht einfach. Falls die entsprechende Kompetenz nicht bereits im Unternehmen oder bei Partnern besteht, kann auch auf eine technische Lösung zurückgegriffen werden. Das Fraunhofer IAO bietet hier z. B. eine Text-Mining-Lösung, mit der sich Patente automatisiert auf die darin enthaltenen Probleme und Lösungsansätze untersuchen lassen. Die Ergebnisse einer solchen Patentrecherche bieten im Anschluss eine relevante Inspirationsbasis. Oder sie bekräftigen (durch das Ausbleiben von Ergebnissen) noch einmal den aufgedeckten White Spot.

b) **Konzeptstudien:** Auch Konzept- und Designstudien ermöglichen einen Blick in die Zukunft. Schließlich zeigen diese die unterschiedlichsten neuen Ideen bzw. Ansätze von Unternehmen, Beratern, Agenturen, Designern, Programmierern etc. Am bekanntesten sind dabei sicherlich Konzeptfahrzeuge der Automobilhersteller. Doch auch in vielen anderen Bereichen lassen sich entsprechende Studien finden. Design- und Beratungsfirmen wie IDEO entwickeln z. B. regelmäßig neue Konzepte in verschiedenen Bereichen. Datenbanken wie Behance oder Github sammeln Konzepte verschiedener Designer bzw. Programmierer. Auf diversen Blogs und in sozialen Netzwerken werden regelmäßig Entwürfe und Ideen geteilt. Auch Ideenwettbewerbe und Awards zeigen oftmals, an welchen zukunftsträchtigen Konzepten gerade gearbeitet wird. Und Crowdfunding-Plattformen wie Kickstarter zeigen unzählige Ideen, die auf Finanzierung warten. Entsprechend wichtig ist es hier, je nach Thema die geeignete „Community" und passende Quellen zu identifizieren, um sich dort inspirieren zu lassen.

c) **Thought Leadership:** Thought Leadership umfasst alle Inhalte, bei denen Personen oder Unternehmen in neue Richtungen denken. Entsprechend lohnenswert kann deren Lektüre für einen Blick in die Zukunft sein. Je nach Budget und Zeit kann dabei entweder auf die „fertigen" Reports von Unternehmensberatungen oder Trendfirmen, wie z.Punkt, PSFK oder dem Zukunftsinstitut, zurückgegriffen oder aber selbst gesucht werden. Eine solche Suche durch Blogs, Artikel und Whitepaper von Experten und Start-ups ist dabei natürlich aufwändiger. Dafür bietet sie eine bessere Chance, Inspirationen und Lösungsansätze zu finden, die bei der Konkurrenz noch nicht auf dem Tisch liegen.

d) **Technologiescouting:** Auch wenn die Patentrecherche ggf. schon einige neue Technologien zu Tage gefördert hat, kann eine spezifische Suche nach neuen Technologien bzw. technologischen Verfahren durch Experten und Deskresearch diese sinnvoll komplettieren. Oftmals finden sich dabei sogar neue „Open Innovation"-Partner, mit denen später an einer konkreten Umsetzung gearbeitet werden kann. So arbeitete der Wearable Hersteller Misfit z. B. an dem Pain Point, dass „smarte" Armbanduhren bzw. Fitnessarmbänder oft aufgeladen werden müssen und dadurch viele potenzielle Neukunden vom Kauf abhalten. Einen Lösungsansatz fand man schließlich beim Kristallschleifer Swarovski, der durch seine besonderen Technologien Kristalle so schleifen kann, dass Sonnenlicht dort besonders effektiv gebündelt wird. Auf dieser Basis entwickelten Swarovski und Misfit gemeinsam das Wearable „Shine", das mit violetten Kristallen durch 15 Minuten Sonnenlicht am Tag aufgeladen werden kann. Um solche Technologien und Verfahren zu finden, lohnt es sich, neben klassischem Deskresearch auch das eigene Netzwerk zu aktivieren und zu erweitern. Wenn noch keine ausgeprägten Open-Innovation-Ressourcen im eigenen Unternehmen existieren, eignen sich dazu z. B. Open-Innovation-Datenbanken wie idex, aber auch öffentlich verfügbare Netzwerke wie LinkedIn. Alternativ kann auch auf sogenannte Innovationsbroker wie NineSigma oder Presans sowie auf Unternehmensberatungen zurückgegriffen werden, um in deren Netzwerk zu suchen.

e) **Forschung:** Universitäten, Institutionen und oftmals auch die unternehmenseigene Forschungsabteilung führen Grundlagenforschung und anwendungsorientierte Forschung durch, deren Ergebnisse zu spannenden neuen Lösungen führen können. Oftmals geht es auch dabei um Technologien. Doch ebenso können z. B. Sozialwissenschaften inspirierende Erkenntnisse liefern. Der einfachste Weg zu diesen Ergebnissen ist dabei die Auswertung wissenschaftlicher Publikationen. Datenbanken erlauben dies auf sehr einfache Art und Weise. Aber auch die Identifizierung der akademischen Experten im Themengebiet sowie der Rückgriff auf Kontakte des Unternehmens zu Forschungseinrichtungen können lohnenswerte Optionen sein. Oftmals suchen Forscher sogar selbst nach einem Partner zum Testen und Validieren in der Praxis, was für die Schärfung der Ideen später von Vorteil sein kann.

Schließlich gilt es, die **relevantesten Inspirationen auszuwählen und für die Nutzung bei der Ideensuche aufzubereiten.** Die Auswahl der Inspirationen erfolgt in Bezug auf den Pain Point: Welche der gesammelten Best Practices, analogen Beispiele und Zukunftsinspirationen erscheinen besonders geeignet, um bei der nun folgenden Ideensuche zur Lösung des Pain Points zu unterstützen? Diese Auswahl sollte im Anschluss visuell aufbereitet werden. Dies kann auf einfache Weise mit Bildern und Beschreibungen in einer Präsentation geschehen. Je nachdem, ob eines oder mehrere Innovationspotenziale und Pain Points bearbeitet wurden, kann eine solche Visualisierung auch interaktiv gestaltet werden, um dann zielgerichtet Inspirationen zu verschiedenen Pain Points auswählen zu können. Darüber hinaus können inspirierende Produkte oft auch bestellt werden, um sie direkt vor Ort erlebbar zu machen.

Ein „Schulterblick" der relevanten Stakeholder ist nach der Compilation empfehlenswert. Zwar müssen die Ergebnisse der *Compilation* nicht zwingend mit den Stakeholdern geteilt werden, da die Inspirationen insbesondere

Praxiskommentar

Dr. Klaus Suwelack, New Venture Lead Germany,
Janssen / Johnson & Johnson Innovation

In der Pharmabranche kommen selbst große Unternehmen an ihre Grenzen, wenn es um die Entwicklung neuer Lösungen für Patienten geht. Die Komplexität der Gesundheitsthemen und die Vielzahl an „Pain Points" (im wahrsten Sinne des Wortes) kann oftmals nicht von einem Unternehmen alleine gelöst werden. Johnson & Johnson (J&J) hat vor diesem Hintergrund ein eigenes, globales Innovationsnetzwerk aufgebaut. Dieses dient dazu, neue Forschungsergebnisse und Lösungsansätze aus Wissenschaft und Wirtschaft schnell aufzunehmen und zu verarbeiten. Es richtet sich dabei nach klaren Innovationspotenzialen und Bedürfnissen, um möglichst konkrete Lösungsansätze zu finden, welche – auch in Partnerschaften – anschließend mit der hohen Traktion von Johnson & Johnson an den Patienten gebracht werden können.

Für dieses Scouting wurden drei Sektoren festgelegt: Pharmaceuticals, Medical Devices und Consumer, welche jeweils ca. 10-20 Schwerpunktbereiche beinhalten. Dezidierte Teams fokussieren sich in diesen Sektoren auf die Suche nach neuen Lösungsansätzen von allen möglichen Partnern, wie z.B. Wissenschaft, Start-ups oder etablierten Unternehmen. Das Scouting lohnt dabei in mehrfacher Hinsicht: Einerseits bringt es neue Lösungsansätze ins Unternehmen, welche dort dann möglichst schnell weiterentwickelt und umgesetzt werden können. Andererseits hilft es, die spannendsten potenziellen Partner für zukünftige Zusammenarbeit zu identifizieren. Dabei ist es ausschlaggebend, möglichst fokussiert von den Bedürfnissen der Patienten und des Unternehmens auszugehen, damit die Ergebnisse am Ende auch tatsächlich Nutzen stiften. Bei Johnson & Johnson wurden mit dieser Strategie bereits seit vielen Jahren gemeinsam mit Partnern bahnbrechende neue Lösungen gefunden und erfolgreich in die Patientenversorgung gebracht.

für die nun folgende Ideensuche relevant sind. Dennoch empfiehlt sich hier eine Präsentation. Dies hat mehrere Gründe: Erstens sind die Ergebnisse der *Compilation* in der Regel für alle Parteien sehr inspirierend. Zweitens machen die vielen möglichen Lösungsansätze noch mehr „Lust" auf die Ergebnisse der weiteren Schritte. Und drittens kann ein Feedback der Stakeholder zu den präsentierten Erkenntnissen ein erstes Gefühl dafür geben, welche Lösungsrichtungen besonders gut bei den einzelnen Akteuren ankommen.

Ausgerüstet mit den relevanten Inspirationen aus der *Compilation* (und ggf. weiterem Feedback der relevanten Stakeholder) kann im Rahmen der nachfolgenden *Construction* nun (endlich) die konkrete Arbeit an passenden Ideen beginnen.

Hermes Arzneimittel GmbH

Entwicklung innovativer Angebote für die Zielgruppe der „neuen Alten"

Das Pharmaunternehmen Hermes baut auf eine langjährige Tradition und Kompetenz, insbesondere im Bereich der Herstellung von OTC-Produkten wie Brausetabletten, Pulver oder Tabletten. Diese werden entweder für Dritte hergestellt oder eigenständig über Apotheken vertrieben, mit denen entsprechend eine langjährige Partnerschaft besteht. Um strategisch wettbewerbsfähig zu bleiben, sieht sich das Unternehmen gezwungen, sich vermehrt mit neuen, potenziellen Geschäftsfeldern für die Zukunft zu beschäftigen.

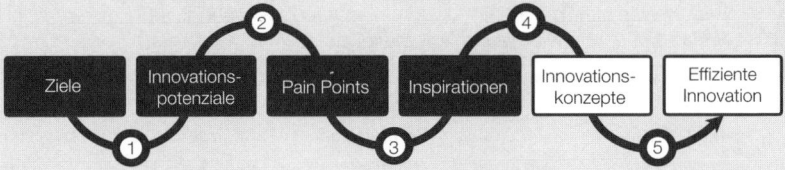

① Configuration

Im Zuge der *Configuration* wurde als Ziel des Innovationsprozesses die Generierung neuer Umsätze festgelegt. Wichtiges Kriterium war insbesondere die Sicherstellung eines langfristigen Wertbeitrages von Innovationen. Entsprechend wurden „Geschäftsfelder" sowie „Produkt- und Serviceinnovationen" als relevanteste *Innovationsfelder* für den weiteren Prozess identifiziert, welche unter dem Thema „Neue Angebote" zusammengefasst wurden.

Als wichtigste Traktionsfaktoren wurden sowohl die Kompetenz in bestimmten Herstellungsverfahren als auch die Partnerschaft mit Apotheken festgehalten. Aus insgesamt 12 identifizierten *Opportunity Spaces* wurde für das Projekt schließlich das Thema „Neue Angebote für die Zielgruppe der ‚neuen Alten'" ausgewählt, welches aufgrund von demografischen, technologischen und gesellschaftlichen Trends als besonders relevant eingestuft wurde. In diesem Opportunity Space wurden anschließend drei konkrete *Innovationspotenziale* identifiziert: Innovative Angebote für die „neuen Alten" zur 1) selbstständige Vorsorge, 2) Diagnose, 3) Behandlung und Heilungsprozess.

② Customization

Im Kontext der ausgewählten Innovationspotenziale wurden anschließend im Rahmen der *Customization* relevante *Pain Points* mit der Zielgruppe erforscht, so z.B. fehlende natürliche Alternativen, Umgang mit neuer Technologie, Selbstinformation im Internet oder die Angst vor dem Altersheim bei alleinstehenden Älteren. Zusätzlich wurden gemeinsam mit dem Außendienst von Hermes Apotheken besucht und Interviews mit Apothekern und deren Angestellten durchgeführt, um auch die Bedürfnisse und Erkenntnisse der Apotheken in den weiteren Prozess einfließen zu lassen.

③ Compilation

Im Schritt der *Compilation* wurden als *Best Practices* z.B. Health-Wearables ebenso untersucht wie personalisierte Medizin von Google oder Smartphone-Aufsätze zur Diagnose in Afrika. Im Bereich der *analogen Beispiele* konnten Innovationen, wie z.B. der Knochenbrühe-Trend in New York, On-Demand-Plattformen wie „Helpling" oder „Zipjet" und Kochboxen wie „HelloFresh", wertvolle Inspirationen liefern. Hierbei wurden insbesondere für den deutschen Markt auch viele *White Spots* sichtbar, die teilweise international bereits bedient wurden. Insgesamt wurden über 300 Best

Praxisbeispiel

Practices, analoge Beispiele und Zukunftskonzepte erfasst, systematisch ausgewertet und visualisiert. Neben der Verwendung für die anschließende Ideation wurde eine Auswahl dabei auch den Stakeholdern präsentiert, sodass diese bereits direkt neue Erkenntnisse für ihre Geschäftseinheiten gewinnen konnten.

Auf Basis des vielfältigen Inputs aus den vorherigen Prozessschritten wurden im weiteren Verlauf des 5C-Prozesses diverse innovative Angebote für Hermes erarbeitet. Die Bandbreite der Konzepte erstreckte sich dabei von Nespresso-ähnlichen Kräuteraufgüssen (als „Quick win") über ernährungsplanabhängige Kochboxen bis zu einer Serviceplattform für alleinstehende Ältere, bei der die gesamte Bandbreite der Zielsetzung über die Innovationspotenziale und Pain Points abgedeckt wurde. Die Bedürfnisse der Zielgruppe der „neuen Alten" fanden in den Konzepten genauso Berücksichtigung wie die der Apotheker.

	Configuration ①	Customization ②	**Compilation ③**	Construction ④	Conversion ⑤
Mindset	Wer ernten will, muss erst säen				
Kapitel	Nur wer sucht, findet		Good artists copy, great artists steal	Lieber morgen als heute	
Ergebnis	✓ Internationale Best Practices ✓ White Spots		✓ Analoge Beispiele	✓ Zukunftsinspirationen	
Methodik	1. Sammlung wichtigster Konkurrenten 2. Suche nach relevanten Startups 3. Festlegung relevanter Lösungsdimensionen (z.B. W-Fragen, Parameter/Ausprägungen des Morphokastens) 4. Benchmarking: Suche nach Beispielen (Best Practices) in allen relevanten Dimensionen für den Pain Point 5. Sammlung White Spots = Lösungsdimension ohne Best Practice		1. Abstraktion der Fragestellung 2. Definition analoger Branchen (von „nah" nach „fern") 3. Suche nach analogen Beispielen für die Lösung der abstrahierten Fragestellung innerhalb der analogen Branchen 4. Ggf. Nutzung der verschiedenen Dimensionen (aus 2.3.1) zur systematischen Suche	1. Definition relevanter Inspirationsquellen 2. Ggf. Nutzung der verschiedenen Dimensionen (aus 2.3.1) zur systematischen Suche 3. Suche nach Zukunftsinspirationen (Patente, Konzepstudien, Thought Leadership Content, Technologien, Forschungsergebnisse) 4. Auswahl relevantester Inspirationen (insbes. zu den Whitespots) aus 2.3.1-2.3.3 5. Visualisierung aller relevanter Inspirationen aus 2.3.1-2.3.3	
Hilfsmittel	☐ Startup-Datenbanken ☐ Wettbewerbsanalyse ☐ Morphologischer Kasten (2.1.3) ☐ Pain Point(s) (2.2.2) ☐ Innovationspotenzial (2.1.3)		☐ Sammlung analoger Branchen ☐ Lösungsdimensionen (2.3.1) ☐ White Spots (2.3.1)	☐ Quellen / Datenbanken ☐ Lösungsdimensionen (2.3.1) ☐ White Spots (2.3.1) ☐ Best Practices (2.3.1) ☐ Analoge Beispiele (2.3.2)	

Abbildung 29: Übersicht Compilation

THINK INSIDE THE BOX

2.4 Construction: Think inside the box

Wenn es um die Ideensuche geht, ist das Ziel in vielen Workshops schnell klar: „Think *outside* the box!". Um dies sicherzustellen, wird mit Kreativmethoden gearbeitet, die auf eine hohe Anzahl und Breite (Diversität) von Ideen abzielen. Das Problem: *Out-of-the-box*-Ideen lassen sich per Definition nicht *inside-the-box* umsetzen. Doch genau in einer solchen „Box" (bzw. einem entsprechenden Traktionsraum) agiert ein Unternehmen ab einer gewissen Unternehmensgröße. Und so sind Out-of-the-box-Ideen in großen Unternehmen oft schlichtweg nicht umsetzbar.

Die Herausforderung besteht darin, **innovative Ideen *(so disruptiv wie nötig)* zu finden, die dennoch inside-the-box *(so nah am Kerngeschäft wie möglich)* liegen**. Die gute Nachricht: Dies ist grundsätzlich immer möglich, da die Anzahl an potenziellen Lösungen in jedem Raum theoretisch unendlich groß ist. Die schlechte Nachricht: Herkömmliche Kreativtechniken und einfache Brainstormings eignen sich für die Arbeit im begrenzten Raum nicht, da sie Restriktionen inside-the-box nicht ausreichend berücksichtigen können. Stattdessen ist eine systematische multidimensionale Ideensuche bzw. Ideation nötig. Dabei gilt es, die Brücke zu schlagen zwischen einer möglichst spezifischen Aufgabenstellung für die Ideation und einer (dennoch) möglichst hohen Anzahl an unterschiedlichen Lösungen. Hier zahlt sich die Vorarbeit in den bisherigen Prozessschritten aus: Das eingegrenzte Innovationspotenzial aus der *Configuration* und der spezifische Pain Point aus der *Customization* ermöglichen eine genaue, zielgerichtete Aufgabenstellung. Die passgenauen Inspirationen aus der *Compilation* sorgen für den notwendigen Input zur Vertiefung des Lösungsraums. Ergänzt mit den richtigen Teilnehmern sowie weiteren Hilfsmitteln und Techniken können im Rahmen der *Construction* damit die benötigten innovativen Ideen inside-the-box gefunden werden (siehe Abbildung 30).

Ein paar Worte auf einem Post-it sind dabei ein guter Start, aber sicherlich noch keine ausreichende Lösung. Um die Ideen zu schärfen und gleichzeitig

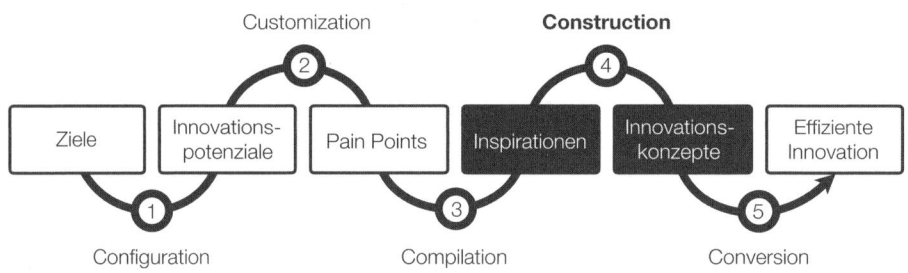

Abbildung 30: 5C-Prozess – Construction

deren Umsetzbarkeit und späteren Markterfolg sicherzustellen, gilt es, die besten Ideen sukzessive in detaillierte Innovationskonzepte weiterzuentwickeln und gemeinsam mit Experten und Kunden zu validieren. Auf dieser Basis kann anschließend eine umfassende Bewertung und Auswahl der Konzepte durch die relevanten Stakeholder erfolgen.

Die folgenden drei Kapitel zeigen, wie die Konzeption von Innovationen inside-the-box erfolgreich gelingt:

1. **Die Idee ist kein Zufall:** Heureka! Die Idee wird meist als etwas Zufälliges wahrgenommen. Nicht umsonst gibt es den Begriff des „Geistesblitzes", der einen scheinbar unverhofft trifft. Doch Ideen entstehen in einem klaren neurobiologischen Prozess aus Inspiration und Lösungsfindung, der sich systematisch triggern lässt. Bestehende Kreativmethoden versuchen dies bereits mit den unterschiedlichsten Formaten, benötigen dafür jedoch immer eine möglichst freie Spielwiese. Mithilfe der richtigen Inspirationen, Perspektiven und Hilfsmittel gelingt es jedoch, auch im begrenzten Raum systematisch innovative Ideen zu generieren – und damit die (umsetzbare) Idee vom Zufall zu trennen!

2. **Ohne Fleiß kein Preis:** Schon Edison bemerkte: Eine Idee ist 1 Prozent Inspiration und 99 Prozent Schweiß – sprich: harte Arbeit. Die erste Eingebung auf einem Post-it reicht für eine erfolgreiche effiziente Innovation nicht aus. Das Besondere (oder auch die Unmöglichkeit) einer Idee zeigt sich meist erst im Detail. Allzu oft wird aber der Erfolg eines Innovationsprozesses anhand der Anzahl der Post-its an den Wänden beurteilt. Die harte Arbeit, daraus tatsächlich für den Kunden besondere – und gleichzeitig für das Unternehmen passende – Innovationskonzepte zu machen, bleibt im Anschluss oftmals liegen. So verschwinden die Ideen entweder in der Schublade oder werden direkt am Kunden getestet, ohne vorher überhaupt die bestmögliche Variante für Kundenfit und Traktion zu finden. Durch Detailarbeit an Konzepten lassen sich diese bestmöglichen Varianten der Ideen finden. Dabei entstehen eine Vielzahl von Innovationskonzepten, die ein klares Bild möglicher Lösungen geben.

3. **Man kann den Tag auch vor dem Abend loben:** Damit eine Idee zur Innovation wird, muss sie umgesetzt werden. Oder anders ausgedrückt: „Vision ohne Exekution ist Halluzination". Doch ob die Umsetzung einer Idee bzw. eines Innovationskonzeptes gelingen wird, kann auch vor deren Umsetzung schon abgeschätzt werden, wenn die richtigen Stakeholder im Unternehmen dazu befragt werden. Genauso kann bereits *vor* der Umsetzung überprüft werden, ob eine Idee *nach* ihrer Umsetzung das Potenzial hat, die Bedürfnisse der anvisierten Kunden in der gewünschten Weise zu befriedigen. Wofür gibt es schließlich qualitative und quantitative Marktforschung! Wenn die Innovationskonzepte dann auch noch intuitiv von den Entscheidern bewertet werden, ist eine ausreichende Daten – bzw. Informationsbasis vorhanden, um die finale Entscheidung zur Umsetzung eines oder mehrerer Innovationskonzepte zu treffen.

2.4.1 Die Idee ist kein Zufall

Der Mythos des Geistesblitzes hält sich weiterhin tapfer. Ob unter der Dusche, beim Joggen oder in freien Brainstorming-Runden. Der Geistesblitz kann den Suchenden offenbar jederzeit erleuchten und so „zufällig" zur großen Idee führen. Kein Wunder, dass die Ideensuche oft als Fuzzy Front End, als schwammiger und unscharfer vorderer Teil bezeichnet wird (die Umsetzung ist in diesem Fall dann das „Backend" des Innovationsprozesses). Tatsächlich ist der berühmte Geistesblitz aber die seltenste Form der Ideenfindung. In einem Interview zu seinem Buch „Where good ideas come from" bemerkt der Populärwissenschaftler Steven Johnson: „Es ist seltsam, aber Innovation ist einer dieser Fälle, wo das vorherrschende Bild, alle Erzählungen und Annahmen darüber, wie es geschieht, völlig rückständig sind. Es ist sehr, sehr selten möglich, Beispiele zu finden, in denen jemand alleine, ohne fremde Hilfe, in einem Moment plötzlicher Erleuchtung einen großen Durchbruch hatte, welcher die Welt veränderte. Dennoch scheint es das seltsame Verlangen zu geben, die Geschichte so zu erzählen."

Selbst Ideen, die in der Rückschau wie ein Geistesblitz erscheinen, sind es in den meisten Fällen nicht. So ist Edison bekannt dafür, zehntausende Versuche angefertigt zu haben, bis die Glühbirne in ihrer ursprünglichen Form erfunden wurde. Heute ist sie ironischerweise das Symbol für eine Idee als plötzliche Erleuchtung. Auch Charles Darwins Evolutionstheorie war kein Geistesblitz, wenngleich er immer erzählte, dass die Erkenntnis über die natürliche Selektion ihm am 28. September 1838 kam, während er Thomas Malthus' Essay über Bevölkerung las. Doch eine Auswertung seiner Notizbücher zeigte, dass sich die Theorie bereits seit mehr als einem Jahr abzeichnete. Vermutlich setzte er also lediglich die vorbereiteten Informationen in dem beschriebenen Moment zusammen.

Wenn es also nicht vom Zufall abhängt, wie Ideen entstehen, heißt das gleichzeitig, dass sich ebendieser Entstehungsprozess von Ideen systematisieren lässt. Eine solche Systematisierung ist entscheidend, wenn effiziente Innovationen entwickelt werden sollen. Schließlich gilt es, in einem begrenzten Lösungsraum und innerhalb einer festgelegten Zeitspanne Ideen zu einem bestimmten Problem zu finden.

Klassische Kreativitätsmethoden eignen sich nicht für eine systematische Ideensuche bei Großunternehmen. Denn um das freie Denken zu unterstützen – und damit (vermeintliche) Heureka-Momente zu ermöglichen –, arbeiten diese im Normalfall auf der grünen Wiese (siehe der folgende Exkurs). Es werden möglichst wenige Restriktionen vorgegeben, es gibt keine schlechten oder falschen Ideen – und je verrückter die Lösungen sind, umso besser. Getreu dem Motto „Think *outside* the box!" All dies gekoppelt mit der Hoffnung, dass sich mit etwas Glück eine Idee darunter findet, die sich später im Unternehmen umsetzen lässt. Doch ist dies realistisch?

Übersicht ausgewählter Kreativitätsmethoden

Brainstorming

Brainstorming ist eine der bekanntesten Kreativmethoden. Es wird in einer Gruppe durchgeführt, bei der jeder Teilnehmer frei assoziieren kann und Ideen oder Vorschläge zu einer bestimmten Problemstellung einbringt. Diese werden für alle Teilnehmer sichtbar festgehalten, sodass auf die Beiträge anderer Teilnehmer aufgebaut werden kann. Wichtig für den Erfolg der Methode ist, dass die Teilnehmer ihre Ideen äußern können, ohne Kritik fürchten zu müssen. Denn so wird mit jedem Beitrag das Inspirationspotenzial für den Rest der Gruppe erhöht.

Brainwriting

Brainwriting ist eine schriftliche Form des Brainstormings, bei der Teilnehmende ihre Gedanken und Assoziationen notieren, ohne sie in der Gruppe auszusprechen. Der Vorteil besteht darin, dass durch das Schreiben mehrere Assoziationsketten gleichzeitig entstehen können und auch „leisere" Teilnehmende ihre Ideen einbringen können. Sinnvoll ist diese Methode besonders dann, wenn sich Gruppen noch nicht gut kennen und noch kein ausreichendes Vertrauen unter den Teilnehmern aufgebaut werden konnte. Nachteil des Brainwriting ist, dass in der Regel doppelte Ideen entstehen, wenn alle Teilnehmende dieselbe Fragestellung bearbeiten.

6 Thinking Heads

6 Thinking Hats ist ein Kreativprozess, bei der in einer Gruppendiskussion verschiedene Rollen (repräsentiert durch verschiedenfarbige Hüte) eingenommen werden. Dem liegt zugrunde, dass Beiträge in einer Diskussion auf derselben Ebene gelagert, gleichzeitig aber möglichst viele Denkmodi berücksichtigt werden sollen. So repräsentieren die Hüte verschiedene Denkmodi (analytisch, emotional, kritisch, optimistisch, kreativ, moderierend), in die sich die Teilnehmer hineinversetzen sollen und die in der Diskussion auf Aufforderung des Moderators kollektiv gewechselt werden.

Scamper

Scamper untersützt bei der Ideenfindung und ist besonders geeignet bei der Weiterentwicklung neuer Produkte oder Prozesse, die sich aus bereits bestehenden Produkten oder Prozessen ableiten. Es stützt sich auf eine Checkliste, mit der ein definiertes Problem Punkt für Punkt bearbeitet wird. Dabei werden die Teilnehmer aufgefordert, das Bestehende zu ersetzen (substitute), zu kombinieren (combine), abzuändern (adjust), zu modifizieren (modify), weitere Nutzungsmöglichkeiten zufinden (put to other use), Elemente zu entfernen (eliminate) und entgegengesetzte Nutzungsmöglichkeiten zu finden (reverse), um ihre Kreativität zu stimulieren.

Business Modell Navigator

Der Business Modell Navigator ist ein Werkzeug zur Neuausrichtung von Geschäftsmodellen. Über 90 Prozent aller Geschäftsmodellinnovationen sind Rekombinationen aus den 55 erfolgreichen Geschäftsmodellmustern, die Forscher der Universität St. Gallen identifiziert haben. In verschiedener Phasen (Initiierung, Ideenfindung, Integration und Implementierung) und mithilfe spezieller Techniken können so erfolgreiche Muster rekombiniert und auf das eigene Geschäftsmodell angewendet werden oder zur Inspiration dienen.

Damit eine Idee das Potenzial zur effizienten Innovation mitbringt, sollte diese schließlich innerhalb des definierten Innovationspotenzials zu Lösungen eines konkreten Pain Points führen (unter Berücksichtigung der anfangs festgelegten Ziele und Kriterien) und sich darüber hinaus noch im Traktionsraum des Unternehmens bewegen. Diesen Herausforderungen sind klassische Kreativitätsmethoden (noch) nicht gewachsen. Zudem verhindert ja oftmals gerade der Fokus auf Out-of-the-box-Ideen Lösungen, dass sich Ideen inside-the-box (also im Traktionsraum des Unternehmens) umsetzen lassen.

Das Brainstorming, eigentlich eine Erfolgsstory, ist oftmals das Grab für Innovationsprojekte. Wohl keine andere Methodik wird so oft zur Ideensuche verwendet wie das 1939 vom New Yorker Werbeguru Alex Osborn beschriebene Brainstorming, in dem in Gruppendiskussionen schnell gemeinsam Ideen generiert und diskutiert werden. Meistens werden dabei die vier von Osborn definierten Grundregeln angewendet:

1. *Keine Kritik an anderen Beiträgen*
2. *Quantität geht vor Qualität – je mehr Ideen, desto besser*
3. *Je ausgefallener der Einfall, desto besser*
4. *Andere Ideen möglichst einbeziehen und auf den Beiträgen anderer aufbauen*

Die inflationäre Verwendung dieser Methodik ist verständlich. Wie sollen auch sonst schnell Ideen gefunden werden? Da der Erfolg von Brainstorming in der Regel an der *Quantität* des Outputs gemessen wird (zumindest von Osborn selbst, aber auch in vielen weiteren Studien), scheint die Methode zunächst auch erfolgreich zu sein.

So ist das Brainstorming inzwischen fast zum Synonym für die Ideensuche geworden – fälschlicherweise. Denn als Kreativmethodik kann das Brainstorming allein nicht viel ausrichten. Im Gegenteil: Es kann sogar schädlich für die Ideensuche sein. Denn immer dann, wenn nicht nur die *Quantität*, sondern auch die *Qualität* von Ideen eine Rolle spielt, sind im Prinzip alle der genannten vier Grundregeln kontraproduktiv:

1. *Keine Kritik an anderen Beiträgen:* Dieses Prinzip ist zwar in der Diskussion hilfreich, doch gerade zu Beginn ist es wichtig, dass der Moderator klarstellt, welche Art von Ideen gesucht werden und welche Ziele und Kriterien es für deren spätere Bewertung gibt. Wenn dies nicht geschieht, agieren die Teilnehmer in großer Unsicherheit und nennen entweder Ideen, die am Ende nicht gebraucht und umgesetzt werden können, oder sprechen Ideen aus Zweifel gar nicht erst aus, da ihre Relevanz bzw. „Richtigkeit" nicht vorher evaluiert werden kann. Letzteres ist insbesondere zu beobachten, wenn verschiedene Hierarchiestufen im Brainstorming anwesend sind.

2. *Quantität geht vor Qualität – je mehr Ideen, umso besser:* Wenn mehr Ideen mehr *falsche* Ideen sind, die am Ende weder Kundenfit noch Traktion erfüllen, nützt auch deren hohe Anzahl nichts. Ein Fokus auf die Qualität von Ideen ist hier sinnvoller.

3. *Je ausgefallener der Einfall, umso besser:* Diese Grundregel ist der Vorläufer des Out-of-the-box-Denkens und entsprechend ungeeignet, wenn es darum geht, passende Ideen zu finden. Auch wenn jede noch so verrückte Idee eine Inspiration für eine Lösung sein kann, sollte in diesem Prozessschritt nun der Fokus auf der Suche nach Ideen liegen, die möglichst gut zur Aufgabenstellung passen. Schließlich sollen die kreativen Ressourcen effizient genutzt werden.

4. *Andere Ideen einbeziehen und darauf aufbauen:* Diese Regel erscheint zunächst sinnvoll, um von ersten Inspirationen zu genaueren Ideen zu kommen, birgt aber die Gefahr, dass mögliche andere Lösungen gar nicht erst zur Sprache kommen. Eine Kombination und Weiterentwicklung sollte entsprechend erst nach (oder am Ende) der initialen Ideensuche passieren.

Auch das grundlegende Setup beim Brainstorming ist problematisch: Durch die Diskussion in der Gruppe beeinflussen einige Teilnehmer die gesamte Richtung der Diskussion. Dieses als „Anchoring" bekannte Phänomen tritt dann auf, wenn dominante Teilnehmer die Diskussion an sich reißen. Hinzu kommt, dass Teilnehmer in der Regel ihre eigene Ideensuche unterbrechen, wenn andere Teilnehmer ihre Ideen erläutern. Zudem führen – insbesondere im beruflichen Kontext – Hierarchien und Konkurrenzdenken oft zu Hemmungen bei Teilnehmern.[127]

Die Tatsache, dass das Brainstorming ein möglichst „freies" bzw. großes Suchfeld benötigt, zeigt in Kombination mit den oben beschriebenen methodischen Problemen und kontraproduktiven Grundprinzipien, dass es damit quasi unmöglich wird, systematisch passende Ideen zu produzieren.

Dass die Methodik dennoch immer wieder in dieser oder ähnlicher Form Verwendung findet, liegt insbesondere daran, dass immer noch zu sehr auf die Quantität der Ideen als Erfolgsindikator geachtet wird. Diese Fehleinschätzung geht bis auf die Anfänge des Brainstormings zurück, behauptet doch Osborn bei der Einführung seiner Methodik: „Es ist quasi ein Axiom, dass Quantität zu Qualität in der Ideation führt. Logik und Mathematik sind auf Seiten der Wahrheit, dass je mehr Ideen wir produzieren, umso eher welche gefunden werden, die gut sind."[129] Aber ist dies tatsächlich so?

Zahlreiche Untersuchungen zeigen: Mehr Ideen sind nicht mehr gute Ideen. Im Gegenteil: Entgegen der allgemeinen Überzeugung nimmt die Qualität der Ideen mit zunehmender Anzahl sogar ab! Eine Studie von Reinig und Briggs zeigt dies sehr anschaulich:[130] Im Test sollten 14 Gruppen à fünf Studenten in 40 Minuten langen „Brainstormings" Ideen erzeugen. Das Ergebnis: In allen 14 Sessions nahm die Qualität der Ergebnisse mit einer höheren Anzahl von Ideen ab (siehe Abbildung 31).

Die Verwendung von Kreativitätsmethoden, die insbesondere auf eine Erhöhung der Quantität von Ideen abzielen, ist für effiziente Innovationen entsprechend ungeeignet. Stattdessen sind Quantität *und* Qualität im Sinne von möglichst vielen diversen, aber passenden Ideen, das Ziel.[131] Aber ist

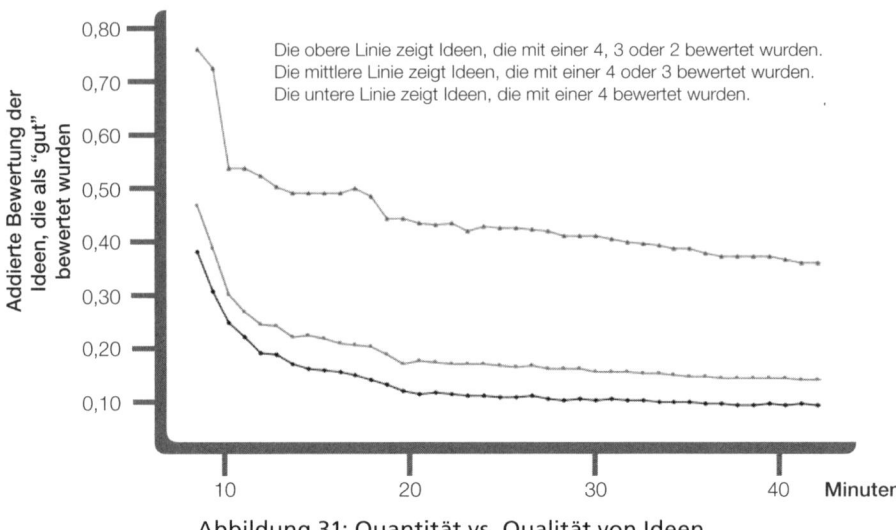

Abbildung 31: Quantität vs. Qualität von Ideen

dies überhaupt möglich, wenn diese Ideen auch noch den definierten Zielen und Kriterien entsprechen sollen?

Überraschenderweise helfen Einschränkungen dabei, Quantität und Qualität von Ideen zu steigern. Es mag zwar auf den ersten Blick sinnvoll erscheinen, bei der Ideensuche möglichst wenige Restriktionen vorzugeben. Schließlich sollen ja keine Ideen ausgeschlossen und die Teilnehmer nicht in ihrem Denken eingeschränkt werden. Doch wer den Serienhelden „MacGyver" aus den 80er-/90er-Jahren noch kennt, erinnert sich, dass dessen überraschende und innovative Lösungen zur Befreiung aus den unmöglichsten Situationen stets aus den vorliegenden Limitationen heraus entstanden. Ohne diese Limitationen wäre wohl kein Lügendetektor aus einem Blutdruckmessgerät, einem Stethoskop und einem Wecker gebaut worden. Ist es also tatsächlich einfacher, diverse und passende Ideen zu finden, wenn „frei" gedacht wird? Oder ist das genaue Gegenteil der Fall? Eine kleine Übung kann diese Frage beantworten:

Nehmen Sie sich fünf Minuten Zeit, und entwickeln Sie eine neue Geschäftsidee.

Fertig? Wie viele Geschäftsideen haben Sie gefunden? Wie viele davon sind Ihrer Meinung nach tatsächlich innovativ? Nun wiederholen Sie die Übung noch einmal, jedoch mit der folgenden veränderten Fragestellung:

Entwickeln Sie eine neue Geschäftsidee für junge Touristen in den Bergen, die sich für weniger als 1.000 Euro umsetzen lässt.

In der zweiten Übung sollten Sie nun eine höhere Anzahl, in jedem Fall aber neuartigere Ideen gefunden haben als zuvor.

Die spezifischere Aufgabenstellung sowie die vorgegebene Limitierung sorgen bereits für Inspirationen und lenken das Denken in eine konkrete

Richtung. Es findet also eine Suche inside-the-box statt. Und diese ist tatsächlich einfacher – vor allen Dingen aber produktiver – als eine Ideensuche ohne jegliche Einschränkungen.

Dies zeigt auch das Ergebnis eines Forscherteams, das z. B. untersuchte, wie Menschen neue Rezepte und Produkte entwickelten oder wie sie Spielzeuge reparierten. Wenn diese dabei durch ein Budget limitiert wurden, waren sie deutlich einfallsreicher als ohne eine entsprechende Einschränkung.[132] Dies liegt daran, dass es quasi unmöglich ist, in einem unbeschränkten Raum innovative Ideen zu generieren. Wo soll gesucht werden? Wonach? Welche Richtungen sind gut, welche sind schlecht? Ohne eine spezifische Aufgabenstellung und passende Limitierungen muss sich das Gehirn diese Fragen zunächst selbst beantworten, bevor es Ideen generieren kann. Anschließend wählt es den einfachsten Weg zur Lösung. Vorgegebene Restriktionen und Limitierungen fokussieren die mentale Energie dagegen direkt auf die Lösungsfindung und inspirieren so zu innovativeren Lösungen, da nicht der „einfachste" Weg gewählt werden kann.

Dennoch stehen Unternehmen einer Einschränkung des Suchfeldes oftmals ablehnend gegenüber. Schließlich könnte eine solche Einschränkung dafür sorgen, dass nicht genug Ideen gefunden werden, so die Sorge. Doch das Arbeiten inside-the-box schränkt das quantitative Potenzial bei der Ideensuche nicht ein. Neben einer Vielzahl wissenschaftlicher Studien lässt sich dies auch anhand einer einfachen mathematischen Formel zeigen:

$0 < x < 1 = 0 < x < \infty$.

Die Formel drückt aus, dass es zwischen *0 und unendlich* genauso viele mögliche Lösungen gibt wie zwischen *0 und 1*. Und so ist es auch bei Ideen: Im begrenzten Raum können genauso viele Lösungen (die noch dazu allen Kriterien entsprechen) gefunden werden wie auf der grünen Wiese. Der Vorteil: Diese sind potenziell auch alle umsetzbar und haben einen hohen Kundenfit.

Eine systematische Ideation mit spezifischen Aufgabenstellungen in einem eingegrenzten Raum („inside-the-box") ist daher deutlich erfolgsversprechender als die Suche nach Out-of-the-box-Ideen auf der grünen Wiese. Wenn dies verstanden ist, gilt es nun „nur" noch, die dort liegenden Ideen auch zu finden.

Kreativität alleine ist für die Suche nach Inside-the-box-Ideen nicht ausreichend. Die in die „Box" passenden Ideen müssen vielmehr systematisch „getriggert" werden. Dazu müssen die möglichen Lösungsrichtungen im begrenzten Raum zielgerichtet offengelegt werden. Das heißt: Auf der einen Seite werden den Ideation-Teilnehmern möglichst viele Einschränkungen vorgegeben, um deren Ideen systematisch in die richtige Richtung zu lenken. Und auf der anderen Seite werden ihnen möglichst viele unterschiedliche Inspirationen und Informationen zur Verfügung gestellt, damit sie das Problem aus vielen unterschiedlichen Perspektiven bzw. Dimensionen heraus bearbeiten können.

Statt wie bei der Ideensuche auf der grünen Wiese in einer unbegrenzten Breite zu denken, wird also quasi in die Tiefe gearbeitet. Auf diese Weise können Quantität *und* Qualität im Sinne möglichst vieler passender und diverser Ideen sichergestellt werden. Dies geschieht in **strukturierten Ideation-Workshops**, für die eine klare Aufgabenstellung, passende Hilfsmittel, ein systematischer Ablauf sowie die richtigen Teilnehmer benötigt werden.

Im Kontext der vorherigen Schritte des Innovationsprozesses ist bereits eine wichtige Basis für diese Ideation-Workshops gelegt worden. Denn zum einen liegt eine starke inhaltliche Fokussierung bis zum relevantesten Pain Point vor (durch die Prozessschritte *Configuration* und *Customization*). Zum anderen ist eine ausreichende Anzahl an Inspirationen und Informationen zur gezielten Bearbeitung des Pain Points vorhanden (durch den Prozessschritt *Compilation*).

Zunächst gilt es, die **Aufgabenstellung für die Ideation-Teilnehmer zu spezifizieren**. Diese leitet sich aus dem Innovationspotenzial, dem ausgewählten Pain Point sowie der anvisierten Zielgruppe ab. In einer einfachen Formel lautet diese somit:

Aufgabe = (Innovationspotenzial) + (Pain Point) + (Zielgruppe),
also z. B. „Innovative Produkte zum einfachen Kochen für alleinlebende Senioren"

Je spezifischer die Aufgabenstellung formuliert werden kann, desto besser. Denn lässt diese zu viele Fragen bzw. Interpretationsspielräume offen (ist also das Suchfeld zu groß), führt dies bei den Teilnehmern schnell zu Unsicherheit.

Es empfiehlt sich, den Teilnehmern bereits einige Tage vor der Ideation-Session die Aufgabenstellung mitzuteilen, um frühzeitig einen entsprechenden „Reiz" im Gehirn zu setzen. Durch dieses sogenannte Priming sammeln die Teilnehmer unterbewusst bereits Inspirationen zur Lösung der Aufgabenstellung im Alltag. Denn der gesetzte „Reiz" im Gehirn beeinflusst in der Folge die Verarbeitung nachfolgender Reize.[133] Die Kraft des unterbewussten Primings zeigt sich in vielen psychologischen Tests. Wenn beispielsweise ein Wort vervollständigt werden soll, kann durch begleitende Bilder einfach gelenkt werden, welches Wort gewählt wird. So wird *so_p* als *soap* geschrieben, wenn Bilder vom Bad gezeigt werden, aber als *soup* benannt, wenn Essensbilder vorliegen. Ähnlich funktioniert auch das Priming für die Ideation, indem durch die Aufmerksamkeit für die Aufgabenstellung Dinge im Alltag unterbewusst gezielter wahrgenommen werden.

Entsprechend der Aufgabenstellung müssen dann **passende Hilfsmittel** vorbereitet werden. Dies sind zum einen die im Rahmen der *Compilation* erarbeiteten Inspirationen und zum anderen inhaltliche Parameter bzw. deren Ausprägungen. Diese werden im Folgenden auch als Hilfsachsen bezeichnet. Beides dient dazu, möglichst viele unterschiedliche Lösungsrichtungen innerhalb der Aufgabenstellung aufzuzeigen und so die Ideensuche im begrenzten Raum systematisch zu erweitern. Sie sorgen somit für die Multidimensionalität der Ideation.

Die im Rahmen der *Compilation* gesammelten Inspirationen müssen – falls noch nicht erfolgt – für die Ideation-Session so aufbereitet werden, dass ein kurzer Blick bzw. eine knappe Erläuterung durch den Moderator ausreichend sind, um diese zu verstehen. Die einzelnen Inspirations-Kategorien (Best Practices, analoge Beispiele, Zukunft) sollten dabei sauber voneinander abgegrenzt werden.

Wie die Inspirationen müssen auch die **Hilfsachsen passend zur Ideation-Session vorbereitet bzw. ausgewählt werden**. Eine Hilfsachse bezeichnet dabei einen bestimmten *Parameter*, die konkrete „Hilfestellung" (der Lösungsansatz) wird durch die zur Aufgabenstellung passenden *Ausprägungen* dieses Parameters ermöglicht. Der zu Beginn des Projektes angefertigte morphologische Kasten kann hier erste relevante Inhalte liefern. Als Startpunkt können erneut die W-Fragen als Parameter bzw. Hilfsachsen dienen. Insgesamt sind die Möglichkeiten für inspirierende Hilfsachsen jedoch nahezu unbegrenzt (siehe Abbildung 32).

Um die Hilfsachsen in der Ideation-Session flexibel nutzen zu können, bietet es sich an, die einzelnen Ausprägungen auf Karten zu notieren und nach ihrem jeweiligen Parameter zu sortieren. So kann das Kartenset zur Hilfsachse „Wo" z. B. Karten mit diversen Touchpoints und Orten enthalten. Ein anderes Kartenset könnte hingegen durch Zufallswörter, verschiedene Geschäftsmodell-Mechaniken oder Zielgruppensegmente inspirieren usw.

Wer (Zielgruppe)	Rentner	Teenager	Nachbarn	Gruppen	WGs	...
Wo (Orte)	Zuhause	im Urlaub	in der Bahn	Bei der Arbeit	im Weltall	...
Was würde X tun	Apple	Amazon	Tesla	Netflix	Alibaba	...
Warum (Bedürfnis)	Ruhm	Spaß	Gutes Gefühl	Unabhängigkeit	Spannung	...
Was (Mehrwert)	Add-On	Kostenersparnis	Beschleunigung	Peace of Mind	Funktionsfähigkeit	...
Geschäftsmodelle	Abonnement	Leasing	Finanzierung	Open Source	Pay as you go	...
Zufall	Rot	Sauna	Weltraum	schnell	billig	...
Lateral	Ohne Budget	Mit 1 Mio. €	Nicht zu kaufen	Nur 1 Stück auf der Welt	Ohne Zeit	...
...	...	...	...	...	...	...

Abbildung 32: Beispielhafte Hilfsachsen

Der **Ideation-Workshop hat einen strukturieren Ablauf,** um systematisch die passenden Ideen zu „produzieren". Haben sich die Teilnehmer für den Ideation-Workshop eingefunden, müssen diese zunächst mit zusätzlichen Informationen auf die anstehende Aufgabe vorbereitet werden. Erstens gilt es, ihnen ein möglichst gutes Verständnis für den in der Aufgabenstellung genannten Pain Point sowie das entsprechende Innovationspotenzial und die anvisierte Zielgruppe zu vermitteln. Zweitens benötigen die Teilnehmer ein ausreichendes Verständnis für die Rahmenbedingungen der Aufgabenstellung. Dazu ist die Kenntnis der definierten Ziele, Kriterien und ggf. weiterer wichtiger Restriktionen oder Traktionsfaktoren entscheidend. Nur auf diese Weise können die Teilnehmer stets sicher sein, dass ihre Ideen in die richtige Richtung gehen; sie müssen sich darüber nicht während des Ideation-Workshops den Kopf zerbrechen. Je nach Kenntnisstand der Teilnehmer kann zudem eine Beschreibung des Unternehmens bzw. des Unternehmensbereiches sowie dessen Produkte, Services und Geschäftsmodell und des Marktes hilfreich sein. Visuelle und physische Objekte, z. B. zu Marken und Produkten, können dies ergänzen. Sind die Teilnehmer entsprechend vorbereitet, kann die tatsächliche Ideensuche beginnen.

Bei der systematischen Ideensuche sorgen nicht bestimmte Kreativitätstechniken, sondern eine systematische Strukturierung in Bezug auf den zeitlichen und inhaltlichen Ablauf der Ideensuche für die größtmögliche Quantität *und* Qualität passender Lösungen. Die Systematik der Strukturierung folgt dabei dem Ziel, im Laufe des Workshops immer wieder neue, anders geartete Ideen zu „produzieren". Dazu gilt es, die einzelnen Bestandteile des Workshops möglichst divers zu gestalten: Verschiedene Varianten der Aufgabenstellung werden – in Kombination mit wechselnden Hilfsmitteln – durch unterschiedlich besetzte Gruppen bearbeitet, unter Zuhilfenahme immer wieder anderer Methoden. Auf diese Weise wird systematisch vermieden, dass durch unterbewusstes Kopieren immer wieder die gleichen Ideen entstehen.

Konkret werden in mehreren „Runden" verschiedenen Varianten der Aufgabenstellungen bearbeitet – in der immer gleichen (im Folgenden beschriebenen) Abfolge, allerdings mit variierenden Bestandteilen (siehe Abbildung 33).

Ein Ideation-Workshop folgt fünf Phasen:

I. *Aufgabenstellung:* In jeder „Runde" wird die Aufgabenstellung durch einen neuen konkreten Fokus (Parameter) ergänzt, z. B. durch einen bestimmten Touchpoint (bspw. im Supermarkt, zuhause, bei der Arbeit) oder Zeitpunkt (bspw. im Sommer, morgens, in der Nacht) etc. Auf diese Weise wird zwar immer am ausgewählten Pain Point im identifizierten Innovationspotenzial gearbeitet, aber dennoch in immer wieder neue Richtungen gedacht. Falls mehrere Pain Points zur Bearbeitung ausgesucht wurden, können diese entsprechend als unterschiedliche Aufgabenstellungen dienen. Für die Auswahl der Fokussierung empfiehlt es sich, auf den mor-

Action

Abschluss der Runde durch ein kurzes „Actionspiel", um die Teilnehmer zu entspannen und den Kopf „frei" zu bekommen.

Ideation-Workshop

Aufgabenstellung

Startpunkt ist stets die Aufgabenstellung, die mithilfe einer bestimmten Fokussierung von Runde zu Runde variiert wird.

Inspirationen

Geleitetes Gruppenbrainstorming unter Verwendung der analogen Beispiele und Zukunftsinspirationen als neue „Trigger".

Best Practices

Präsentation von Best Practices im gesamten Teilnehmerkreis zur Inspiration sowie zum Ausschluss bereits existierender Lösungen.

Ideation

Generierung neuer Lösungs-Ideen zum Pain Point in mehreren Einzel- und Kleingruppen-Sessions inkl. Unterstützung durch die Hilfskarten.

Abbildung 33: Ideation-Workshop

phologischen Kasten aus der *Configuration* und die White Spots aus der *Compilation* zurückzugreifen.

II. *Best Practices:* Zum Auftakt jeder Runde können dem gesamten Teilnehmerkreis passende Best Practices zur spezifischen Aufgabenstellung (aus der *Compilation*) gezeigt und diese gemeinsam diskutiert werden. Dies dient auf der einen Seite der Inspiration der Teilnehmer. Denn auch bereits bestehende Lösungsansätze können völlig neue Ideen „triggern". Auf der anderen Seite wird sichergestellt, dass bereits vorhandene Lösungen und Normideen von der folgenden Ideensuche ausgeschlossen werden.

III. *Ideensuche:* Hierbei gilt es für die Teilnehmer, unter Zuhilfenahme der Hilfsachsen möglichst konkrete neue Ideen zu generieren. Dazu erhält jeder Teilnehmer zunächst passende Hilfskarten. Anschließend werden in mehreren aufeinanderfolgenden Ideen-Sessions à jeweils 10 bis 30 Minuten Ideen entwickelt. Diese Kurz-Einheiten folgen dabei einer sogenannten Hybrid Structure:[134] Dabei starten die Teilnehmer zunächst alleine mit einem sogenannten Brainwriting. Dies gibt ihnen Zeit, selbst Ideen zu entwickeln bzw. weiterzuentwickeln. Anschließend werden in kleinen Gruppen weitere Ideen generiert. Die Gruppenzusammensetzung sollte dabei in jeder Ideen-Session unterschiedlich sein. Eine Gesamtgruppe von sechs Personen kann z. B. immer wieder in verschiedene Zweier- und Dreiergruppen aufgeteilt werden. Dies ist wichtig, um ein hohes Engagement der Teilnehmer aufrechtzuerhalten, mehr – und unterschiedlichere – Ideen zu produzieren und den Einfluss durch dominante Teilnehmer einzuschränken. Zu jeder Zeit können Teilnehmer dabei auf ihre Hilfskarten zurückgreifen. Dazu wird jeweils eine Hilfskarte als Inspiration aufgedeckt. Nicht jede Karte ist dabei immer passend oder inspirierend. Doch spätestens nach Aufdecken mehrerer Hilfskarten gibt es in der Regel einen „Trigger", der zu einer neuen Idee führt. Die Ideensuche in der Kleingruppe scheint zunächst dem vorher kritisierten Brainstorming ähnlich. Durch die spezifische Aufgabenstellung, das vorherige Brainwriting, die Hilfsmittel und wechselnde Gruppen können dessen größten Nachteile jedoch ausgeschaltet werden. Und es bleibt die gegenseitige Inspiration als relevanter Vorteil dieser Methodik. Zum Abschluss der Ideen-Sessions können einzelne, von den Teilnehmern als besonders spannend eingestufte Ideen noch einmal in der Gesamtgruppe diskutiert werden, um ggf. für weitere Inspiration zu sorgen.

IV. *Inspirationen:* Während der Ideensuche haben die Teilnehmer Ideen zur vorgegebenen Aufgabenstellung erarbeitet – aus den verschiedensten Perspektiven, unter Zuhilfenahme diverser Hilfskarten, in unterschiedlichsten Konstellationen. Doch das Ideenpotenzial ist dadurch noch nicht völlig erschöpft. Jetzt kommen die im Rahmen der *Compilation* identifizierten analogen Lösungen zum Pain Point sowie relevante Inspirationen aus der Zukunft zum Einsatz. Diese wirken als zusätzlicher, völlig neuer „Trigger" bei den Teilnehmern und können so – auch nach der bereits intensiven Beschäftigung mit der Aufgabe – oftmals zu zusätzlichen, ganz neue Ideen führen. Diese Inspirations-Sessions sind insbesondere dann entscheidend, wenn in White Spots gearbeitet wird. Schließlich sind in diesem Fall ja per Definition keine Best Practices aus dem bestehenden Markt vorhanden.

V. *Action:* Zum Ende einer jeden Runde sorgt eine kurze Unterbrechung, möglichst in Kombination mit einem „Actionspiel", dafür, dass die Köpfe wieder frei werden – ähnlich wie die berühmte Kaffeebohne beim Testen von verschiedenen Parfüms. Je nach Teilnehmerkreis können z. B. kleine Wettbewerbe, Schnelligkeits- oder Geschicklichkeitsspiele durchgeführt werden (wie beispielsweise „Montagsmaler" oder „Scharade"). Anschließend geht es mit einer neuen Variante der Aufgabenstellung auf in die nächste Runde des Ideation-Workshops.

Wenn dem beschriebenen Ablauf über mehrere Runden gefolgt wird, ist die Wahrscheinlichkeit sehr hoch, eine hohe Anzahl passender und diverser Lösungen zu generieren. Wenn zudem darauf geachtet wird, dass die einzelnen Ideen möglichst konkret in einem klaren Satz auf Post-its notiert wurden, ist genügend Rohmaterial für die weiteren Schritte vorhanden.

Eine Frage aber bleibt: Ist bei solch einem strukturierten Ablauf die Ideation dennoch spaßig und „sexy"? Wir haben festgestellt: Ja, aber auf eine – für Kreativ-Sessions – ungewohnte Weise. Der Spaß entsteht nicht dadurch, „rumspinnen" zu können und die verrücktesten Ideen laut auszusprechen. Sondern aus dem Gefühl heraus, extrem viel in vergleichsweise kurzer Zeit geschafft zu haben – ohne dass die Mühe dabei bemerkbar war. Der beste Beweis: Teilnehmer unserer Workshops sind immer wieder überrascht, wenn sie für die Teilnahme bezahlt werden, weil sie davon ausgehen, dass eine solche Erfahrung schon Belohnung genug sei.

Basierend auf der gründlichen Vorbereitung kann mit diesem Ablauf nun also der Ideation-Workshop durchgeführt werden. Bleibt nur noch die Frage, wer eigentlich eingeladen werden sollte.

Teilnehmer der Ideation-Session sind keine Experten. Dies mag überraschend sein, scheint es doch oftmals fast unmöglich zu sein, Ideen und Lösungen für einen Bereich zu entwickeln, in dem man sich nicht auskennt. In fast jedem Projekt hören wir die Aussage: „Die Branche ist so speziell, die wird kein Außenstehender verstehen". Dennoch konnten wir in über 50 Projekten jedes Mal mit komplett branchenfremden Teilnehmern relevante Lösungen generieren. Experten bzw. Mitarbeiter des entsprechenden Unternehmensbereiches können zwar in der Regel gut inkrementelle Verbesserungen entwickeln. Doch für innovativere Lösungsansätze sind sie oftmals zu sehr in ihren Denkmustern gefangen. Daher empfiehlt es sich, möglichst außenstehende Teilnehmer zur Ideation-Session einzuladen. Diese sollten zumindest aus einem Innovationsteam des Unternehmens kommen, bestenfalls aber von außerhalb des Unternehmens.

Um die passenden Teilnehmer für die Ideation zu identifizieren, hilft das Bild des „neugierigen, kreativen Generalisten" (siehe Kapitel 3.2). Dies sind Personen, die nicht aus einem spezifischen Themengebiet kommen, sondern stattdessen über passende Softskills verfügen. Sie sind an einer Breite von Themen interessiert und können dadurch immer wieder auf ganz verschiedene Inspirationen bzw. „Punkte" zurückgreifen, die sie zu neuen Ideen verbinden. Auch wenn dies in der Ideation-Session bereits systematisch simuliert wird, braucht es dennoch eine gewisse breite Bildung und kreative Kompetenz bei den Teilnehmern, um aus den vorgegebenen Inspirationen auch tatsächlich Ideen zu generieren. Mit einer Handvoll solcher Teilnehmer können dann im Ideation-Workshop Ideen ausgearbeitet werden, die im nächsten Schritt zu konkreten Lösungen weiterentwickelt werden können.

2.4.2 Ohne Fleiß kein Preis

Eine Idee ist 1 Prozent Inspiration und 99 Prozent Schweiß – sprich: harte Arbeit. Dies stellte schon Edison fest, und mit über 1.000 Patenten wusste er, wovon er sprach. Er selbst sagte einst: „Die meisten meiner Ideen gehörten ursprünglich Leuten, die sich nicht die Mühe gemacht haben, sie weiterzuentwickeln."

Das Manko der fehlenden Weiterentwicklung ist in vielen Innovationsprozessen immer wieder zu finden. Da schaut man nach einem Brainstorming zufrieden auf die Wände voller Post-its. Die aufwändige (aber auch lohnenswerte) Arbeit, diese im Anschluss zum bestmöglichen Konzept weiterzuentwickeln, passiert allerdings oft nicht mehr oder nur halbherzig.

Dieses Problem der fehlenden Weiterentwicklung ist weit verbreitet. Der erste Patentanspruch für ein Mobiltelefon ist aus dem Jahr 1906. Es hat also

70 Jahre gedauert, um die ursprüngliche Idee tatsächlich zur Umsetzung zu bringen. So zeigt sich immer wieder, dass es vergleichsweise einfach ist, eine Idee zu finden, aber die eigentliche Herausforderung darin liegt, diese tatsächlich umsetzbar zu machen.[135] Dabei besteht der Mangel jedoch nicht, wie oftmals vermutet, bei der generellen Umsetzungsfähigkeit. Im Gegenteil: Dies ist eine Kernkompetenz großer Unternehmen. Vielmehr fehlt einfach eine ausreichende Anzahl *passender* und *gereifter* Ideen.

Und so ist die Diagnose frustrierter Manager „Ideen haben wir genug, das Problem ist die Umsetzung" in der Regel falsch. Denn hierbei wird der Maßstab oft ausschließlich auf die *Quantität* vorhandener Ideen gelegt. Wie ausführlich in den vorigen Kapiteln erläutert, geht es aber um deren *Qualität* sowie deren ausreichenden „Reifegrad" im Sinne eines durchdachten und vollständigen Konzeptes.

Selbst wenn nach dem Brainstorming weiter an den Ideen gearbeitet wird, wird an der „Denkarbeit" der Konzeption gerne gespart. Schließlich sollen möglichst schnell Prototypen entwickelt und am Kunden getestet werden. Doch dann bestimmt auch nur der Kunde, wie die Idee genau auszusehen hat. Viele Aspekte, die für das Unternehmen bzw. die tatsächliche Umsetzung der Idee relevant sind, bleiben dann unberücksichtigt.

Bevor es in die Validierung mit dem Kunden geht, empfiehlt es sich daher, sich an Edison zu halten und die Ideen zunächst „fleißig" zu Innovationskonzepten weiterzuentwickeln. Dabei müssen diese nicht unbedingt wie Edison's Konzept für eine Glühbirne 40.000 Seiten umfassen. Einige wenige, aber detaillierte Seiten sind völlig ausreichend.

Diese *Konzeptionsphase* bildet die Grundlage für den späteren Umsetzungserfolg. Stellen Sie sich zwei Maler vor. Einer erzählt von einem tollen Gemälde. Der andere hat die gleiche Vision und malt das Gemälde. Letzterer kann sich in jedem Fall als erfolgreicher Künstler bezeichnen. Der Erste auch? Nein, denn er hat nur die Inspiration, vollbringt aber nicht die Arbeit. In Unternehmen wird jedoch – auch befeuert durch zahlreiche Kreativitätsbücher, Workshops, Vorträge und Artikel – oftmals die Idee für ein Gemälde mit dem Gemälde selbst verwechselt.[136] In der Folge wird dann die Idee an die verantwortliche Abteilung gegeben mit der Bitte, sie umzusetzen und zu verkaufen. Aber haben Sie schon einmal versucht, ein Bild auf Basis eines Post-its zu malen? Vermutlich würden Sie bald aufgeben.

Um die Umsetzung zu erleichtern, sollte das Gemälde zumindest skizziert, die Farben festgelegt, die Maltechniken und die Leinwand bestimmt werden usw. Und es sollten idealerweise bereits verschiedene Skizzen und Pläne verglichen und die beste Variante zur Umsetzung ausgewählt worden sein. Das tatsächliche Malen kann *dann* auch ein anderer übernehmen.

Bezogen auf den Unternehmenskontext heißt das: Wenn keine Konzeptionsarbeit erfolgt, werden Ideen wahrscheinlich auch nicht umgesetzt. Jede Idee bedeutet zunächst einmal Mehrarbeit und neue Probleme für die „Umsetzer". Wenn dann noch nicht einmal klar ist, wie die Umsetzung der Idee genau erfolgen soll, ist deren Scheitern oftmals vorprogrammiert.

Die Konzeption stellt dabei nicht nur sicher, dass die Ideen auch tatsächlich umsetzbar sind und somit eine hohe potenzielle Traktion haben. Es werden oft auch erst in der Detailarbeit und Weiterentwicklung die spannendsten Aspekte der Idee gefunden, die für einen möglichst hohen Kundenfit sorgen. Dies erhöht entsprechend signifikant die Qualität der Idee, was für den späteren Erfolg der Innovation entscheidend ist.[137]

So ergab z. B. eine Studie von Neuproduktentwicklungen in 272 Unternehmen, dass neben dem Ideenentwicklungsprozess und der Arbeit mit Stakeholdern eben auch die *Konzeptentwicklung* einer der entscheidenden positiven Einflussfaktoren in Bezug auf den späteren Produkterfolg, die Umsetzungszeit, die Marktdurchdringung und den finanziellen Erfolg einer Innovation war.[138]

Abschließend lässt sich festhalten, dass die Umsetzung meist nur dann ein Problem ist, wenn die zugrunde liegende Idee unzureichend ausgearbeitet ist (und qualitativ den Anforderungen von Kunden- und Unternehmensseite nicht gerecht wird). Wenn die Ideation jedoch nicht nur als kreative Ideenfindung, sondern auch als analytische Vorbereitung der Umsetzung genutzt wird, kann die Umsetzung mit deutlich höherer Wahrscheinlichkeit gelingen. Entsprechend sollten nicht kreative Ideen das Zielergebnis der Ideation sein, sondern konkrete Innovationskonzepte.

Nur die besten Ideen werden zu Konzepten weiterentwickelt. Das Ergebnis der im letzten Kapitel beschriebenen Ideation-Workshops sind in der Regel Hunderte unterschiedlicher Einzelideen auf Post-its. Diese gilt es, systematisch zu erfassen und zu vervollständigen, um auf dieser Basis eine Entscheidung für die besten Ideen zur Weiterentwicklung zu Innovationskonzepten zu treffen.

Im ersten Schritt ist dazu wichtig, **sämtliche „produzierten" Ideen-Post-its in einer vollständigen Ideenliste (Tabelle) zu notieren.** Jede einzelne Idee sollte hier mit einem Titel sowie einer zusätzlichen kurzen Beschreibung erfasst werden. Da die Post-its selbst oft nur einen Satz (also eher den Titel der Idee) enthalten, passiert bereits beim Übertragen der Ideen in der Regel eine erste konzeptionelle Arbeit. Hier geht es darum, die Idee im Sinne einer kurzen Beschreibung noch einmal in Worte zu fassen. Da dies auf Basis der Post-its nicht immer einfach ist, sollte derjenige, der die Aufgabe erhält, die Ideenliste zu erstellen, bei den Ideation-Workshops zumindest anwesend sein. Denn in der Regel werden dort immerhin die relevantesten Ideen in der gesamten Gruppe diskutiert. Bei der Erstellung der Ideenliste ist zudem entscheidend, ähnliche oder zueinander passende Ideen direkt zu einer größeren Lösung zusammenzufassen. Dies verhindert auch automatisch Doppelungen.

Ist die Ideenliste einmal erstellt, empfiehlt es sich, die einzelnen Ideen dort von möglichst vielen unterschiedlichen Personen aus dem Projektteam kom-

mentieren und weiterentwickeln zu lassen. Abschließend gilt es, alle Ideen durch das Projektteam anhand der potenziellen Zielerreichung intuitiv zu bewerten, um die besten Ideen für die Weiterentwicklung zu Innovationskonzepten zu selektieren.

Für die **Anfertigung der Innovationskonzepte** kommt nun der „Fleiß" ins Spiel. Im Gegensatz zu den eher kreativen Ideation-Workshops steht nun analytisch-genaue Detailarbeit auf dem Programm. Dieser Aufwand lohnt sich, da im Prozess passgenaue Innovationskonzepte entstehen. Diese sollten typischerweise den Kern der Idee sowie sämtliche für das grundlegende Verständnis und die Umsetzung relevanten Informationen enthalten. Entsprechend besteht die Konzeptarbeit zumeist aus einer Kombination von Research, eigenem Nachdenken, Sparring-Sessions zur Weiterentwicklung der Ideen mit anderen sowie vielen Whiteboard- und Computerskizzen. **Folgende Elemente sollten im Zuge der Konzeption erarbeitet werden**, während gleichzeitig auch die Idee selbst sowie deren potenzielle Umsetzung schrittweise konkretisiert werden.

1. *Kern der Idee:* Der Kern der Idee bzw. die Lösung des Pain Points muss klar und verständlich beschrieben sein. Was ist neu? Was ist der Kundenmehrwert? Wie differenziert sich die Lösung von anderen Lösungen? Warum ist diese Lösung glaubwürdig? Um diese Fragen zu beantworten, können die Ideen im Schema *Insight – Benefit – Reason to believe* beschrieben werden. Der *Insight* beschreibt dabei den Pain Point, z. B. mit einem spezifischen Zitat und einer Statistik aus der *Customization*. Der *Benefit* beschreibt die konkrete Lösung durch die Idee. Und der *Reason to believe* baut auf Traktionsfaktoren (im Sinne bestehender Unternehmens-Kompetenzen, Marken, Glaubwürdigkeit für das Thema etc.) und Kundenfaktoren (wie z. B. Trends und Marktentwicklungen) aus der *Configuration* bzw. ausgewählte Inspirationen aus der *Compilation* auf, um die Glaubwürdigkeit und Sinnhaftigkeit der Idee aus Kunden- und Unternehmensperspektive zu unterstreichen. Die Lösung sollte dabei immer im Kern eine Besonderheit enthalten, die sie einzigartig macht. Diese Besonderheit sollte sich bestenfalls bereits im Titel der Idee wiederfinden. Dazu muss die Idee meist über den ursprünglichen Post-it hinaus weiterentwickelt werden. Tools wie der Value Proposition Canvas[139], aber auch die Inspirationen und Parameter aus den vorigen Prozessschritten können dazu den notwendigen Input liefern. Der Austausch mit anderen Projektmitarbeitern oder auch dem Netzwerk über eine spezifische Idee hilft ebenfalls dabei, neuen Input zu der Idee einzusammeln. Um deren Umsetzbarkeit sowie eine bestmögliche Traktion sicherzustellen, sollte die Idee zudem noch einmal konkret in Bezug auf die positiven und negativen Traktionsfaktoren aus der *Configuration* überprüft werden. Die Traktionsfaktoren des Unternehmens sollten auch im gesamten Konzeptionsprozess stets im Hinterkopf bleiben, während die Idee zum Innovationskonzept weiterentwickelt wird.

2. *Customer Journey:* Sobald die grundlegende Idee feststeht, sollte im Anschluss ihr Nutzungserlebnis aus Kundensicht beschrieben werden. Dazu eignet sich in der Regel eine *Customer Journey,* bei der der Ablauf bzw. die Funktionsweise der Lösung schrittweise abgebildet wird. Das Aufzeigen jedes wichtigen Schrittes des Kunden bei der Nutzung der Lösung hilft nicht nur den Adressaten dabei, sich die Idee besser vorzustellen, sondern überprüft auch nochmals den Kundenfit der Idee.

3. *Business Model:* Das Geschäftsmodell beschreibt auf einfache Weise, wie mit der Lösung Geld verdient werden soll und wie die verschiedenen Wertströme entstehen und zusammenhängen. Dies ist nicht in jedem Innovationsfeld, jedoch in den meisten Fällen relevant. Hierzu wird die Idee aus Unternehmenssicht in verschiedene Elemente aufgeteilt, um deren Wechselwirkung zu betrachten. Besonders gut eignet sich dazu der sogenannte *Business Model Canvas*[140], der es ermöglicht, alle diese Elemente auf einer einzigen Seite übersichtlich darzustellen und zu überprüfen. Dies dient nicht nur dem Verständnis der Idee aus der Unternehmensperspektive, sondern stellt auch nochmals die potenzielle Traktion der Idee sicher.

4. *Lean Business Case:* Auf Basis des Business Models kann eine grobe Einschätzung der Kosten und Erträge erfolgen. Dabei sollte auch ein besonderes Augenmerk auf den anfangs definierten Zielen, Kriterien und KPIs liegen. Wenn z. B. eine Steigerung des Umsatzes besonders wichtig war, sollte sich diese Größe im Business Case wiederfinden. Je nach Idee kann die Erstellung eines ersten groben Business Case sehr herausfordernd sein. Ziel ist es dabei jedoch nicht, alle Zahlen genau im Voraus zu bestimmen. Vielmehr ist an dieser Stelle entscheidend, die Kategorien der entstehenden Kosten und Erträge aufzuführen und ihre Relation zueinander zu betrachten. Neben Recherchen und Benchmarks mit vergleichbaren Lösungen können auch Experten aus dem Unternehmen oder dem Netzwerk dabei helfen, diese Einschätzungen vorzunehmen. Der Lean Business Case prüft einerseits Sinn und Umsetzbarkeit der Idee, erleichtert aber auch den entscheidenden Stakeholdern die Bewertung der Idee sowie die Ressourcenplanung für die Umsetzung.

5. *Umsetzungsplanung:* Um die spätere Umsetzung bereits im Zuge der Konzeption zu vereinfachen, empfiehlt es sich, im Rahmen der Konzeptent-

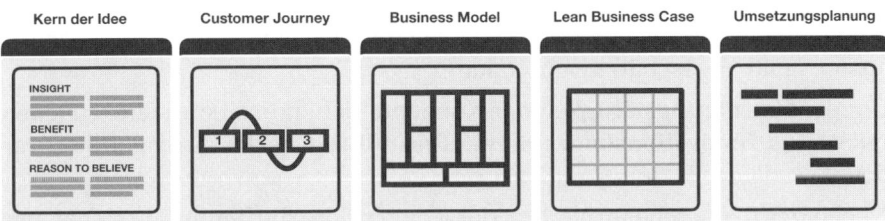

Abbildung 34: Elemente im Innovationskonzept

wicklung einen einfachen Umsetzungs- und ggf. auch Markteintrittsplan anzufertigen. Im Gegensatz zu einem detaillierten Projektplan enthält der Umsetzungsplan zunächst nur die wichtigsten Elemente der Umsetzung. Indem diese um Verantwortlichkeiten, ungefähre Zeitdauer und ggf. Kosten ergänzt werden, kann die Umsetzbarkeit bereits auf Basis des Konzeptes grob überprüft und so auch der Umsetzungsstart deutlich erleichtert werden. Darüber hinaus hilft die Umsetzungsplanung auch dabei, eine erste Einschätzung zur Komplexität der Lösungen vorzunehmen, die gegebenenfalls für die Auswahl der Konzepte von Bedeutung ist.

Mit der Ausarbeitung all dieser Elemente steht das Innovationskonzept inhaltlich auf einer guten Basis für die Umsetzung. Dabei ist zu beachten, dass sich die Inhalte nicht nur einfach linear abarbeiten lassen, sondern in der Regel voneinander abhängig sind. Im Verlauf der Konzeptentwicklung empfiehlt es sich daher, immer wieder zur Idee zurückzukehren, um diese z. B. abhängig von Rechercheergebnissen, Prozessüberlegungen oder Feedbacks zu ergänzen oder zu verändern. Auch sollten die Customer Journey, das Business Model, der Lean Business Case und die Umsetzungsplanung immer wieder überprüft und ggf. angepasst werden. Die Ausarbeitung der Konzepte findet somit in einem stark *iterativen* Prozess statt. Und im Laufe dieses Prozesses entwickelt sich das ursprüngliche Post-it erst zu Skizzen am Whiteboard bzw. Computer und schließlich zu Dokumenten oder Präsentations-Slides mit Bildern, Texten, Tabellen und ggf. intraktiven Grafiken, wie Mockup-Diagrammen oder Wireframes, die dann alle formalen und funktionellen Charakteristika der Lösung enthalten.

Ergebnis der Konzeptarbeit ist in der Regel eine Vielzahl von Innovationskonzepten (oftmals ca. zehn), die ein klares Bild möglicher Lösungen geben. Im besten Fall enthält jedes dieser Konzepte die genannten Elemente. Abhängig von den vorliegenden Ressourcen für die Konzeption kann aber z. B. auch eine Vorauswahl auf Basis der Beschreibung des Kerns der Idee durchgeführt werden, um dann nur wenige Ideen zu kompletten Innovationskonzepten weiterzuentwickeln.

Die Entwicklung von Prototypen, also von einfachen „physischen" (oder digitalen) Versionen der Lösungen, ist zu diesem Zeitpunkt noch nicht zu empfehlen. Das visuelle Konzept reicht für die weitere Validierung und Auswahl im Normalfall zunächst aus. Und mit einem Prototyp besteht immer die Gefahr, dass statt der eigentlichen Idee eher die vorliegende Umsetzung bewertet wird. Prototyping ist während der Konzeptionsphase nur dann notwendig, wenn die Funktionsfähigkeit der Idee ohne einen Prototyp nicht ausreichend abgeschätzt werden kann.

Um die Umsetzungsfähigkeit der Konzepte sicherzustellen, sollte **zu jedem relevanten Innovationskonzept ein „Feasibility-Check"** durchgeführt werden.

Neben der Recherche im Verlauf der Konzeption, die bereits als erste Überprüfung der Umsetzbarkeit (Feasibility) dient, ist abhängig von der Komplexität der Lösung auch ein Check mit Experten ratsam. Insbesondere bei Lösungen mit technologischen Bestandteilen empfiehlt es sich, bereits frühzeitig interne oder externe Experten für die Umsetzung in den Konzeptionsprozess einzubinden. Anhand der vorliegenden Konzepte können diese z. B. die grundsätzliche Funktionsfähigkeit der Lösung, den Lean Business Case oder die Umsetzungsplanung aus ihrer Sicht noch einmal überprüfen. Auf diese Weise wird nicht nur das Potenzial für eine hohe Traktion und schnelle Umsetzbarkeit erhöht, sondern mögliche Umsetzer sind auch bereits frühzeitig „mit im Boot".

Nach diesem grundlegenden Check sollten die Konzepte im nächsten Schritt noch aus Sicht der Zielgruppe und des Unternehmens zur Maximierung von Kundenfit und Traktion bewertet und ggf. erneut angepasst werden, bevor sie in die finale Auswahlrunde zur Umsetzung gehen.

2.4.3 Man kann den Tag auch vor dem Abend loben

Friedrich Schiller schrieb einst: „Man soll den Tag nicht vor dem Abend loben". Im Kontext des Innovationsprozesses erscheint dieses Sprichwort nur allzu sinnvoll. Denn wehe dem, der die Idee bereits vor der Umsetzung lobt. Schließlich erscheint gerade bei Großunternehmen der Weg von einer guten Idee zu deren erfolgreichen Umsetzung als besonders herausfordernd und wenig vorhersehbar.

Doch: Je besser der Erfolg einer Idee bereits vor deren Umsetzung abgeschätzt werden kann, umso geringer ist das mit der Umsetzung verbundene Risiko. Und umso einfacher fällt die Auswahl, welches der erarbeiteten Innovationskonzepte am Ende umgesetzt werden soll. Entsprechend ist es ratsam, bereits „vor dem Abend" ein Lob (oder auch einen Tadel) für die verschiedenen Innovationskonzepte einzusammeln. Diese Validierung sollte im Sinne der effizienten Innovation sowohl mit Kunden als auch mit den relevanten Stakeholdern im Unternehmen erfolgen, um einen hohen Kundenfit *und* eine hohe Traktion sicherzustellen.

Diese Validierung findet in drei aufeinanderfolgenden Schritten statt. Erst erfolgt die Validierung mit den Kunden – und auf dieser Basis ggf. eine Überarbeitung der Konzepte. Anschließend empfiehlt sich eine Bewertung innerhalb des Projektteams und ggf. eine erneute Konzeptüberarbeitung. Und schließlich folgt die finale Bewertungsrunde mit den Entscheidern, bei der auf Basis der zu Beginn des Prozesses festgelegten Ziele und Kriterien eine finale Auswahl des Konzeptes (bzw. der Konzepte) zur Umsetzung getroffen wird.

Um den hohen Kundenfit der Konzepte zu validieren, sollte idealerweise sowohl eine qualitative als auch eine quantitative Bewertung durch die Kunden erfolgen. Auch wenn im Zuge der Ideation und Konzeptarbeit bereits theoretisch ein hoher Kundenfit sichergestellt wurde, sollte dieser in der Praxis validiert werden. Das qualitative Feedback der Kunden kann zudem zur weiteren Optimierung der Konzepte und so zu einer weiteren Steigerung des Kundenfits beitragen.

– Für die *qualitative Validierung* eignen sich insbesondere Fokusgruppen (mit Teilnehmern aus der Zielgruppe). Falls verschiedene Innovationspotenziale mit unterschiedlichen Pain Points bearbeitet wurden, sind mehrere Fokusgruppen nötig. Im Rahmen der Fokusgruppe empfiehlt es sich, die Innovationskonzepte jeweils anhand ihres „Ideenkerns" zu präsentieren und von jedem Teilnehmer intuitiv bewerten zu lassen. Für eine generelle Einschätzung der Idee eignet sich z. B. eine Skala von 0 bis 10 (0 = schlecht, 10 = sehr gut). Zudem sollte abgefragt werden, ob der Teilnehmer die vorgestellte Lösung selbst nutzen bzw. kaufen würde. Es empfiehlt sich, an dieser Stelle auch noch einmal die generelle Relevanz des Pain Points aus Sicht des jeweiligen Teilnehmers abzufragen. Die Logik dahinter: Wenn bei einem Teilnehmer der Pain Point als relevant eingestuft wird und die entsprechende Lösung als schlecht (oder: sehr gut) bewertet wird, scheint die Idee einen geringen (oder: hohen) Kundenfit zu haben – zumindest bei diesem Teilnehmer. Falls jedoch der Pain Point als irrelevant eingestuft wird und dann die Lösung als schlecht (oder: sehr gut) bewertet wird, hat dies keine bzw. kaum Aussagekraft, da die Lösung ja speziell für Kunden mit dem entsprechenden Pain Point konzipiert wurde. Auf diese Weise können entsprechend unpassende Bewertungen herausgefiltert werden. Die qualitative Validierung bietet über eine reine Konzeptbewertung hinaus die Möglichkeit, Kommentare und Feedback zu den einzelnen Ideen einzusammeln. Dies kann entweder schriftlich über die Bewertungsbögen und/oder in der Diskussion der Ideen im Rahmen der Fokusgruppe erfolgen. Ein solches qualitatives Feedback hilft dabei, die einzelnen Bewertungen besser nachzuvollziehen und die Konzepte ggf. so anzupassen, dass der Kundenfit maximiert wird.

– Eine darüber hinausgehende *quantitative Bewertung* mit einer größeren Stichprobe der Zielgruppe (bzw. mehrerer Zielgruppen) hilft, eine breitere Datenbasis für die spätere Konzeptentscheidung aufzubauen. Hierfür eignen sich diverse Webtools bzw. Marktforschungsanbieter, die oftmals auch direkt den passenden Teilnehmerpool zur Verfügung stellen können. Tests mit Tools wie z. B. Eye-Tracking-Software zur Auswertung von positiven oder negativen Gefühlen bei der Ansicht der Konzepte können bei Bedarf die Datenbasis komplementieren. Unabhängig vom ausgewählten Marktforschungsanbieter oder Tool empfiehlt sich eine möglichst einfache Darstellung der Ideen, sodass diese auch ohne weitere mündliche Erklärungen verstanden werden können. In der einfachsten Variante kann für die quantitative Umfrage das Bewertungsschema der qualitativen Bewertung adaptiert werden – ergänzt durch ein Freitextfeld für Kommentare und weitere Ideen. Der Vorteil einer quantitativen Bewertung liegt dabei auf der Hand. Da der Kundenfit (und auch die Verständlichkeit) der Ideen relativ kostengünstig auf einer großen Datenbasis bewertet werden kann, kann mit hoher Wahrscheinlichkeit überprüft werden, ob mit den jeweiligen Konzepten tatsächlich ein hoher Kundenfit erzielt werden kann. Und wenn dies der Fall ist, kann man den Tag auch tatsächlich bereits vor dem Abend loben.

Eine **(zunächst) projektinterne Bewertung aus Unternehmensperspektive** stellt zusätzlich sicher, dass die erarbeiteten Innovationskonzepte unter Berücksichtigung der Stärken und Restriktionen des Unternehmens tatsächlich umsetzbar sind – und die zu Beginn des Prozesses vereinbarten Ziele und Kriterien optimal berücksichtigt werden. Diese projektinterne Validierung empfiehlt sich schon deshalb, da letzte Unstimmigkeiten so vor dem finalen Termin mit allen relevanten Stakeholdern noch rechtzeitig aufgedeckt und korrigiert werden können.

Um die *Umsetzbarkeit* der Konzepte zu validieren, wird zunächst die Liste der Traktionsfaktoren aus der *Configuration* benötigt. Da sowohl positive als auch negative Traktionsfaktoren vorliegen, gilt es, in einem zweistufigen Prozess vorzugehen.

– *Im ersten Schritt* ist zu prüfen, welche *positiven* Traktionsfaktoren (also: Stärken des Unternehmens) bei den jeweiligen Konzepten berücksichtigt werden. Dabei gilt: Je mehr positive Traktionsfaktoren bei der Umsetzung eines Konzeptes genutzt werden können, desto besser. Schließlich bedeutet dies, dass potenziell eine besonders hohe Traktion möglich wird. Diese Faktoren sollten entsprechend auch explizit in den jeweiligen Konzepten benannt werden.

– *Im zweiten Schritt* ist zu prüfen, inwieweit *negative* Traktionsfaktoren des Unternehmens (also: Restriktionen) einzelne Konzepte in ihrer Umsetzung hindern könnten. Falls solche negativen Traktionsfaktoren bei einem Konzept aufgedeckt werden, ist es notwendig, das Konzept so anzupassen, dass dieses bei einer potenziellen Umsetzung entweder keine Berührung mit dem negativen Traktionsfaktor mehr hat – oder aber die Umsetzung trotzdem nachvollziehbar möglich ist. Gelingt diese Anpassung nicht, muss das Konzept im schlimmsten Fall aussortiert werden.

Abschließend gilt es, jedes Konzept zu bewerten, inwiefern es die zu Beginn des Innovationsprozesses festgelegten Ziele und Kriterien erfüllt. Die Liste der Ziele und Kriterien aus der *Configuration* gibt die einzelnen Bewertungsvariablen vor. Das Projektteam bewertet auf dieser Basis intuitiv jedes Konzept in Bezug auf ihr Potenzial zur Erfüllung aller Ziele und Kriterien – und nicht, wie oftmals üblich, nach dessen Neuigkeit oder Kreativität. Zwar wird sich der Erfolg eines Konzeptes niemals genau vorhersagen lassen. Mithilfe dieses Vorgehens kann aber zumindest sichergestellt werden, dass alle Konzepte das notwendige *Potenzial* besitzen, die vorgegebenen Ziele und Kriterien zu erfüllen.

Die finale Entscheiderrunde spielt sich in klassischen Innovationsprozessen zum Teil ab wie die „Höhle der Löwen". Wer diese Fernsehsendung (oder das amerikanische Pendant „Shark Tank") kennt, in der Start-ups im Fernsehen vor Investoren pitchen, dem ist diese Situation vertraut: Lange wurde an einer Idee gearbeitet, nur damit sie von den Entscheidern anschließend „zerrissen" oder völlig verändert wird. Dies geht nicht nur Start-ups beim Investoren-Pitch so, sondern auch manchem Mitarbeiter bei der Ideenpräsentation vor den Entscheidern im Unternehmen. Der Grund: Die Entscheider sind zumeist erst einmal skeptisch gegenüber neuen Ideen, da diese in der Regel Mehrarbeit und Risiko bedeuten. Zudem hat jeder einzelne Stakeholder seine eigenen Kriterien im Kopf, die eine Idee erfüllen muss. Werden diese nicht getroffen, wird die Idee abgelehnt. Dazu kommt: Die Entscheider agieren bei einem solchen Meeting oftmals in einer Situation großer Unsicherheit, da Fragen nach „harten Fakten", KPIs und Umsetzbarkeit der Ideen, insbesondere bei rein kundenzentriert entwickelten Ideen, in der Regel noch gar nicht beantwortet werden können. Das Resultat dieser „Höhle der Löwen": Die meisten Ideen gelangen nicht in die Umsetzung. Die Mitarbeiter sind frustriert, da ihre Ideen nicht gewürdigt wurden. Und die Entscheider sind unzufrieden, weil sie keine passenden neuen Ideen erhalten haben.

Statt einer „Höhle der Löwen" ist daher für das finale Entscheider-Meeting eine Situation anzustreben, in der nicht Ideen präsentiert und anschließend kritisiert werden, sondern in der aus vielen passenden und ausgereiften Innovationskonzepten das Beste zur Umsetzung ausgewählt werden kann.

Bei der **finalen Präsentation der Innovationskonzepte** sollten (bereits ungefragt) alle wichtigen Entscheidungsfaktoren genannt werden. Dies ist durchaus möglich. Denn durch die vorangegangene detaillierte Konzeptarbeit, die Überprüfung der Feasibility mit Experten, der Validierung der Konzepte mit den Kunden sowie der finalen Überprüfung von Traktionsfaktoren und Zielerreichung liegen bereits sämtliche Informationen vor, die die Entscheider zur Auswahl eines Innovationskonzeptes benötigen. Die einzelnen Konzepte müssen dazu „nur" noch möglichst kompakt und verständlich visualisiert und präsentiert werden. Dabei ist ein gesunder Mittelweg zu wählen zwischen einer ausreichenden Menge an Informationen für die Entscheidung und genügend „Raum" für die Ideen. Um dieses gleichzeitige Bedürfnis nach Logik (Daten) und Emotionen zu stillen, empfiehlt sich zum Start der Präsentation eine Erinnerung an die zu Beginn festgelegten Ziele und Kriterien sowie das auf dieser Basis ausgewählte Innovationspotenzial, bevor dann die einzelnen Ideen mit Insight, Benefit und Reason-to-believe vorgestellt werden. Die weiteren Elemente der Konzepte können dann je nach Bedarf hinzugezogen werden, um z. B. eine komplexe Idee anschaulicher zu erläutern oder für eine aufwändige Lösung den Lean Business Case zu beleuchten. In der anschließenden Diskussion können auf Basis der einzelnen Konzeptbestandteile zudem weitere Fragen möglichst umfassend beantwortet und so ein Gefühl zusätzlicher Sicherheit vermittelt werden.

Die Bewertung durch die Stakeholder ist aus diversen Gründen von Bedeutung. Erstens liegen die ausgearbeiteten Innovationskonzepte zwar grundsätzlich alle im vorgegebenen Traktionsraum und erfüllen sämtliche Ziele und Kriterien (zumindest wenn die Konzeptarbeit in allen Schritten sauber durchgeführt wurde), doch unterscheiden sich die einzelnen Konzepte in der Regel in ihrem konkreten Potenzial zur Zielerreichung. Und genau dieses gilt es, final durch die Entscheider einzuschätzen. Zweitens hat jeder Entscheider auch immer eine eigene subjektive Sicht. Und „Ideen" lassen sich eben nicht vollständig objektivieren – auch nicht durch eine noch so stringente Konzeptarbeit. Demnach lässt sich niemals genau vorhersagen, welches Konzept am Ende besser oder schlechter gefällt. Ergo ist eine entsprechende Bewertung durchzuführen. Drittens ermöglicht die Bewertung sämtlicher erarbeiteter Innovationskonzepte eine klare Rangfolge umsetzbarer Konzepte, aus denen zuletzt mindestens eines ausgewählt werden kann. Und schließlich generiert die Bewertung der Konzepte bzw. die Auswahl unter mehreren Konzepten (statt einer reinen Ja/Nein-Option für ein Konzept zur Umsetzung) bei den Entscheidern eine Möglichkeit der Mitbestimmung (siehe auch Abschnitt 2.5.1). Dies ist entscheidend, um die Unterstützung der Entscheider während der nachfolgenden Umsetzung sicherzustellen.

Die **Bewertung der Innovationskonzepte durch die Entscheider** erfolgt zunächst intuitiv in Bezug auf die vorgegebenen Ziele und Kriterien. Denn eine solche (erste) Einschätzung „aus dem Bauch" heraus liefert eine weitere wichtige Basis für die finale Entscheidung zur Umsetzung von Konzepten.

Der Hintergrund: Selbst mit größtem Analyseaufwand kann der Erfolg oder Misserfolg einer Innovation niemals mit kompletter Sicherheit vorhergesagt werden. Schließlich kann nicht vollständig antizipiert werden, was von heute bis zur Einführung der Innovation noch passieren wird. Und so ist eine gewisse Restunsicherheit unvermeidlich. Hier hilft die intuitive Bewertung als zusätzliche Informationsquelle. Denn bei Entscheidungen „aus dem Bauch heraus" werden sämtliche wichtige Faktoren unterbewusst bereits mit einbezogen.[141] So beruht die Entscheidung bei einer intuitiven Bewertung auf einer breiten Basis aus Erfahrungen, Wissen, Fähigkeiten, Annahmen und Gefühlen der Entscheider – statt nur auf analytischen Modellen, die in ihrer Abbildung der Realität beschränkt sind.

Wie läuft diese intuitive Bewertung genau ab? Michael Eisner, der ehemalige CEO von Walt Disney, beschreibt die Intuition bei der Präsentation einer guten Idee wie folgt: „Der Körper reagiert auf eine bestimmte Weise – mit einem unüblichen Gefühl in der Magengegend, im Hals oder auf der Haut. Es ist die gleiche Empfindung wie bei der ersten Betrachtung eines großartigen Kunstwerks".[142]

Konkret passiert nun Folgendes: Die Entscheider bewerten intuitiv jedes einzelne Innovationskonzept in Bezug auf die einzelnen vorgegebenen Ziele und Kriterien, z. B. auf einer Skala von 0 bis 10 (0 = erfüllt es nicht, 10 = erfüllt es optimal). Aus allen Durchschnittsbewertungen (multipliziert mit den jeweiligen Gewichtungen der einzelnen Ziele und Kriterien) ergibt sich eine klare Rangfolge der Innovationskonzepte aus Sicht aller Entscheider. Eine Gegenüberstellung dieser Rangfolge mit derjenigen aus der Kundenbewertung kann weitere wichtige Informationen liefern. Denn Kunden beziehen in ihrer intuitiven Bewertung andere Faktoren mit ein. Und so ergibt sich in der Kombination der Entscheider- und Kundenbewertungen meist ein gutes Gefühl für das Potenzial der einzelnen Konzepte in Bezug auf deren Traktion *und* deren Kundenfit.

Eine **finale Entscheidung für die Umsetzung** kann entweder noch im Verlauf des Meetings getroffen werden oder in dessen Nachgang. Unsere Erfahrung zeigt, dass sich die ursprüngliche Einschätzung aus der intuitiven Bewertung der Konzepte in den meisten Fällen auch nach weiterer reiflicher Überlegung bestätigt. Und somit steht nach der Entscheidung für eines oder mehrere Innovationskonzepte dessen Umsetzung nichts mehr im Weg.

Dazu gilt es nun, die „Umsetzer" mit ins Boot zu holen und die anstehende Umsetzung möglichst effizient anzugehen. Und genau darauf zielt die *Conversion*, also der noch fehlende fünfte Schritt im 5C-Prozess, ab.

FTI GROUP

Neue digitale Geschäftsmodelle zur Umsatzsteigerung bei Pauschalreisen

Die FTI GROUP gehört zu den vier größten Anbietern von Pauschalreisen in Europa. Im Geschäftsjahr 2015/2016 buchten 4,7 Millionen Gäste ihren Urlaub bei dem Reiseveranstalter.

Die Touristikbranche ist seit einigen Jahren geprägt von einem sehr starken Preiskampf der Veranstalter. Dieser Trend wurde vom Erfolg der Vergleichsportale und den preissensitiven Kunden noch weiter verstärkt. Das Resultat ist eine sinkende Marge auf eher austauschbare Produkte. Darüber hinaus sorgen politische Entwicklungen und terroristische Anschläge für rückläufige Buchungszahlen – und damit für geringere Auslastungen von Flugkontingenten in Ländern wie Ägypten oder der Türkei. Und so besteht der konkrete Bedarf nach Innovationen, die diesen Entwicklungen entgegenwirken können.

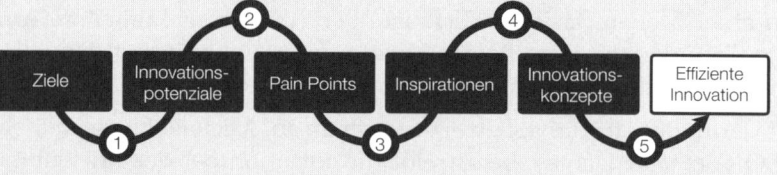

① Configuration

Zu Beginn der Configuration wurden als Ziele die „Gewinnung zusätzlicher Kunden" und die „Umsatzsteigerung mit bestehenden Kunden" festgelegt. Dazu wurden folgende Kriterien vereinbart: Die Umsetzung der Konzepte sollte bereits im Folgejahr zu signifikanten Umsatzsteigerungen beitragen und zu deren Umsetzung sollte insbesondere auf die eigene IT-Abteilung und eine ausgewählte Partneragentur zurückgegriffen werden. Auf dieser Basis wurde die Entscheidung für das *Innovationsfeld* „Neue (digitale) Geschäftsmodelle" getroffen.

Im weiteren Verlauf der Configuration wurde die Erkenntnis gewonnen, dass die Buchungsentscheidung der Reisenden von unterschiedlichen Faktoren abhängig ist. Wichtig ist demnach auch das Vertrauen darauf, dass die Realität der Reisebeschreibung dem Angebot tatsächlich entspricht. Dies überprüfen Reisende vor ihrer Buchung in der Regel auf Bewertungsportalen wie „HolidayCheck". Doch bleibt das Risiko, dass sich die Situation (z.B. durch neues Hotelmanagement, Renovierungsarbeiten etc.) im Zeitraum zwischen Buchung und Reiseantritt dramatisch verändert. Mit dieser Informationsgrundlage und dem damit einhergehenden Potenzial in der Kundenbeziehung wurde die Entscheidung für folgendes *Innovationspotenzial* getroffen: „Digitale Innovationen für die Zielgruppe Frühbucher, welche ein stärkeres Vertrauen in die (frühzeitige) Buchung ermöglicht."

② Customization

Im Rahmen der Customization wurde zunächst entschieden, nicht nur die anvisierte Zielgruppe der Pauschalreisenden in Bezug auf das Innovationspotenzial näher zu untersuchen, sondern bewusst auch diejenige der Individualreisenden. Dadurch sollten zum einen die Unterschiede zwischen den Zielgruppen klarer verstanden werden. Zum anderen sollte aufgedeckt werden, was konkret Individualreisende bislang davon abhält, die eigentlich sehr komfortablen Pauschalreisen zu buchen.

Methodisch wurde dabei auf Fokusgruppen gesetzt, um einerseits auf möglichst effiziente Weise viele unterschiedliche Meinungen einzuholen und andererseits eine hautnahe Beobachtung der Teilnehmer und damit eine bessere Bewertung der Bedeutung einzelner Aussagen treffen zu können. Im Ergebnis konkretisierte sich in beiden Zielgruppen die (bereits im Rahmen der Configuration über Sekundärforschung abgeleitete) Angst davor, dass sich Rahmenbedingungen, auf die der Reisende selbst keinen Einfluss hat (z.B. die Qualität des Restaurants, Entstehung neuer Baustellen in Hotelnähe etc.), zwischen dem Zeitpunkt der Buchung und dem Antritt der Reise zum Schlechteren verändern könnten. Gleichzeitig wurde der Wunsch bzgl. der Reisebuchungen offenbar, der sich wohl am Besten als „Peace of Mind" beschreiben lässt. Dieser wichtige *Insight* wurde in der weiteren Recherche als *Pain Point* validiert, da aus Sicht der Zielgruppen im Markt aktuell keine befriedigende Lösung für echtes „Peace of Mind" bei der Reisebuchung existiert.

③ Compilation

Im Rahmen der Compilation wurde der internationale Touristikmarkt ausführlich analysiert. Dabei wurde eine Vielzahl inspirierender Lösungen, im Sinne von *Best Practices*, für das Thema „Peace of Mind" im Generellen identifiziert, wie z.B. der Kauf von Flugticketoptionen, Big Data basierte Preisvorhersagealgorithmen oder auch einfach Reiseversicherungen, die z.B. bei Krankheit die Kosten des Reiseabbruchs tragen. Doch für die Reise- bzw. Hotelbuchung im Speziellen deutete sich schnell ein „White Spot" im Markt ab. Schließlich existiert aktuell noch keine ausreichende Sicherheit für Reisende in Bezug auf eine abnehmende Attraktivität der gebuchten Leistungen. In Vorbereitung auf die anschließende Construction wurden zusätzlich Beispiele aus *analogen Märkten* identifiziert, darunter Dienstleister, die auf das Einklagen von Entschädigungen bei mangelhafter Leistung von Unternehmen spezialisiert sind. Darüber hinaus wurden *Zukunftskonzepte* als Inspirationen ausgewählt, die sich z.B. mit Themen wie Artificial Intelligence, Virtual Reality, Mass Customization oder Social Commerce beschäftigten.

④ Construction

Auf Basis der Inspirationen aus der Compilation wurden mehr als 600 Ideen generiert, die im weiteren Prozess sukzessiv ausgewählt und zu Innovationskonzepten ausgearbeitet wurden. Um das Vertrauen von Frühbuchern in die Erfüllung des Reiseangebotes zu stärken, wurde u.a. das Konzept der „Qualitätsgarantie" entwickelt. Ähnlich wie eine Reiseversicherung kann diese für geringe Mehrkosten zur Reise hinzugebucht werden. Der Vorteil für den Reisenden: Sollte die Weiterempfehlungsrate des Bewertungsportals „HolidayCheck" zwischen Buchung und 20 Tage vor Reisebeginn um mindestens 10 Prozent sinken, kann der Reisende die gebuchte Unterkunft kostenlos umbuchen.

Die Qualitätsgarantie konnte als erstes von mehreren Konzepten innerhalb von sechs Monaten für die Marke „Sonnenklar.TV" (aus dem FTI GROUP-Portfolio) umgesetzt werden und wird heute bereits bei vielen der dort getätigten Reisebuchungen mit in Anspruch genommen.

	Configuration ①	Customization ②	Compilation ③	**Construction ④**	Conversion ⑤

Mindset

Think inside the box

Kapitel

Die Idee ist kein Zufall	Ohne Fleiß kein Preis	Man kann den Tag auch vor dem Abend loben

Ergebnis

✓ Ideen	✓ Umsetzungsfähige Innovationskonzepte	✓ Validierte & priorisierte Innovationskonzepte ✓ Umzusetzendes Konzept

Methodik

1. Auswahl & Einladung Ideation-Workshop-Teilnehmer 2. „Priming" der Teilnehmer durch Vorab-Zusendung Aufgabenstellung 3. Vorbereitung Hilfsmittel - Inspirationen (aus 2.2.3) - Hilfsachsen bzw. Hilfskarten (z.B. Parameter bzw. deren Ausprägungen aus dem Morphologischen Kasten aus 2.1.3) 4. Durchführung strukturierter Workshop („multidimensionale Ideation") zur Ideengenerierung	1. Systematische Erfassung aller Ideen (dabei Erweiterung & Clusterung) 2. Bewertung der Ideen 3. Auswahl der Top-Ideen 4. Weiterentwicklung Ideen zu Innovationskonzepten, inkl.: - Kern der Idee - Customer Journey - Business Model - Lean Business Case - Umsetzungsplanung 5. Feasibility Check (mit Experten)	1. Visualisierung Innovations-konzepte (z.B. 10 St.) 2. Qualitative & Quantitative Validierung mit Zielgruppe 3. Projektinterne Validierung anhand der Traktionsfaktoren, sowie Bewertung anhand der Ziele & Kriterien 4. Präsentation & Diskussion mit entscheidenden Stakeholdern 5. Intuitive Bewertung anhand der Ziele & Kriterien durch entscheidende Stakeholder 6. Auswahl umzusetzende(s) Konzept(e)

Hilfsmittel

☐ Teilnehmerpool ☐ White Spots & Inspirationen (2.3) ☐ Morphologischer Kasten (2.1.3) ☐ Workshopablauf	☐ Ideen aus Workshop (2.4.1) ☐ Elemente des Innovationskonzeptes	☐ Innovationskonzepte (2.4.2) ☐ Marktforschungstools ☐ Traktionsfaktoren (2.1.2) ☐ Ziele & Kriterien (2.1.1)

Abbildung 35: Übersicht Construction

WO EIN WEG IST, IST AUCH EIN WILLE

2.5 Conversion: Wo ein Weg ist, ist auch ein Wille

Die Umsetzung erscheint gemeinhin das Schwierigste bei einer Innovation zu sein. Innovative Ideen werden erdacht, doch dann realisieren unwillige Umsetzer sie nicht, wie es gedacht war – oder einfach gar nicht. Die Umsetzer wiederum sehen Ideen auf sich zukommen, die sie in dieser Form überhaupt nicht verwirklichen können, und blockieren entsprechend von vorneherein. Die einzige Lösung lautet oftmals: „Wenn eine Idee gut ist, dann finden wir schon einen Weg". Doch dies kann keine nachhaltige Strategie sein!

Zum Glück geht es auch anders: **Wenn der Weg zur Umsetzung (des Innovationskonzeptes) klar ist und optimal zu den Anforderungen der Umsetzer passt, wächst auch deren Wille zur Umsetzung**. Nicht nur, weil dadurch die Umsetzung erleichtert wird, sondern auch, weil die Umsetzer sich in Bezug auf ihre Bedürfnisse ausreichend wertgeschätzt fühlen.

Die *Conversion* beschäftigt sich folglich mit dem Übergang vom umsetzungsfähigen Innovationskonzept zu dessen Umsetzung als effiziente Innovation – unter Einbezug der Umsetzer sowie relevanter Umsetzungsmethoden (siehe Abbildung 36).

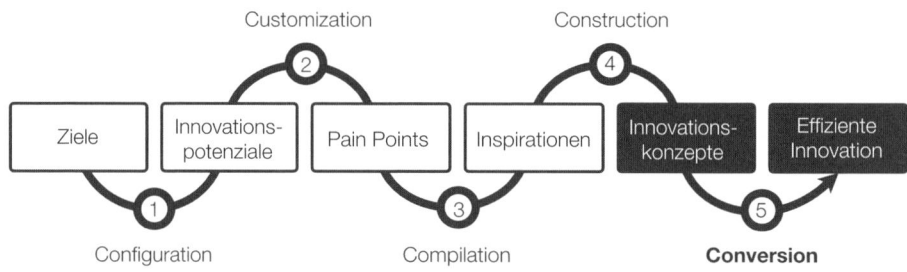

Abbildung 36: 5C-Prozess – Conversion

Die folgenden Bausteine bilden diesen letzten Prozessschritt ab:

1. **Alle Mann an Bord:** Gerne werden Ideen solange geheim gehalten, bis niemand mehr an einer Umsetzung vorbeikommt. Diese auch als Skunk Works bezeichnete U-Boot-Taktik scheint oftmals nötig zu sein, damit die Ideen nicht frühzeitig von den Umsetzern, dem „Immunsystem des Unternehmens", blockiert werden. Denn während jeder seine eigenen Ideen überzeugend findet, ist dies für fremde Ideen meistens nicht der Fall. Im Gegenteil, hier schlägt schnell das „Not-invented-here-Syndrom" an. Doch dagegen gibt es ein Rezept: die Berücksichtigung sämtlicher relevanter Umsetzungsfaktoren und Kriterien von Beginn an. Dies wurde

bereits im ersten Schritt des 5C-Prozesses mit der Definition des Traktionsraums sichergestellt. Es bleibt jedoch die Herausforderung, dass die Innovationskonzepte nicht von denjenigen Personen umgesetzt werden, die diese zuvor entwickelt haben. Um dem entgegenzuwirken, darf eben gerade keine U-Boot-Taktik eingeschlagen werden. Vielmehr gilt es, möglichst „alle Mann an Bord" zu bekommen, um sie frühzeitig zum aktiven Teil des Innovationskonzeptes zu machen. Oder anders ausgedrückt: ihnen „Ownership" an der Idee bzw. dem Innovationskonzept zu übertragen. Es muss den Umsetzern nicht nur möglichst leichtgemacht werden, die Idee (so wie gedacht) umzusetzen. Die Umsetzer sollten idealerweise sogar für die Idee bzw. das Innovationskonzept „brennen". Ein Umsetzungs-Kickoff mit Bewertungs- und Einbindungsmethoden, die auf wirksamen psychologischen Konzepten basieren, kann die „Umsetzer" mit an Bord holen – und die Umsetzung der Innovationskonzepte so auf Erfolgskurs bringen.

2. **Der schnelle Vogel fängt den Wurm:** Da die Innovationskonzepte optimal den im Vorfeld definierten Traktions- und Kundenfaktoren entsprechen, sind sie bereits passgenau für eine möglichst einfache Umsetzung vorbereitet. Dennoch empfiehlt es sich, das Umsetzungsrisiko zusätzlich zu minimieren (bzw. die Erfolgschancen zu maximieren), indem so kostengünstig wie möglich und so nah wie möglich am Kunden gearbeitet wird. Folglich empfiehlt es sich, an dieser Stelle auf die Lean-Startup-Methode zurückzugreifen. Diese wird nun zielgerichtet zur bestmöglichen Umsetzung eingesetzt (statt wie bei manch anderem Innovationsprozess zur Ideenentwicklung). So hilft sie nun dabei, die Details für eine möglichst schnelle und risikominimierte (bzw. erfolgsmaximierte) Umsetzung zu erarbeiten.

3. **Alles Ende ist leicht:** In der Regel ist das „Ende" des Innovationsprozesses besonders herausfordernd. Schließlich berücksichtigen die meisten Ideen nicht ausreichend die Stärken und Schwächen des Unternehmens, da sie entweder out-of-the-box und/oder rein kundenzentriert entwickelt wurden. Und so ist deren Umsetzung im Unternehmen zumindest sehr schwierig – wenn diese nicht am Ende sogar ganz scheitert. Durch die systematische Entwicklung effizienter Innovationen wird diese Innovationsfrustration im 5C-Prozess vermieden und das „Ende" des Innovationsprozesses möglichst leichtgemacht. Schließlich haben die vorherigen Schritte bereits für eine möglichst hohe Umsetzungs- und spätere Erfolgschance im Markt gesorgt, indem an der *richtigen* Stelle das *richtige* Kundenproblem unter Ausnutzung der *bestehenden* Stärken des Unternehmens gelöst wurde. So können die Unternehmensziele unter Berücksichtigung relevanter Kriterien optimal erreicht werden. Folglich kann auch das in dieser Logik erarbeitete Innovationskonzept nun (meist unter Ausnutzung der unternehmensüblichen Prozesse) final umgesetzt und erfolgreich im Markt eingeführt werden. Aber zu Ende ist die Innovationsreise natürlich nicht: Wenn die Innovation im Markt eingeführt ist, geht die eigentliche

Arbeit erst richtig los. Doch wenn eine Lösung für ein relevantes Kundenproblem zumindest schon einmal umgesetzt wurde, ist dies bereits als wichtiger Erfolg zu werten: für den Kunden, für den Mitarbeiter und für das Unternehmen.

2.5.1 Alle Mann an Bord

Wie gerne erzählen Sie anderen im Unternehmen von Ihren Ideen? Wie oft stoßen Sie dabei auf Ablehnung, Gegenrede und Unwillen? Und wie leicht lassen Sie sich von anderen Ideen überzeugen? Wohl jeder hat schon festgestellt, dass die eigenen Ideen zwar eigentlich Sinn machen – von anderen aber nicht unbedingt genauso positiv aufgenommen werden. Gleichzeitig begegnet man fremden Ideen selbst auch eher mit Skepsis. Dies wird dann zum Problem, wenn nicht diejenige Person, die eine Idee entwickelt hat, diese auch umsetzt, sondern eben jemand anderes. In der Konsequenz geschieht es immer wieder, dass Ideen möglichst „versteckt" vorangetrieben werden, bis im besten Fall gar keine andere Option mehr bleibt, außer diese nun auch umzusetzen. Weil aber niemand gerne vor vollendete Tatsachen gestellt wird, macht diese Taktik das Problem meist nur noch schlimmer.

Da selbst möglichst passende Innovationskonzepte erst einmal mit Mehrarbeit, Risiko und Unsicherheit verbunden sind, benötigen die Umsetzer eine entsprechend hohe Motivation, um sie erfolgreich zu implementieren. Diese Motivation entsteht dann, wenn die Idee zumindest zum Teil auch als die eigene wahrgenommen wird, also „Psychological Ownership" an der Idee besteht.[143] Dies gelingt einerseits durch die frühzeitige Einbindung der Umsetzer in den Innovationsprozess (s. Kap. 2.1) und andererseits (zusätzlich) durch das gemeinsame Bewerten und Spezifizieren der Konzepte für die Umsetzung.

Das Konzept der *„Psychological Ownership"* ist ein sehr mächtiges Tool für den Umsetzungserfolg. Es umschreibt eine starke persönliche Verbindung zu einer Idee bzw. einem Innovationskonzept. In der Konsequenz wird deutlich mehr Engagement und Aufwand in dessen Umsetzung investiert als in andere Aufgaben. Untersuchungen zeigen, dass eine solche Ownership insbesondere dann besteht, wenn Objekte oder Ideen selbst kreiert wurden oder zumindest mitentwickelt wurden.

Bei Start-ups ist dieses Phänomen immer wieder zu beobachten: Der Gründer und Ideenentwickler „baut" immer weiter an „seiner Idee" und zieht das Start-up auf wie „sein Baby". Im Unternehmen ist es jedoch in der Regel nicht praktikabel und meist auch nicht sinnvoll, dass der Ideengeber auch der Umsetzer ist, da andere Teams für die Umsetzung zuständig sind und sich ggf. auch besser damit auskennen. Es gilt daher, die starke Verbindung bzw. „Psychological Ownership" zum entsprechenden Innovationskonzept möglichst gut an die verantwortlichen Umsetzer zu „übertragen".

Wie ein solcher „Ownership-Transfer" gelingen kann, zeigt ein einfaches Experiment. Für eine Untersuchung der „Psychological Ownership" gaben die Professoren Baer & Graham 100 Studenten die Aufgabe, eine Strategie für ein neues Restaurant zu überprüfen und anschließend an ein Komitee zu senden.[144] Ein Teil der Studenten bekam dabei ein – laut Aussage – „finales Konzept", das sie lediglich überprüfen sollten. Dem anderen Teil der Studenten wurde mitgeteilt, dass das Konzept noch nicht ganz fertig sei und sie fehlende Details wie z. B. Name des Restaurants, Ort etc. ergänzen sollten. Anschließend wurde mithilfe einiger psychologischer Auswertungen der Unterschied in der gefühlten „Psychological Ownership" untersucht. Dabei erzielte die Gruppe, die eigene Veränderungen vornehmen konnte, deutlich höhere Ownership-Werte als der andere Teil der Studenten. In anschließenden Aufgaben zeigte sich zudem, dass die Studenten mit höherem Ownership auch mit höherer Wahrscheinlichkeit weitere zusätzliche Elemente zum Konzept hinzufügten, also konstruktiv arbeiteten, während der andere Teil der Studenten eher Elemente des Konzepts entfernte.

Dies macht deutlich, dass die **Ownership durch aktive Einbindung der Adressaten „übertragen"** werden kann. Weitere Studien zeigen, dass diese Einbindung insbesondere über die folgenden drei Elemente erzielt werden kann: *Kontrolle*, *Wissen* und *Mitarbeit*. Dies steht im genauen Gegensatz zu der oben erwähnten U-Boot-Taktik, in der versucht wird, Ideen möglichst lange „im Geheimen" voranzutreiben.

Statt im „U-Boot" mit der Idee abzutauchen, sollten also lieber „alle Mann an Bord" geholt werden. Denn je stärker die Umsetzer mittels *Kontrolle*, *Wissen* und *Mitarbeit* in das Innovationskonzept eingebunden werden, desto besser gelingt der *Ownership-Transfer* – und die erarbeiteten Innovationskonzepte werden mit Begeisterung, Anstrengung und Engagement umgesetzt.

– *Kontrolle* beschreibt dabei die Möglichkeit, über die Umsetzung mitzuentscheiden. Eine Möglichkeit dazu bietet die Teilnahme an der Konzeptpräsentation sowie die anschließende Bewertung und Priorisierung verschiedener Konzepte (s. Kap. 2.4.3). Alternativ (oder zusätzlich) kann auch eine Einbindung in die Entscheidung weiterer Umsetzungsdetails erfolgen. In diesem Rahmen können z. B. verschiedene Varianten eines Konzeptes vorgeschlagen und durch die Umsetzer ausgewählt werden. Oder verschiedene Umsetzungsdetails werden durch die Umsetzer mitentschieden.

– *Wissen* bezieht sich auf das tiefe Verständnis des Innovationskonzeptes durch die Umsetzer. Die Konzeptpräsentation bzw. das ausformulierte Konzept alleine reichen dafür nicht aus. Stattdessen sollten die Ideengeber (bzw. die Konzeptentwickler) auch Hintergründe erläutern, Research-Ergebnisse mitteilen und Gedankengänge aufzeigen. Falls die Umsetzer zudem die Möglichkeit erhalten, sich selbst noch einmal im Detail mit dem Innovationskonzept auseinanderzusetzen und Feedback zu geben, kann deren „gefühltes" Wissen noch weiter gestärkt werden.

– *Mitarbeit* bietet die wichtigste und stärkste Möglichkeit zum Ownership-Transfer. Wie das vorher genannte Experiment gezeigt hat, steigert selbst die Arbeit an Details eines fertigen Konzeptes die Ownership an diesem signifikant. Da die Umsetzer nicht alle an der Ideation und/oder Konzeption beteiligt sein können und sollten, macht es dementsprechend Sinn, zwar ein umsetzungsfähiges Konzept zu präsentieren, dies jedoch gemeinsam mit den für die Umsetzung verantwortlichen Mitarbeitern noch umsetzungsfertig(er) zu machen. Dabei reichen im Normalfall kleinere Brainstorming-Sessions bzw. Diskussionsrunden aus. Schließlich werden keine ganz neuen Ideen bzw. Lösungen mehr benötigt. Stattdessen sollen lediglich einzelne Umsetzungsdetails ergänzt werden (wie z. B. Namen, Orte, Testkunden, Designs/Farben etc.). Auch der genaue Ablauf der Umsetzung sollte unbedingt gemeinsam mit den Umsetzern festgelegt werden.

Für die Praxis empfiehlt sich ein **gemeinsamer Umsetzungs-Workshop** mit den Ideengebern (bzw. Konzeptentwicklern) und den für die Umsetzung verantwortlichen Mitarbeitern. Dieser kann im Anschluss an die Konzeptpräsentation mit den Entscheidern erfolgen bzw. sobald deren Entscheidung für die Umsetzung eines oder mehrerer Innovationskonzepte getroffen wurde. Zum Umsetzungs-Workshop sollten sämtliche für die anstehende Umsetzung relevanten Personen eingeladen werden, die meist aus entsprechenden Fachabteilungen kommen. Zusätzlich kann es auch ein spezielles Umsetzungsteam für erste Tests oder schnelle Vorstudien geben (s. Kap. 2.5.2), die ebenfalls am Workshop teilnehmen sollten.

Im Rahmen des Workshops können dann folgende Schritte für einen starken Ownership-Transfer sowie einen bestmöglichen Umsetzungsstart sorgen:

1. *Präsentation* des umzusetzenden Konzeptes (bzw. ggf. verschiedener Varianten) mit anschließender Diskussion und Möglichkeit zum Feedback.
2. *Wissenstransfer* durch Übertragung relevanter zusätzlicher Dokumente, Daten und Kontakte sowie Erläuterung zu Gedankengängen, die zur präsentierten Lösung bzw. einzelnen Konzeptdetails geführt haben.
3. *Gemeinsames Brainstorming bzw. Diskussion zu Umsetzungsdetails* wie z. B. Namen, Designs, Go-to-market-Strategien, Pricing etc. Dazu können im Vorfeld auch Inspirationen aufbereitet werden, um das Brainstorming zu unterstützen (siehe Kapitel 2.3).
4. *Ergänzung des vorliegenden Innovationskonzeptes* durch konkretes Feedback sowie zusätzliche Ideen/Gedanken zum umsetzungsfertigen Konzept.
5. *Gemeinsame Erstellung bzw. Ergänzung eines Umsetzungsplans* mit konkreten Schritten, Timings und Verantwortlichkeiten sowie ggf. relevanten Meilensteinen.
6. *Zelebrieren des Kick-offs*, möglichst mit Unterstützung durch entscheidende Stakeholder bzw. das Topmanagement.

Ist im Rahmen des Umsetzungs-Workshops ein ausreichender Ownership-Transfer erfolgt, steht der Umsetzung nichts mehr im Wege, sprich: „Alle

Mann sind an Bord". Da die konkrete Umsetzung je nach Innovationsfeld, Lösungsansatz, Branche oder Unternehmen sehr unterschiedlich ablaufen kann, werden in den nachfolgenden Kapiteln einige empfehlenswerte Grundprinzipien erläutert, die eine schnelle, effiziente und erfolgreiche Umsetzung unterstützen können.

Praxiskommentar

Till Bauer, Head of Strategic Projects & Commercial Innovation, MSD Sharp & Dohme (Subsidiary of Merck & Co., Inc.)

Als eines der ältesten pharmazeutischen Unternehmen der Welt ist es bei MSD Sharp & Dohme über viele Jahrzehnte hinweg eine sich wiederholende Herausforderung, immer wieder das etablierte Geschäft mit neuen Innovationen voranzubringen. Entsprechend wichtig ist die richtungsweisende Verankerung von Innovationen im Rahmen der Unternehmensstrategie sowie die konzertierte Umsetzung aller Beteiligten. Dazu müssen alle internen und externen Stakeholder gemeinsam am Erfolg arbeiten.

Für den Innovationsprozess selbst sind klare Verantwortlichkeiten, schnelle Entscheidungsfindung und die Verwendung von anpassungsfähigen, agilen Methoden mit einer klaren Definition der Projektstruktur wichtig. Darüber hinaus sollten Innovationen klar in der Strategie verankert sein. Und nicht zu vergessen: Um einen hohen Grad an Kundenfokussierung sicherzustellen, müssen Kunden bereits frühzeitig in den Ideen- und Produktentwicklungsprozess eingebunden werden. In der Pilotierung bzw. Umsetzung ist dies oftmals zu spät.

Für eine erfolgreiche Überführung von Innovationskonzepten in die Umsetzung ist insbesondere entscheidend, dass die Ziele der verschiedenen Stakeholder von Beginn an harmonisiert werden. Entsprechend spielt das Erwartungsmanagement und „Buy-in" aller relevanten Ebenen – von der Kunden- und Partnerseite, des Executive Management sowie den operativen Einheiten – eine große Rolle. So gilt es insbesondere bei Innovationsprojekten mit vielen verschiedenen Stakeholdern, frühzeitig den gemeinsamen Nenner herauszuarbeiten, um spätere Zielkonflikte zu vermeiden. Es empfiehlt sich, Ziele und Kriterien in „Cross-Stakeholder-Teams" festzulegen und für den weiteren Prozessverlauf einen kontinuierlicher Austausch mit diesen sicherzustellen. Dies benötigt Vertrauen, Offenheit, Ehrlichkeit, Beharrlichkeit und Respekt.

Bei Umsetzungspartnerschaften ist darüber hinaus die Definition von Rollen und Verantwortlichkeiten zu einem möglichst frühen Zeitpunkt ausschlaggebend. Ein grundsätzliches Verständnis hinsichtlich der Aufteilung des (finanziellen) Risikos ist ebenfalls wichtig für die gegenseitige Erwartungshaltung. Dazu ist eine enge Zusammenarbeit mit den Stakeholdern, wie Unternehmen, Verbänden, Institutionen oder Einzelpersonen, innerhalb und über Branchengrenzen hinweg ein wichtiger Erfolgsfaktor.

Abschließend gilt: Ownership ist ein zentraler Punkt bei der Umsetzung von Innovationsprojekten. Es muss sichergestellt werden, dass das Executive Management voll dahinter steht. Ferner muss gewährleistet sein, dass über die Phasen hinweg eine strukturierte Evaluierung sowie eine reibungslose Übergabe der Projekte erfolgt. Ziel ist es, dass nur die aussagekräftigsten Projekte in die Umsetzungsphase gelangen und Umsetzungsfrustrationen entsprechend vermieden werden.

Dies alles stellen wir in unseren Innovationsprojekten sicher – ansonsten passen die Konzepte am Ende nicht.

2.5.2 Der schnelle Vogel fängt den Wurm

Bei Innovationen ist es nicht immer wichtig, der Erste mit der Idee zu sein. Wichtiger ist es, die Innovationen schnell(er) und mit hoher Traktion in den Markt einzuführen. Die beispielhaften Phrasen zu Beginn des Buches zeigen, wie frustrierend die Umsetzung oftmals sein kann. Dank der maßgeschneiderten Innovationskonzepte, die sämtliche relevanten Ziele und Kriterien berücksichtigen, sowie dem bereits erfolgten Ownership-Transfer an die Umsetzer gehört dies nun aber der Vergangenheit an. Innovation wird plötzlich genau dort einfacher, wo sie sonst immer besonders schwierig war: in der Umsetzung!

Dies bedeutet jedoch nicht, dass man sich nun zurücklehnen kann. Schließlich gilt es sicherzustellen, dass die Umsetzung möglichst schnell und effizient gelingt und gleichzeitig ein möglichst großer Markterfolg mit der Innovation erzielt wird. Indem so günstig und schnell wie möglich – und gleichzeitig so nah wie möglich am Markt bzw. Kunden – gearbeitet wird, kann das mit der Umsetzung verbundene Risiko minimiert werden.

Erinnern Sie sich noch an die diversen Start-up-Methoden aus dem ersten Teil des Buches? Diese sind zwar nicht darauf ausgerichtet, in der Ideenfindung effiziente Innovationen für Großunternehmen zu entwickeln. Bei deren Umsetzung können sie jedoch sehr hilfreich sein. Denn in all diesen Methoden geht es darum, zunächst eine möglichst einfache Version der Lösung im Markt zu testen und zu iterieren, bevor die Einführung im Massenmarkt (oder im Unternehmen) erfolgt. Schließlich ist diese in der Regel mit einem hohen Investment und damit einhergehendem erhöhten Risiko verbunden, das es zunächst zu minimieren gilt. Das Innovationskonzept ist bereits fertig, die Entscheidung zu dessen Umsetzung getroffen und die Umsetzer aufgrund des Ownership-Transfers motiviert. Nun gilt es, dieses schnell, günstig und nah am Kunden zu testen und weiter zu verbessern. Da das Innovationskonzept im Grundsatz bereits geprüft wurde, geht es hierbei insbesondere um die Verbesserung der Umsetzungsdetails und nicht um das grundsätzliche Testen der Idee, wie es in anderen Innovationsprozessen oft üblich ist. Die „schlanke Umsetzung" dient somit der Maximierung der Erfolgswahrscheinlichkeit und des Kundenfits in der Umsetzung.

Die dafür nutzbare Lean-Startup-Methode steht oftmals im Gegensatz zu der in Großunternehmen bislang praktizierten Arbeitsweise. Ingenieure und Entwickler sind stolz auf Qualität „made in Germany". Entsprechend sonderbar erscheint vielen zunächst die Idee, mit einem „Minimalprodukt" bereits an den Markt bzw. zum Kunden zu gehen. Ausgehend vom Silicon Valley setzen sich diese Methoden jedoch auch bei Entscheidern in Deutschland immer stärker durch, da sie das Risiko und den Aufwand stark minimieren: Statt jahrelang mit hohem Investment am perfekten Angebot zu arbeiten, das dann möglicherweise nach der Markteinführung aufgrund von Details kritisiert wird oder zu spät auf den Markt kommt, erlaubt die Lean-Startup-

Methode das frühzeitige Testen mit minimalem Entwicklungsaufwand und entsprechender Möglichkeit zur Iteration. Dies geht soweit, dass ein MVP, also ein „Minimal Viable Product", als einfachste Version der Lösung, sogar nur aus einer Landingpage oder einem Video bestehen kann, wo die Lösung präsentiert wird, ohne dass es sie bereits gibt. Das ermöglicht z. B. das Testen von generellem Kundeninteresse, das Einsammeln von erstem Feedback, der Überprüfung von Conversion Rates, sprich dem Aufwand zur Umwandlung von Interessenten zu Kunden, und anderen Erfolgs-KPIs.

Bei der Lean-Startup-Methode geht es entsprechend um Experimentieren statt Planen, um Kundenfeedback statt Intuition und um iteratives Design statt traditioneller „Wasserfall-Entwicklung". Und wenngleich der 5C-Prozess in der *Ideen- und Konzeptentwicklung* teilweise andere Wege geht, um Kundenfit und Traktion sicherstellen zu können, sind diese Prinzipien für die *Umsetzung* ein relevantes Werkzeug.

Ein Grundprozess für die „schlanke" Umsetzung sollte entsprechend die wichtigsten Lean-Startup-Elemente enthalten. Auch wenn Umsetzungen je nach Unternehmen und Art der Innovation überall anders ablaufen werden, lohnt es sich, die Lean-Startup-Methode zu verstehen und in den Umsetzungsprozess einzugliedern, um das Umsetzungsrisiko zu minimieren bzw. die Erfolgschancen zu erhöhen. Hier empfiehlt sich die Lektüre des Buches „The Lean Startup" von Eric Ries oder „Four Steps to Epiphany" von Steve Blank.

Die Hauptprinzipien sind dabei die Folgenden:[145]

1. *Hypothesen:* Entsprechend der Idee bzw. des Innovationskonzeptes werden zu testende Hypothesen definiert, die zur bestmöglichen Umsetzung führen können. Da die Grundidee (bei der Arbeit mit dem 5C-Prozess) vor der Umsetzung bereits validiert wurde, beinhaltet dies nun im Wesentlichen die Details des Angebots wie z. B. den Preis, Designs, Funktionalitäten, Locations etc.

2. *Kundenfeedback:* Die Hypothesen werden möglichst direkt am Markt getestet. Dazu eignet sich neben einfachen Befragungen insbesondere das „MVP" als einfache Version der Lösung. So können z. B. (noch nicht existierende) Produkte online beworben und zu verschiedenen Preisen mit verschiedenen Funktionalitäten, Designs etc. angeboten werden. Oder Werbung kann der Zielgruppe in verschiedenen Locations ausgespielt werden, um zu sehen, wo das Interesse am größten ist.

3. *Agile Entwicklung:* Die Entwicklung der Lösung geht Hand in Hand mit dem Kundenfeedback. Ausgehend vom ersten Prototyp oder „Proof of concept" (PoC) wird das Feedback direkt eingearbeitet, sodass stets eine neue, iterierte Version der Lösung getestet werden kann. Auf diese Weise findet eine schrittweise Annäherung an die finale Version statt. Ein beliebtes Framework dazu ist die SCRUM-Methodik, die insbesondere in der Softwareentwicklung genutzt wird, um eine inkrementelle und iterative Vorgehensweise zu ermöglichen. Aber auch in der nicht-techni-

schen Umsetzung können diese Prinzipien gut adaptiert werden, indem ein besonderer Fokus auf Transparenz, Überprüfung und Anpassung im gemeinsamen Umsetzungsprozess gelegt wird.

Die für ein solches Vorgehen notwendige flexible Arbeitsweise wird zumeist in **kleinen, selbstorganisierten Teams mit klaren Rollen, aber ohne Hierarchien** abgebildet. Für diese Phase der Umsetzung kann es sich anbieten, noch nicht auf die (im Anschluss für die Implementierung zuständigen) Fachabteilungen zu setzen, sondern spezielle Lean-Startup-Umsetzungsteams zu nutzen. In vielen Großunternehmen stehen diese bereits zur Verfügung, in anderen Fällen wird temporär mit externen Partnern zusammengearbeitet. Beide Varianten sind ohne weiteres möglich, solange die späteren Umsetzer im Vorfeld ausreichend „abgeholt" werden (siehe Abschnitt 2.5.1).

Sobald mithilfe der Lean-Startup-Methoden die bestmögliche Version der Lösung für die Umsetzung gefunden wurde, kann diese nun über die Fachabteilungen und Geschäftseinheiten final umgesetzt und in den Massenmarkt (oder das Unternehmen) eingeführt werden. Durch die ausführliche Konzeptionsarbeit sowie das im Anschluss erfolgte iterative Testen der Lösung am Markt ist die Erfolgswahrscheinlichkeit für eine effiziente Innovation nun groß.

2.5.3 Aller Ende ist leicht

Bei klassischen Innovationsprozessen gilt: Aller Anfang ist leicht. Denn die Probleme entstehen in der Regel erst am Ende bei der Umsetzung. Während im sogenannten Fuzzy Front End, der „kreativen" Ideenentwicklung, zunächst spielerisch tolle Lösungen erdacht werden können, ist deren Umsetzung aufgrund des bereits bestehenden „Backends" bei etablierten Unternehmen eine große Herausforderung.[146] Im 5C-Prozess wird diese Logik umgekehrt. Da die Innovationskonzepte genau den im Vorfeld definierten Traktions- und Kundenfaktoren entsprechen, sind sie passgenau für eine möglichst einfache und erfolgreiche Umsetzung vorbereitet. Dies bedeutet zwar gleichzeitig auch, dass der Anfang des Innovationsprozesses schwerer wird. Doch dieser „Preis" scheint angemessen, wenn dafür Umsetzungsrisiken bei Innovationen minimiert, deren Umsetzungserfolg maximiert und entsprechend Umsetzungsfrustration bei allen Beteiligten vermieden werden kann.

Dank der bereits erfolgten intensiven Konzeptionsarbeit sowie der nachfolgenden agilen Optimierung der Lösung mithilfe der Lean-Startup-Methode kann die **Markteinführung** (oder die Einführung im Unternehmen) **nun in der Regel auch durch die klassischen operativen Abteilungen des Unternehmens** erfolgen. Da deren Bedürfnisse bzw. Restriktionen von Beginn an durch die Kriterien und Traktionsfaktoren berücksichtigt wurden und die Umsetzer selbst bereits „an Bord" geholt wurden, gelingt nun auch die Umsetzung im Rahmen des „Tankers".

Doch mit der Markteinführung ist die Innovation noch nicht beendet. Nun gilt es, eine entsprechende Traktion im Markt zu erzielen. Die Voraussetzungen dazu sind optimal. Schließlich wurde das umzusetzende Innovationskonzept auch danach ausgewählt, wie gut es bestehende Erfolgsfaktoren bzw. Stärken des Unternehmens nutzen kann, um die Innovation schnell im Markt zu skalieren und so die Konkurrenz hinter sich zu lassen!

Die erfolgreiche Umsetzung zur Marktreife gelingt durch die Nutzung der Stärken des Unternehmens (bzw. ggf. definierter externer Partner). Die im Vorfeld definierten Ressourcen, Mitarbeiter, Prozesse etc. des Unternehmens werden nun aktiviert, um die Lösung bis zur fertigen Innovation weiterzuentwickeln. Dabei können begleitende Maßnahmen wie z. B. klassische Stage-Gate-Prozesse oder andere Projektmanagementtools unterstützen. Insgesamt sollte jedoch kein komplett neuer Prozess notwendig sein, da das Konzept bereits auf das Unternehmen und seine Kompetenzen abgestimmt ist.

Anschließend gilt es, die Innovation erfolgreich im Markt zu platzieren und zu skalieren. In Go-to-market-Strategien können dabei erneut relevante Traktionsfaktoren wie z. B. Netzwerke, Kundenzugänge oder die Marke optimal genutzt werden.

Die anschließende Skalierung der Innovation im Markt wird auch als Diffusion bezeichnet (siehe dazu auch die Abbildung 37). Laut Rupert Everett, dem Begründer der Theorie, kommt es dabei insbesondere auf folgende Elemente an: die Innovation selbst, Kommunikationskanäle, Zeit und das soziale System.

Die **Diffusion bzw. Adoption der Innovation** geschieht dabei meist in folgenden Schritten:

1. *Wissen:* Erfahren, dass es die Innovation gibt
2. *Überzeugung:* Interesse an der Innovation mit dem Bestreben, mehr darüber zu erfahren
3. *Entscheidung:* Abwägung der Vor- und Nachteile, um zu entscheiden, ob die Innovation angenommen werden soll oder nicht
4. *Umsetzung:* Nutzung/Test der Innovation
5. *Bestätigung:* Fortführung der Nutzung der Innovation

Um diese Schritte positiv zu beeinflussen, nutzen Unternehmen diverse Strategien, z. B. Blogger als „Influencer", um Kundengruppen schnell über neue Innovationen zu *informieren* bzw. von diesen zu *überzeugen*. Andere nutzen die Early Adopter als Empfehler. So empfehlen z. B. Uber-Kunden die Smartphone-Applikation des Unternehmens gerne weiter, motiviert vom Anreiz, dass sowohl der neu geworbene als auch der Empfehlende zur Belohnung Freifahrten erhalten. Andere wiederum ermöglichen großzügige Testphasen, um die *Entscheidung* und *Umsetzung* zu erleichtern. Auf diese und viele weitere Weisen wird versucht, auf die Diffusion Einfluss zu nehmen.

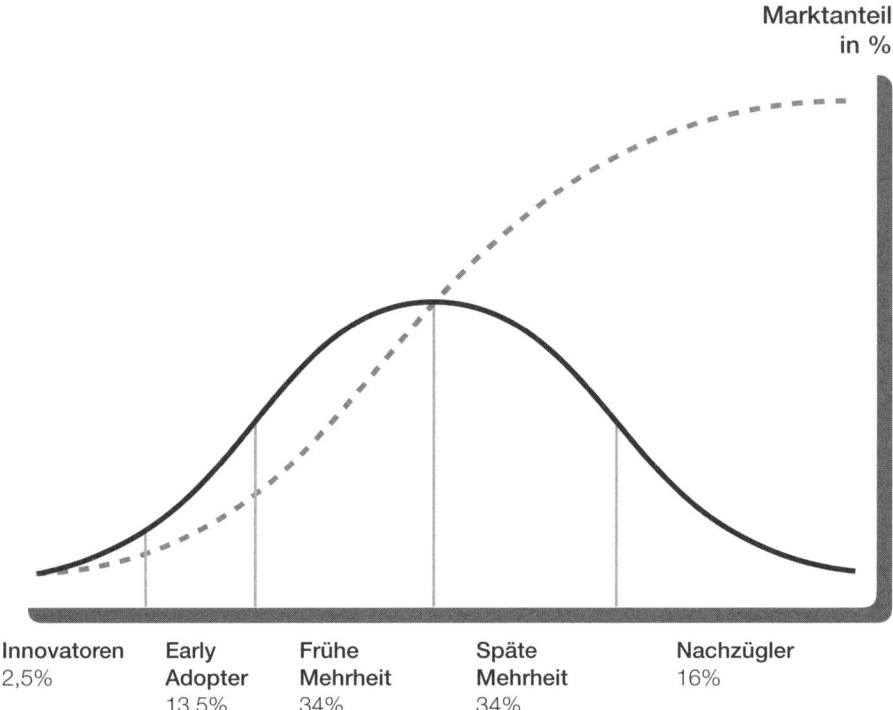

Abbildung 37: Diffusion von Innovationen[147]

Wenn das Großunternehmen die Innovationen nah genug am Kerngeschäft entwickelt hat, kann es nun entsprechend seine Stärken für die Diffusion ausspielen. So kann das *Wissen* z. B. durch die vorhandenen Schnittstellen zum Kunden direkt an eine große Zielgruppe vermittelt werden. Die Glaubwürdigkeit bestehender Marken kann zu einer größeren Offenheit gegenüber den Innovationen in den Phasen der *Überzeugung*, *Entscheidung* oder *Umsetzung* führen. Und die operative Exzellenz kann unter anderem dabei helfen, die positive *Bestätigung* der Innovation sicherzustellen.

All dies bestätigt, wie wichtig die Traktionsfaktoren für die Traktion tatsächlich sind – und warum es so schwierig ist, als Start-up bzw. separate externe Einheit eine hohe Diffusion zu schaffen. Schließlich stehen viele der für die Diffusion notwendigen Faktoren schlichtweg nicht zur Verfügung.

So wird spätestens an dieser Stelle deutlich, warum Großunternehmen die besten Voraussetzungen mitbringen, um mit effizienten Innovationen den Kampf gegen disruptive Start-ups zu gewinnen und so ihr Comeback zu feiern. Das Beste daran: „Aller Ende ist leicht" – wenn diese effizienten Innovationen mit einer für Großunternehmen passenden Methodik entwickelt wurden.

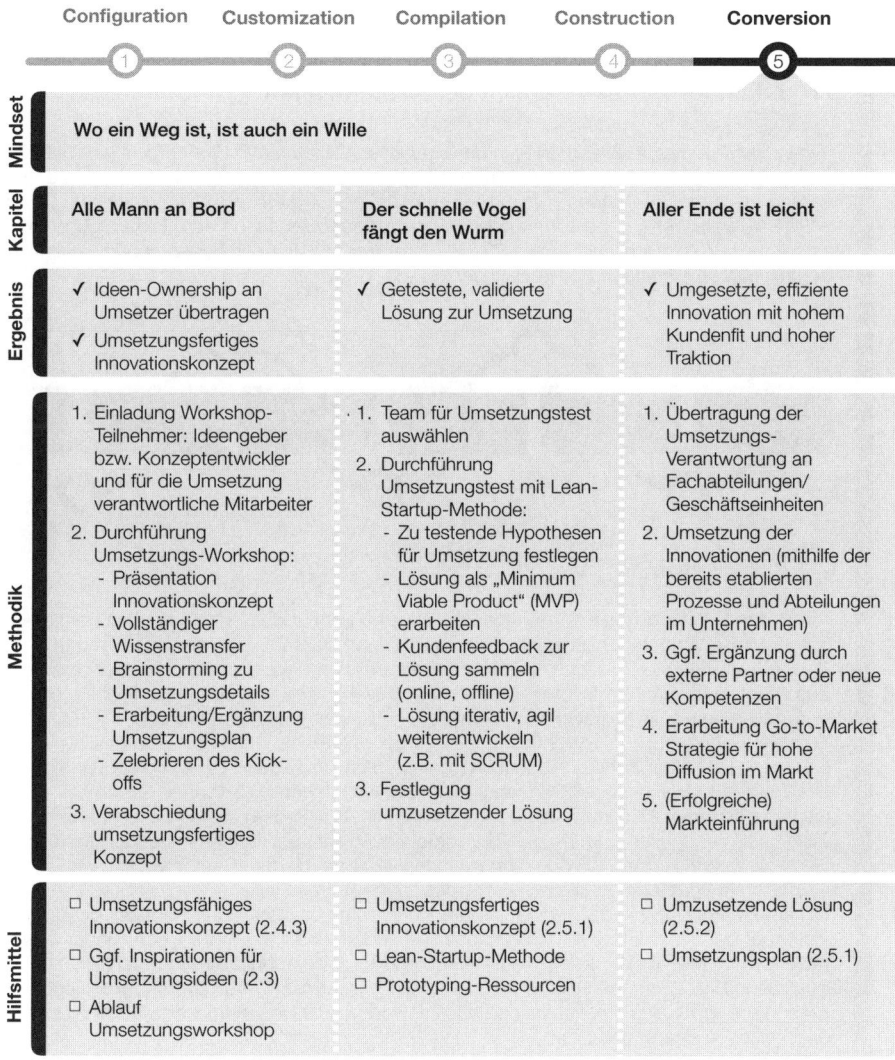

Abbildung 38: Übersicht Conversion

Praxisbeispiel

Hymer GmbH & Co. KG

Produktinnovation im Bereich der Kastenwagen

Hymer ist europäischer Marktführer in den Bereichen Caravan und Wohnmobil. Innovationen sind in diesen Märkten nicht nur wichtige Umsatztreiber, sondern auch relevant zur langfristigen Differenzierung im herausfordernden Konkurrenzumfeld. Doch wirklich große Innovationen, wie einst die Schlaf-Alkoven, der Doppelboden oder Hubbetten, gab es schon seit Jahren nicht mehr. Umso größer ist der Wunsch auf Seiten der Hersteller, mit solch einer bedeutenden neuen Innovation langfristig neue Maßstäbe im Markt zu setzen.

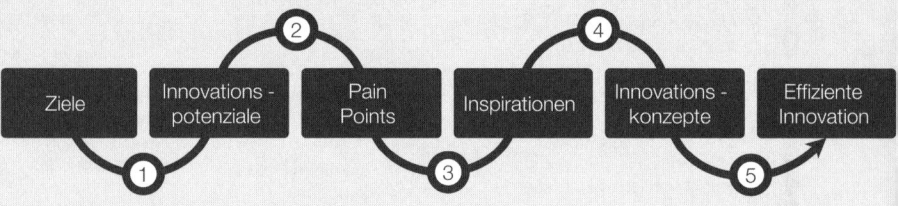

① Configuration

Auf Basis der obigen Ausgangssituation und verknüpft mit dem konkreten Ziel der Umsatzsteigerung bei einer jüngeren, nachwachsenden Zielgruppe wurde zu Beginn des Projektes die Entscheidung für das *Innovationsfeld* „NeueProdukte" getroffen. Wobei gleichzeitig ein herausforderndes Zusatzkriterium vereinbart wurde: Die Produktinnovation sollte bereits im Folgejahr auf der weltgrößte Caravanmesse als Prototyp einer breiten Öffentlichkeit präsentiert werden.

Da Umsatzsteigerung als wichtigstes Ziel vorgegeben war, wurde bei der Analyse der externer Faktoren der Fokus auf die Aufdeckung der größten Umsatzpotenziale gelegt. Und dieses zeigte sich beim stark wachsenden Segment der Kastenwagen unter 3,5 Tonnen – auch deshalb, da diese keine zusätzlichen Prüfung zum aktuellen Führerschein erfordern und somit einer besonders breiter Zielgruppe zugänglich sind. Da dieses Segment auch sehr gut zum bestehenden Traktionsraum vor Hymer passte, wurden „Produktinnovationen im Bereich der Kastenwagen" als spannendste *Opportunity Space* für den weiteren Prozess ausgewählt.

Die konkretere Analyse der Kundenfaktoren innerhalb des Opportunity-Spaces deckte ein riesiges Potenzial auf. Über 80% der Wohnmobil-Reisenden sind Paare, die ohne Kinder oder Freunde reisen. Doch fast alle aktuellen Modelle im Markt für Wohnmobile sind für mehr als zwei Personer ausgelegt und „verschenken" somit wertvollen Innenraum. Auf dieser Grundlage wurde die Entscheidung für das *Innovationspotenzial* „Produktinnovationen im Bereich der Kastenwagen für alleinreisende Paare" getroffen.

② Customization

Im Rahmen der Customization wurden innerhalb der Zielgruppe „Reisende Paare" Insights übe unterschiedlichsten Kanäle und Methoden eingesammelt: Selbsterfahrungen beim Reisen mi einem Kastenwagen, Einzelinterviews mit langjährigen Campern, Interviews auf diversen Campings plätzen, Fokusgruppen mit „Nicht-Campern", Austausch in verschiedensten Foren, auf Blogs, au sozialen Medien und vieles mehr. Dabei zeigten sich diverse *Insights* und ein besonders starker *Pair Point*: Gerade das Reisen im Kastenwagen bietet wenig Komfort aufgrund des stark eingeschränk ten Platzangebotes. So sind die Betten für Paare zu klein oder die Toilette nicht von der Dusche getrennt. Und das Spannende: Noch gibt es für diesen Pain Point keine befriedigende Lösung in Markt.

③ Compilation

Die Analyse internationaler *Best Practices* zeigte, dass es weltweit nur wenige Modelle gibt, die für alleinreisende Paare konzipiert sind. Wobei sich bei eben diesen Modellen auch zeigt, dass aufgrund der dann fehlenden Rückbank für mitreisende Passagiere tatsächlich ein deutlicher Raumgewinn ermöglicht wird. Die einzelnen Modelle nutzen diesen Raumgewinn bereits, um einzelne Bedürfnisse der reisenden Paare zu befriedigen, wie z.B. ein größeres Doppelbett. Doch kein Modell schafft es bislang, sämtliche der aufgedeckten Wünsche reisender Paare gleichzeitig zu lösen. Das Reisen im Kastenwagen ist also weiterhin mit Kompromissen verbunden.

Der potenzielle Fundus an *analogen Best Practices* ist riesig. Besonders viele Erkenntnisse konnten dabei aus Märkten wie Micro-Appartments, Kreuzfahrtschiffe, Yachten, Flugzeuge und Raumstationen gewonnen werden. Denn überall dort, wo wenig Platz vorhanden ist, wurde offenbar bereits intensiv nach innovativen Lösungen zu diesem Problem gesucht.

Der *Blick in die Zukunft* generierte weitere wichtige Inspirationen. So z.B. die Recherche auf Messen, im eigenen externen Netzwerk und im Internet in Bezug auf neue Technologien wie 4D-Druck, Nano- und UV-Technologien. Genauso auch die gezielte Suche nach bestehenden Patenten, oder die Recherche nach aktuellen Forschungsergebnissen zur Solartechnologie oder Konzeptstudien großer Automobilhersteller.

④ Construction

Die multidimensionale Ideation mit multidisziplinären Teams generierte insgesamt mehr als 500 konkrete Ideen für Produktinnovation im Bereich der Kastenwagen für alleinreisende Paare. Und schnell reifte die Erkenntnis, dass insbesondere die Kombination aus unterschiedlichen Einzelideen eine so große Innovation erschaffen könnte, wie sie in der Vergangenheit mit Schlaf-Alkoven, Doppelboden oder Hubbetten gelungen war. Es wurden zunächst diverse unterschiedliche Konzeptrouten weiterverfolgt und schließlich acht Innovationskonzepte erarbeitet, die im Feasibility-Check mit internen und externen Experten auf Herz und Nieren geprüft wurden, bevor sie dann der relevanten Zielgruppe vorgestellt und auf Basis von deren Feedback weiteroptimiert wurden. Schließlich wurde gemeinsam mit dem Topmanagement von Hymer auf Basis der zu Beginn festgelegten Zielsetzungen und Kriterien das Konzept des „HYMER DuoCar" für die Umsetzung ausgewählt, ein Konzept, das einen im Markt noch nie da gewesenen Grundriss zeigt, der es ermöglicht, Toilette und Dusche zu trennen, ein besonders großes Doppelbett in der Fahrzeugklasse zu bieten, und dennoch ausreichend Platz zum Kochen, Essen und „Relaxen" gewährt. Also kurz gesagt: Die Befriedigung sämtlicher Wünsche alleinreisender Paare.

⑤ Conversion

Im Rahmen der Conversion wurde das Fahrzeug zunächst in Zusammenarbeit mit internen Fachabteilungen, wie Design, Entwicklung und Marketing, sowie mit externen Lieferanten und Experten bis zum fertigen Prototyp entwickelt. Aufgrund des stark eingeschränkten Timings (anfängliches Kriterium: Präsentation auf der weltgrößten Caravanmesse in weniger als 12 Monaten nach Projektstart) musste dies besonders agil erfolgen. Im August 2017 wurde das „HYMER DuoCar" auf dem Caravan Salon Düsseldorf einer breiten Öffentlichkeit präsentiert. Potenzielle Kunden und die Fachpresse feierten das Fahrzeug gleichermaßen als „Sensation" und „Revolution". Das Konzept zum „HYMER DuoCar" wurde von Hymer zwischenzeitlich als Anwärter für den diesjährigen Innovation-Award bei einem Internationalen Reisemagazin eingereicht. Aktuell begleitet Venture Idea die Weiterentwicklung des „DuoCar" zur Serienfertigung.

Zu Beginn des zweiten Kapitels haben wir den Nachteil des 5C-Prozesses bereits offengelegt: Der notwendige Aufwand zur Durchführung des Prozesses gegenüber einem Innovationsprozess auf der grünen Wiese ist erheblich. Wir hoffen jedoch, dass wir im Laufe unserer Ausführungen auch den Vorteil der Methodik bekräftigen konnten: Die Erfolgswahrscheinlichkeit von Innovationen bei Großunternehmen, die auf Basis des 5C-Prozesses entwickelt werden, ist signifikant höher als bei den bereits bekannten Innovationsprozessen. Gleichzeitig können mithilfe des 5C-Prozesses auch der Umsetzungsaufwand reduziert und die Umsetzungsgeschwindigkeit signifikant gesteigert werden. Und so gilt tatsächlich: „Aller Ende ist leicht."

Nach dem Verständnis der Methodik gilt es nun, diese erfolgreich in das Unternehmen zu implementieren. Und dies heißt im Falle von Großunternehmen, dass die Methodik in der Regel auf eine bereits vorhandene Struktur sowie bestehende Innovationsstrategien und -methoden trifft. Wie diese Herausforderung erfolgreich gemeistert werden kann und welche Elemente generell für die Implementierung der 5C-Methodik von Bedeutung sind, wird im folgenden Kapitel ausführlich erläutert.

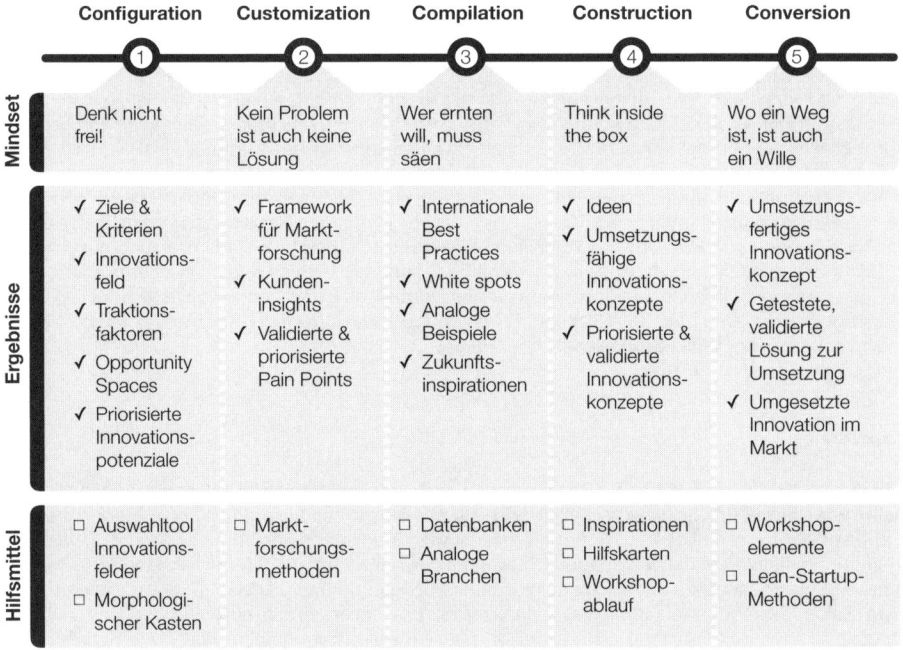

Abbildung 39: Der 5C-Prozess in der Gesamtübersicht

Website zum Buch

Passende Arbeitsvorlagen, Prozessgrafiken und weitere Materialien finden Sie zum Download unter www.das-comeback-der-konzerne.de.

DIE
INNOVATIONS-
MASCHINE

3. Die „Innovationsmaschine": Effiziente Innovation im Großunternehmen

„Los geht's" sollte es nach dem Verständnis der 5C-Methodik nun heißen. Denn es wurde gezeigt: Mithilfe der Methodik kann das Großunternehmen in Zukunft effiziente Innovationen mit hohem Kundenfit und hoher Traktion entwickeln. Diese stellen nachhaltige Wettbewerbsvorteile im Innovationswettkampf dar.

Doch das Verständnis der 5C-Methodik alleine ist nicht ausreichend, wenn effiziente Innovation dauerhaft erfolgreich im Unternehmen implementiert werden soll. Dazu sollte sich das Unternehmen zunächst die Frage stellen, welche Rolle das Thema Innovation aktuell spielt – und noch wichtiger: welche Rolle das Thema in Zukunft spielen soll. Ist erst einmal ein ausreichendes **Bewusstsein für die strategische Bedeutung von Innovation im Unternehmen** geschaffen, können anschließend die notwendigen Rahmenbedingungen für die erfolgreiche Implementierung und Anwendung der 5C-Methodik auf der organisatorischen- und der Arbeitsebene geschaffen werden.

Eine wichtige Voraussetzung zur Implementierung des 5C-Prozesses ist bei den meisten Großunternehmen bereits vorhanden: die dazu notwendige Motivation. Laut einer globalen McKinsey-Studie halten 84 Prozent der befragten Unternehmen Innovation für den kritischen Erfolgsfaktor, um Wachstum zu erzeugen.[148] Auch eine Innovationsstudie von Accenture mit US-Topmanagern zeigt, dass unter allen befragten Personen nur 1 Prozent Innovation als unwichtig für den Unternehmenserfolg ansieht.[149]

Dies ist im Kontext des immer weiter steigenden Innovationsdrucks keine große Überraschung. Nicht nur die Konkurrenz und agile Start-ups sorgen stetig für neue Innovationsimpulse. Auch weitere externe Faktoren verstärken die Notwendigkeit zu innovieren. Der Managementvordenker Peter Drucker nennt dabei z.B. die folgenden Faktoren als besonders ausschlaggebend:[150]

a) *Industrie- und Marktveränderungen*, wie z.B. die Energiewende, die Liberalisierung des Fernverkehrs, Diesel-Fahrverbote oder der Ausbau des Breitbandinternet – also Themen, die oftmals von Verbrauchern oder der Politik getrieben werden.

b) *Demographische und gesellschaftliche Veränderungen*, die z.B. in Japan aufgrund der schnell alternden Gesellschaft zu erhöter Forschung im Bereich der Robotik geführt haben.

c) *Veränderte Lebensstile,* die z.B. durch einen erhöhten Bedarf an „Selbstoptimierung" den Gesundheits- und Fitnessmarkt stark beeinflussen oder durch die sinkende „Coolness" des Rauchens das Kerngeschäft der Tabakkonzerne verändern.

d) *Neues Wissen*, wie z. B. neue Technologien oder Forschungsergebnisse, die im Geschäftsfeld des Unternehmens eine Rolle spielen können – so z. B. die Blockchain-Technologie im Kontext von Unternehmen im Finanzmarkt.

Auf all diese Impulse müssen Unternehmen reagieren. Die Frage ist nur: Wie? Unternehmen können sich entweder dafür entscheiden, diese einfach zu ignorieren oder abzuwehren. Oder sie können diese als spannende Chance für neue, eigene Innovationen begreifen. Und immer öfter scheint letzterer Weg der bevorzugte zu sein.

Doch auch wenn die Bedeutung von Innovation klar ist, wird sie nur in den wenigsten Unternehmen erfolgreich systematisch praktiziert. So geben in der Studie von McKinsey 94 Prozent der befragten Unternehmen an, dass sie unzufrieden mit ihrem Innovationserfolg sind.[151]

Wodurch entsteht diese Lücke zwischen Wunsch und Wirklichkeit? Eine mögliche Antwort geben die Autoren der Studie von Accenture.[152] Sie bemerken, dass die Verwirklichung der „großen" Innovationsziele nicht an fehlendem Enthusiasmus, Selbstbewusstsein oder Investment scheitert, sondern an der Art und Weise, wie innoviert wird: 82 Prozent der untersuchten Unternehmen differenzieren nicht zwischen Maßnahmen für inkrementelle

Praxiskommentar

Klaus Burmeister, Gründer & Geschäftsführer Z_punkt The Foresight Company, foresightlab und Initiative D2030

Die Macht der Konzerne ist Legende. Waren es in den 1970er-Jahren die multinationalen Konzerne, sind es heute die Internet-Giganten oder Plattform-Unternehmen, die qua Marktmacht oft im Kreuzfeuer der Kritik stehen. Sie gestalten mit ihren Produkten unsere Lebenswelten. Ihre Investitionsentscheidungen prägen die Zukunftsperspektiven der Gesellschaften. Aber sind sie auch die Innovationsmotoren?

Das Fragezeichen scheint berechtigt. So denken und handeln die klassischen Industriekonzerne oft strukturkonservativ. Ihre Marktmacht scheint einen raschen Wandel eher zu bremsen. In Zeiten tiefgreifender Systeminnovationen, wie wir sie beispielsweise in den Bereichen Energie und Mobilität erleben, geraten diese Unternehmen jedoch durch Politik, Kunden, neue Technologien und branchenfremde Unternehmen immer mehr unter Innovationsdruck. Die Diesel-Debatte ist hierfür ein exzellentes Beispiel. Während die durch ihren Erfolg erstarrten deutschen Autokonzerne defensiv ein Loblied auf den Diesel singen, führt die Volksrepublik China ab 2019 eine Quote für Elektrofahrzeuge ein. Tesla und hunderte chinesische Elektromobilitäts-Start-ups scheinen so eher für die Zukunft gerüstet.

Um in den interpendenten Wechselbeziehungen zwischen ökonomischen Akteuren, staatlicher Regulierung, der Wissenschaftslandschaft und der Gesellschaft positiv zu Innovation und fortschrittlicher Veränderung beizutragen, brauchen demnach insbesondere Großunternehmen einen neuen Fokus und strategischen Ansatz für Innovationen. Denn die immer kürzere Überlebenszeit von Konzernen belegt: Nur Konzerne, die Innovationen vorantreiben, werden überleben. Die Kraft dazu hätten sie – sie müssen sie nur nutzen können!

Innovationen (wie z. B. Produkt-/Markenerweiterungen) und strategisch bedeutenden Innovationen.

„Strategische Innovation" (oder auch: „Corporate Innovation") **sollte als wichtiger Bestandteil fest in der Unternehmensstrategie verankert und dabei klar von inkrementellen Verbesserungen abgegrenzt werden**. „Strategische Innovation" bezeichnet neue (Wachstums-)Opportunitäten für das gesamte Unternehmen und steht damit im Gegensatz zu einzelnen, unkoordinierten Aktivitäten oder inkrementellen Verbesserungen. Strategische Innovationen ermöglichen entsprechend marktdifferenzierende Veränderungen, die einen nachhaltigen Wettbewerbsvorteil schaffen und so zu einem messbaren Wertbeitrag für das Unternehmen führen.[153] Sie besitzen also – kurz gesagt – eine hohe strategische Relevanz für das Unternehmen. Das Thema „Innovation" kann also nicht mehr länger nur in Fachabteilungen oder im Management „mitgeschleift" werden, sondern muss stattdessen strategisch im Unternehmen verankert werden. So bemerkt z. B. Harvard-Professor Gary: „Trotz massiver Investitionen von Zeit und Geld bleibt Innovation

Praxiskommentar

Jörg Limberg, VP Europe Research Solutions Sales & Marketing, Elsevier
Ehem. Vice President & General Manager Software & Solutions, Hewlett Packard

Strategische Innovation steht für die Einführung von wertstiftenden Neuerungen – also Produkten, Services, Themen, Organisationsformen, Märkten usw., die bislang anders oder eben noch überhaupt nicht bedient wurden. Dabei sollte stets ein längerfristiges Ziel verfolgt und somit der Blick auf die zukünftigen Möglichkeiten statt auf die vergangenen Erfolge gerichtet werden. Doch insbesondere große Unternehmen tendieren dazu, die aktuelle Situation mit der Vergangenheit zu vergleichen – getrieben von dem Wunsch, dass das Heute möglichst bald wieder dem guten alten Damals entspricht. Denn die Mehrheit der Belegschaft kennt „nur" die Zeiten eines stetigen Wachstums mit entsprechenden Flaggschiffprodukten, die sich durch die langjährige, bewährte Organisationsstruktur haben gut verkaufen lassen.

Um dies zu verhindern, müssen Business Units, Fachabteilungen und Projektteams bei der Entwicklung strategischer Innovationen frühzeitig eingebunden werden. Und es gilt, über alle Managementebenen hinweg zu kommunizieren. Denn nur wenn die (geplanten) Neuerungen den Mitarbeitern/innen gegenüber transparent kommuniziert, erklärt und begründet werden, können diese auch die maximale Unterstützung in der Umsetzung erfahren.

Für die Entwicklung und Umsetzung selbst wird viel Kreativität, Begeisterung und Umsetzungsvermögen benötigt. Dies lässt sich in spezialisierten, kleineren bis mittleren Organisationseinheiten besonders geradlinig und ergebnisorientiert umsetzen. Das Geschick des Managements besteht dann darin, die passende Innovation zu selektieren und in die Umsetzung zu bringen. Dabei gilt: „Viel hilft nicht viel" – Fokussierung ist auch hier das Rezept zum Erfolg, egal, ob es um eine Neuerung des Vertriebskonzepts geht oder die (Er)Neuerung des Geschäftsmodells.

Und auch wenn strategische Innovationen heute immer mehr durch stärkere Kundenorientierung entstehen: Der große Vorteil von Großunternehmen in Bezug auf Innovation ist die gewaltige Umsetzungskraft/Traktion. Hat es eine Innovation in die Umsetzung geschafft, so ist der Hebel zum Erfolg (Skalierung) um das Vielfache größer im Vergleich zu einem kleinen Unternehmen oder Start-up. Dies sollte in jedem strategischen Innovationsprozess und bei der Auswahl jeder umzusetzenden Idee berücksichtigt werden.

ein frustrierendes Thema in vielen Unternehmen. Innovationsmaßnahmen scheitern regelmäßig. Und erfolgreiche Innovatoren können ihre Leistung oft nicht nachhaltig sicherstellen – wie Polaroid, Nokia, Sun Microsystems, Dell, Yahoo, Hewlett-Packard, Blackberry und viele andere Beispiele zeigen. Die Gründe dafür gehen viel tiefer als der meist genannte Grund der scheiternden Umsetzung. Das Problem mit Innovationsmaßnahmen hat meistens seinen Ursprung in einer fehlenden Innovationsstrategie."[154]

Strategische Innovation sollte dabei dem Ideal der effizienten Innovation entsprechen und bestehende Stärken des Kerngeschäfts nutzen. Schließlich kann strategische Innovation nur dann einen relevanten Wertbeitrag für das Unternehmen leisten, wenn die Innovationen des Unternehmens sowohl einen hohen Kundenfit als auch eine hohe Traktion aufweisen. Wenn ein ausreichender Kundenfit bei der Innovation fehlt, hat diese letztlich keine (bzw. keine hinreichende) Relevanz am Markt. Und auch der Kundenfit alleine ist für eine strategische Innovation nicht ausreichend. Kann das Unternehmen seine bestehenden Stärken bei der Umsetzung nicht ausnutzen, dann fehlt die nötige Traktion, um einen entsprechend hohen Wertbeitrag für das Unternehmen zu erzielen.

Charles O'Reilly und Michael Tushman ergänzen dazu in ihrem 2016 erschienenen Buch „Lead and Disrupt", dass für Innovationen, die gleichzeitig eine hohe strategische Relevanz aufweisen sollen und dabei die Stärken des Kerngeschäfts nutzen, eine organisationale Ambidexterität (siehe Kapitel 1.4) benötigt wird (siehe Abbildung 40).

In der Konsequenz kann strategische Innovation nicht in separate Einheiten ausgelagert werden. Stattdessen gilt es, mithilfe ebendieser organisationalen Ambidexterität neue, explorative Innovationsthemen parallel zum aktuellen Kerngeschäft zu untersuchen und mit diesem zu verknüpfen. Doch fehlt bei dieser Betrachtung aktuell noch der Kundenfit. Dessen Berücksichtigung ist eine notwendige Voraussetzung, damit *strategische* zu *effizienter* Innovation wird.

Die gute Nachricht: Die Implementierung des 5C-Prozesses stellt sicher, dass eine hohe strategische Relevanz, die Nutzung von bestehenden Kernkompetenzen (im Sinne der Traktion) *und* ein hoher Kundenfit im Sinne einer *prozessualen* Ambidexterität erreicht wird. Dazu werden nichtsdestotrotz aber auch die richtigen *organisatorischen* Kompetenzen benötigt. O'Reilly und Tushman beschreiben diese notwendigen, dynamischen Kompetenzen als „Skills, Prozesse, organisatorische Strukturen, Regeln und Disziplinen, welche das Unternehmen dazu befähigen, Gefahren und Opportunitäten zu erkennen und vorhandene Stärken zu rekonfigurieren, um sie zu adressieren."[156]

Kurz gesagt, braucht es neben der Methodik zum einen die passende organisatorische Verankerung im Großunternehmen und zum anderen die richtigen Rahmenbedingungen für die entsprechende Innovationseinheit. Werden diese Rahmenbedingungen geschaffen, ist das Unternehmen befähigt, sys-

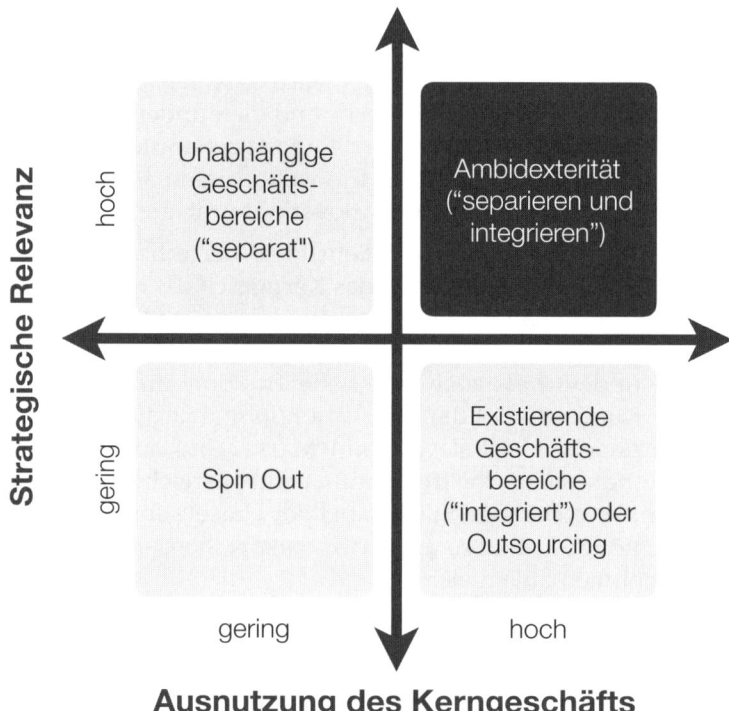

Abbildung 40: Strategische Innovation vs. Ambidexterität[155]

tematisch nicht nur strategische, sondern sogar effiziente Innovationen zu generieren.

Im folgenden Kapitel werden diese Rahmenbedingungen im Detail erläutert: die notwendige organisatorische Verankerung von Innovation im Unternehmen, die optimalen Charakteristika einer spezialisierten Innovationseinheit und der Prozess zur Implementierung der 5C-Methodik. In Bezug auf die Implementierung wird in den darauffolgenden Kapiteln noch zwischen unterschiedlichen Ausgangssituationen von Unternehmen unterschieden. Je nachdem, ob im eigenen Unternehmen bereits eine strategische Innovationseinheit, eine kundenzentrierte Design Thinking-Abteilung und/oder separate Innovationseinheiten existieren, sind bereits erste wichtige Rahmenbedingungen für eine erfolgreiche Implementierung der 5C-Methodik vorhanden. Insofern unterschiedet sich der Implementierungsaufwand bzw. -prozess je nach der jeweiligen Ausgangssituation.

Der 5C-Prozess kann auch ohne Implementierung der obigen Rahmenbedingungen durchgeführt werden. Anders wäre es auch uns, als externe Spezialisten, gar nicht möglich gewesen, mittlerweile über 50 erfolgreiche Innovationsprojekte für Großunternehmen durchzuführen. Doch wenn effiziente Innovation dauerhaft im Unternehmen verankert und entwickelt werden soll, gilt es, die entsprechenden Voraussetzungen dafür zu schaffen – und damit auch das gesamte Unternehmen schrittweise zu innovieren. Denn wie Peter Drucker richtigerweise bemerkt: „Die Grundlage von Entrepreneurship ist die Durchführung systematischer Innovation".[157] Um ebendiese zu ermöglichen, werden die notwenigen Rahmenbedingungen im Großunternehmen benötigt.

Kurz gesagt

Die Innovationsmaschine: Effiziente Innovation im Großunternehmen

Die langfristige Implementierung effizienter Innovationen im Unternehmen bedingt neben der Einführung der 5C-Methodik auch die passende strategische Verankerung in der Organisation und eine richtig ausgestaltete Innovationseinheit.

▸ Für den nachhaltigen Innovationserfolg ist vor der Implementierung der richtigen Methodik die Klarheit über die strategische Bedeutung von Innovationen im Unternehmen notwendig

▸ Strategische Innovation steht, im Gegensatz zu inkrementeller Innovation, für marktdifferenzierende Veränderungen mit hoher Relevanz für das gesamte Unternehmen

▸ Nachhaltige effiziente Innovation mit hoher strategischer Relevanz, Kundenfit und Ausnutzung des Kerngeschäftes für die Traktion bedingt neben der Implementierung der 5C-Methodik langfristig auch die passende organisatorische Verankerung und spezifische Innovationseinheit

---

3.1 Organisatorische Verankerung effizienter Innovation

Die organisatorischen Strukturen sind gemeinhin die größte Hürde für erfolgreiche Innovationen. So zeigt beispielsweise die Innovationsstudie von McKinsey, dass 42 Prozent der befragten Unternehmen der Meinung sind, dass allein eine Verbesserung in der Organisation schwerwiegende Verbesserungen beim Innovationserfolg nach sich ziehen würde.[158]

Nach einer Umfrage des Bundesverbands digitaler Wirtschaft (BVDW) sind dabei die größten Innovationsbarrieren fehlende Zeit (70 Prozent), zu geringe finanzielle Mittel (41,8 Prozent) und mangelnde Förderung der Führungsebene (31,6 Prozent). Alles Faktoren, die maßgeblich durch die Strukturen des Unternehmens definiert werden. Folgerichtig stellt der BVDW-Vizepräsident Harald R. Fortmann fest: „Es überrascht, dass fehlende Zeit oder ein zu geringes Budget in diesem Maße als Innovationshemmnisse angegeben werden. Dabei sind Innovationen in der Regel das Kapital deutscher Unternehmen. Ein funktionierendes Innovationsmanagement ist die Investition in die Zukunft eines Unternehmens. Wer das heute vernachlässigt, wird sich davon vielleicht nicht wieder erholen."[159]

Oliver Specht, Leitung Unternehmensentwicklung, Media-Saturn

Das Marktumfeld von MediaMarktSaturn hat sich über die letzten Jahre radikal verändert. Die verstärkte Konkurrenz aus dem Online-Umfeld sowie der Trend zur Digitalisierung im Allgemeinen führt auch für uns als etablierter Marktführer zu einem hohen Innovationsdruck. Dabei gilt es einerseits die bestehenden Stärken auszubauen, andererseits aber gerade diese Stärken zu nutzen, um neue, innovative Themen zu entwickeln.
entwickeln.
Im Fokus stehen dabei für uns vor allem Omnichannel-Konzepte, neue Storeformate sowie die Etablierung neuer Kundenerlebnisse und -services. Damit dies erfolgreich gelingt, müssen die Innovationsthemen eng mit der Unternehmensstrategie verknüpft und aktiv in der Organisation verankert werden – statt diese als „Silos" außerhalb des Konzerns oder abgetrennt in Fachabteilungen voranzutreiben. Dies bedingt sowohl die Unterstützung des Topmanagements, als auch Schnittstellen in die operativen Bereiche.

Auf diese Weise kann der Weg „von der Strategie zur Innovation" gelingen, welcher aufgrund der großen Herausforderungen – nicht nur bei MediaMarktSaturn Deutschland, sondern bei jedem Großunternehmen – so dringend gebraucht wird."

Für eine nachhaltige Implementierung der 5C-Methodik im Unternehmen sind die passenden organisatorischen Rahmenbedingungen zu schaffen. Die 5C-Methodik stellt zwar stets sicher, dass innerhalb des bestehenden Traktionsraums des Unternehmens gearbeitet wird – und somit die grundlegende Organisation und Kultur für dessen Anwendung nicht zwingend verändert werden muss. Doch kann durch die richtigen organisatorischen Rahmenbedingungen gewährleistet werden, dass die Methodik intern auch dauerhaft erfolgreich angewendet wird.

So sind z. B. die Unterstützung des Topmanagements sowie ein gutes Zusammenarbeiten mit allen Fachabteilungen ausschlaggebend für die Berücksichtigung sämtlicher Ziele, Kriterien und Traktionsfaktoren im 5C-Prozess. Gewisse personelle, physische und zeitliche Ressourcen werden benötigt, um die Konzepte entwickeln und testen zu können. Und die Kultur sollte zumindest in dem Sinne passend sein, dass die Ansätze und „Mindsets" der effizienten Innovation verstanden und befürwortet werden – anstatt z. B. auf eine reine Kundenzentrierung oder zu schnelles Prototyping zu pochen. Diese **Grundfaktoren der Strukturen, Ressourcen und Kultur** gilt es, im Folgenden näher zu beleuchten.

Damit effiziente Innovation die strategischen Zielsetzungen erfüllen kann, bedarf es in der **Struktur** einer *strategischen Verankerung* im Unternehmen, das heißt: einer direkten Verbindung zum Topmanagement. So beschreibt Gary Pisano im *Harvard Business Review*: „Innovation betrifft quasi jede Funktion. Nur Seniormanager können ein solch komplexes System orchestrieren. Sie müssen Verantwortung für den Prozess, Strukturen, Talente und Verhalten übernehmen". [160]

Entsprechend ist eine Art Querschnittsfunktion, z. B. als Stabsstelle unter dem Vorstand, empfehlenswert. Dies garantiert den Zugriff auf die Entscheider zur Festlegung der Ziele und Kriterien in der *Configuration* sowie deren Unterstützung bei der Umsetzung von Innovationskonzepten. Durch die Ausgliederung von strategischer Innovation aus den Fachabteilungen wird zudem ein Überblick über das Gesamtunternehmen sichergestellt, Silodenken ausgeschaltet und zu starke Beeinflussung durch operative Geschäftsinteressen vermieden. Auch wird dadurch eine deutliche Unterscheidung zwischen strategischer und inkrementeller Innovation sichergestellt.

Effiziente Innovation als Querschnittsfunktion ermöglicht, auf alle für das jeweilige Innovationsprojekt relevanten Stakeholder zuzugreifen. Für effiziente Innovation ist ein entsprechend großes Netzwerk im Unternehmen notwendig. Wie in einem „Korallenriff" sollten dabei durch geeignete Kommunikationsmaßnahmen relevante Stakeholder „gesammelt" und verknüpft werden. Mit deren Hilfe können dann die erarbeiteten Innovationskonzepte geprüft, getestet und später auf den Markt eingeführt werden.[161]

Bezüglich der organisatorischen Verankerung im Unternehmen ist demnach die Verbindung nach „unten" *und* nach „oben" wichtig. Denn in der 5C-Methodik wird ein „Top-down/Bottom-up-Ansatz" verfolgt: Ziele und Kriterien werden zunächst vom Topmanagement festgelegt. Der anschließende Input wird jedoch von sämtlichen relevanten Stakeholdern eingesammelt.

Praxiskommentar

Dr. Hans-Joachim Popp, Chief Information Officer, Deutsches Zentrum für Luft- und Raumfahrt

Innovationsteams müssen sowohl in Richtung Topmanagement als auch in Richtung Umsetzer gut verbunden sein. Immer wieder gibt es z.B. Themen, die das Topmanagement unbedingt umsetzen will, die aber in der angedachten Form gar nicht im Unternehmen machbar sind. Da ist es dann egal, wie viel Budget dafür zur Verfügung gestellt wird – es ist einfach nicht realisierbar. Für solche Situationen muss das Innovationsteam als Bindeglied zwischen strategischen Zielen und der Umsetzung dienen. Schließlich gilt es, umsetzbare Innovatione ninnerhalb des strategischen Rahmens zu finden. Geschieht dies nicht, werden die Budgets für unrealistische Projekte ausgegeben, die am Ende wenig Impact für das Unternehmen generieren und somit zum Scheitern verurteilt sind. Aus diesem Grund sollte das Innovationsteam auch unabhängig von Fachbereichen und Geschäftseinheiten sein, um als Querschnittsfunktion die strategische Arbeit konzeptionell zu unterstützen.

Auch das Netzwerk nach „außen" ist von Bedeutung. Dieses ermöglicht den Innovationsverantwortlichen, auch externe Partner, Kunden und Zulieferer in den Prozess mit einzubinden. Das zu dessen Aufbau notwendige externe Netzwerk kann z. B. auch durch das Topmanagement oder Fachabteilungen unterstützt werden, indem diese den Innovationsverantwortlichen ihre Kontakte zur Verfügung stellen.

Zur Durchführung des 5C-Prozesses werden (abhängig von der Teamgröße) nur geringe **interne Ressourcen** benötigt. Der Grund: Der größte Teil der Umsetzung von Innovationen findet bei effizienter Innovation in der Regel in den Fachabteilungen und Geschäftseinheiten statt und nicht in der Innovationseinheit selbst. Schließlich gilt es, die bestehenden Traktionsfaktoren des Unternehmens möglichst stark zu nutzen. Und so ist für die Innovationseinheit auch nur ein Budget für die Durchführung des Innovationsprozesses bis zur Konzeptentwicklung (oder ggf. bis zum Abschluss des Testings) einzuplanen. Dieses wird benötigt, um Ausgaben in Bezug auf das eigene Personal sowie konzeptionsabhängige Kosten, wie Zugang zu Tools & Datenbanken, Veranstaltungen, die Einbindung externer Experten, Workshopteilnehmer, Marktforschung, Materialien, Räumlichkeiten etc., zu decken.

Das Budget für die Umsetzung der einzelnen Projekte sollte dagegen komplett aus derjenigen Abteilung (bzw. den Abteilungen) kommen, die auch später von der Umsetzung der Innovation profitiert. Die 5C-Methodik ist optimal darauf ausgerichtet, diese budgetäre Trennung abzubilden. Schließlich kann das für die Umsetzung der Innovation zur Verfügung stehende Budget bereits zu Beginn des Innovationsprozesses als Kriterium aufgenommen und somit im Laufe des gesamten Prozesses bis zum fertigen Innovationskonzept berücksichtigt werden.

Es ist sogar möglich, Innovationsprojekte durchzuführen, bei denen überhaupt kein Budget für die Umsetzung zur Verfügung steht. Steht dies bereits zu Beginn des Prozesses fest, kann die kostenfreie Umsetzung durch passende Innovationskonzepte sichergestellt werden. Ist ein solches Szenario realistisch? Durchaus – wir selbst haben bereits mehrere erfolgreiche Innovationsprojekte durchgeführt, für die kein Umsetzungsbudget zur Verfügung stand. Ist es denn auch sinnvoll? Aus unserer Sicht (nur) dann, wenn eine besonders schnelle Skalierung, z. B. über hunderte oder tausende stationäre Filialen des Unternehmens, benötigt wird. Wenn in einem solchen Szenario für die Umsetzung der Innovationsmaßnahmen kein Budget (und optimalerweise auch kein bzw. kaum zeitlicher Aufwand) nötig ist, kann die deutschlandweite oder internationale Skalierung über tausende Filialen im wahrsten Sinne des Wortes „über Nacht" erfolgen – und so schneller wirtschaftlicher Erfolg ermöglicht werden.

Die Trennung zwischen den Budgets für Konzeption und Umsetzung impliziert im Übrigen, dass die für effiziente Innovation verantwortliche Geschäftseinheit nicht als Profitcenter, sondern als Costcenter betrachtet werden muss. Ansonsten bestünde auch die Gefahr, dass diese eher von einzelnen Geschäftsbereichen und Fachabteilungen mit aktuellen Geschäftsinteressen gesteuert wird, statt sich auf die aus gesamtstrategischer Sicht wichtigsten Innovationen zu fokussieren.

Die benötigten personellen Ressourcen für die Konzeptentwicklung sind von der gewünschten Anzahl der Projekte abhängig. Wie im Kapitel 3.2 noch ausführlicher beschrieben wird, wird pro einzelnem Innovationsprojekt jeweils ein verantwortlicher Innovationsmitarbeiter benötigt (und dieser schafft zeitlich etwa zwei Projekte pro Jahr). So muss das Unternehmen je nach gewünschter Anzahl an Innovationsprojekten auch nur die jeweilige Anzahl an Innovationsmitarbeitern bereitstellen.

Besonders relevant (im Kontext von Großunternehmen): Es ist nur ein sehr geringer Zeitaufwand auf Seiten des Topmanagements sowie der projektrelevanten Stakeholder im Konzern nötig. Wird die 5C-Methodik befolgt, werden pro Projekt insgesamt nur ca. vier halbe Tage gemeinsam mit den Entscheidern benötigt: je einer zum Ende des jeweiligen Prozessschrittes bis zur *Construction* (also der Entscheidung zur Umsetzung eines oder mehrerer Innovationskonzepte).

Die für die spätere Umsetzung verantwortlichen Mitarbeiter werden im Laufe des Prozesses dagegen nur punktuell durch zielgerichtete Interviews sowie im Rahmen des in Abschnitt 2.5.1 beschrieben Umsetzungs-Workshops eingebunden. Für die Ideengenerierung und -entwicklung werden sie nicht benötigt. Deren stärkeres Engagement ist erst bei der finalen Umsetzung notwendig. Allerdings entsprechen die dann benötigten Tätigkeiten nach Möglichkeit ihrem Tagesgeschäft bzw. können in die individuellen Zielvereinbarungen der Mitarbeiter übernommen werden.

Der 5C-Prozess braucht für die Durchführung bis zur Entwicklung der finalen Innovationskonzepte kaum Ressourcen außerhalb der Innovationseinheit. Dadurch können auch die (in vielen Unternehmen bekannten) Situationen vermieden werden, in denen Innovationsprojekte ins Stocken geraten, weil z. B. für Ideation-Workshops und die Entwicklung von Ideen auf Mitarbeiter zurückgegriffen werden muss, die sich für das Thema Innovation nicht zuständig fühlen und so nur unwillig teilnehmen bzw. unterstützen – wenn überhaupt.

Die grundsätzliche **Kultur** des Unternehmens muss nicht verändert werden, um eine erfolgreiche Anwendung der 5C-Methodik sicherzustellen. Die Belegschaft muss z. B. nicht plötzlich besonders kreativ oder innovativ werden, um effiziente Innovation zu ermöglichen. Notwendig ist allerdings oftmals eine Veränderung in Bezug auf das Innovations-„Mindset" der am Prozess beteiligten Personen sowie der relevanten Entscheider. Dies insbesondere dann, wenn in Unternehmen aktuell Start-up-Methoden wie Design Thinking oder Lean Startup zur Ideengenerierung bzw. für die Konzeptarbeit eingesetzt werden. Schließlich wird hier eine iterative Vorgehensweise nah am Kunden (und eher „weit" weg vom Unternehmen) mit schnellem Prototypen-Bau und Testen verlangt. Wenn dieses z. B. durch Führungskräfte oder Innovationsverantwortliche bereits verinnerlicht wurde, ist Aufklärungsarbeit notwendig. Schließlich muss dann zunächst ein Bewusstsein dafür geschaffen werden, dass es Sinn macht, ausreichend Zeit mit der Konzeptarbeit und der dazu notwendigen Vorarbeit zu verbringen, um effiziente Innovation mit Kundenfit und Traktion zu entwickeln. Dank unzähliger „Learning Journeys" ins Silicon Valley zur Übertragung der Start-up-Kultur kann dies eine Herausforderung darstellen. Denn es gilt erst einmal zu erklären, warum ein Großunternehmen eben kein Start-up ist und auch keins werden sollte. Wir hoffen jedoch, dass dieses Buch die nötigen Argumente dafür liefert.

Der 5C-Prozess stellt über die Berücksichtigung *kultureller* Gegebenheiten im Rahmen der Kriterien und Traktionsfaktoren in der *Configuration* sicher, dass Innovationen unabhängig von einer bestimmten Unternehmenskultur möglich sind. So kann das Unternehmen in Bezug auf seine Kultur grundsätzlich bleiben wie es ist. Schließlich ist der Großteil der Belegschaft nur im Rahmen der Umsetzung von effizienten Innovationen involviert. Eben diese Umsetzung soll ja möglichst stark auf das bereits Bestehende – und damit auch die Unternehmenskultur – aufsetzen. Für diejenigen Entscheider, die (meist aus persönlichen Motiven) große Transformations- bzw. Change-Prozesse anstreben, mag dies zunächst enttäuschend sein. Doch für die Umsetzer von Innovationen bedeutet es (verständlicherweise) eine immense Erleichterung, wenn zur Umsetzung einer Innovation keine kulturelle Veränderung nötig ist – falls dies im Kontext eines Großunternehmens überhaupt gelingen kann.

Wird der Blick konkret auf die Innovationseinheit gerichtet, gelten andere Maßstäbe. Denn hier ist eine „eigene" Kultur, die die Innovationsfreudigkeit stärkt, sogar eine notwendige Voraussetzung für die erfolgreiche Arbeit mit der 5C-Methodik. Dieser und weitere Faktoren für die Innovationseinheit im Speziellen werden im nachfolgenden Kapitel behandelt.

Organisatorische Verankerung effizienter Innovation

Die organisatorischen Strukturen sind oftmals die größte Hürde für erfolgreiche Innovationen. Für eine nachhaltige Implementierung der 5C-Methodik im Unternehmen sind die passenden organisatorischen Rahmenbedingungen zu schaffen:

Struktur

▶ Organisatorische Verankerung zur Verbindung nach „oben" und nach „unten" als „Top-down-/Bottom-up-Ansatz"

▶ Strategische Verankerung im Unternehmen durch eine direkte Verbindung zum Topmanagement

▶ Operative Verankerung als Querschnittsfunktion zum Zugriff auf alle relevanten operativen Stakeholder

▶ Verbindung nach „außen" durch Aufbau eines geeigneten Netzwerks

Ressourcen

▶ (Geringe) interne Ressourcen, da Umsetzungsbudgets der Geschäftseinheiten und Fachabteilungen genutzt werden

▶ Eigenes Budget für die Prozessdurchführung bis zur Konzeptentwicklung oder Umsetzungstest

▶ Aufbau als Costcenter statt Profitcenter zur Vermeidung operativer Abhängigkeit

▶ Personelle Ressourcen in Abhängigkeit von gewünschter Projektanzahl (ca. 2/Projektleiter/Jahr)

▶ Einbindung des Topmanagements ca. 4 x 0,5 Tage/Projekt

▶ Einbindung operativer Stakeholder nur punktuell (nicht für die Ideengenerierung)

Kultur

▶ Keine Veränderung der grundsätzlichen Kultur des Gesamtunternehmens

▶ Ggf. Vermittlung neuer Perspektiven & Mindsests für prozessbeteiligte Personen und Entscheider, wenn diese bereits kulturelle Aspekte anderer Innovationsmaßnahmen verinnerlicht haben

Kurz gesagt

3.2 Charakteristika einer effizienten Innovationseinheit

Für die nachhaltige Verankerung effizienter Innovation im Unternehmen ist, neben den organisatorischen Rahmenbedingungen, der **Aufbau bzw. Umbau einer passenden Innovationseinheit vonnöten**. Diese Innovationseinheit ist für die Entwicklung effizienter Innovationen mithilfe der 5C-Methodik verantwortlich und benötigt für ihren Erfolg nicht nur Methodenwissen sowie die im vorigen Kapitel beschriebene organisatorische Unterstützung und strategische Verankerung. Sie braucht auch eine passende interne Struktur und Kultur, die richtige Arbeitsweise, konkrete Individual- und Teamkompetenzen sowie eine auf die 5C-Methodik bzw. die Innovationsaufgabe abgestimmte Erfolgsmessung. Oder wie Peter Drucker es formuliert: „Innovation ist vornehmlich Arbeit, nicht Genialität. Es benötigt Wissen. Es benötigt oft Einfallsreichtum. Und es benötigt Talent. Aber was Innovation wirklich braucht, ist harte, fokussierte, sinnvolle Arbeit. Wenn Sorgfalt, Ausdauer und Engagement fehlen, haben Talent, Einfallsreichtum und Wissen keinen Nutzen."[162]

Die folgende detaillierte Betrachtung der o.g. Charakteristika einer effizienten Innovationseinheit zeigen, wie der für die 5C-Methodik benötigte Spagat zwischen kreativer Problemlösung und analytischer Arbeit gelingen kann.

Aufgabe der Innovationseinheit ist die Konzeption von effizienten Innovationen. Gemäß dieser Aufgabe sollte auch dessen **interne Struktur** aufgebaut sein. So werden zunächst einmal (Innovations-)Projektleiter benötigt, die die Methodik eigenverantwortlich durchführen können. Das Team sollte dabei aus mindestens zwei bis drei Personen bestehen, um auch „verbales Sparring" (also die Diskussion zur Vorbereitung auf neue, schwierigen Aufgaben) zu ermöglichen.[163] Schließlich wird dies in der Konzeptentwicklung häufig benötigt. Weiterhin ist die Anzahl der Projektleiter abhängig von der Anzahl der Projekte, die durchgeführt werden sollen. Pro Innovationsprojekt wird in der Regel ein (geschulter) Projektleiter benötigt. Dieser kann ungefähr zwei 5C-Projekte im Jahr durchführen – bzw. eines, falls er dessen Umsetzung noch stark mitbetreut.

Um die fokussierte, gründliche Arbeit der Projektleiter sicherstellen zu können, ist es empfehlenswert, zusätzlich einen Leiter für die Innovationseinheit einzusetzen. Dieser muss nicht zwingend hierarchisch höher angesiedelt sein. Vielmehr ist es seine Aufgabe, den Projektleitern „den Rücken freizuhalten". Er ist demnach zum einen für den regelmäßigen Kontakt mit dem Topmanagement verantwortlich. Zum anderen fungiert er (oder unterstützt zumindest) als Gesicht nach außen.

Die Projektleiter sollten *variable* Unterstützung, z. B. durch interne und externe Experten, Stakeholder oder Berater erhalten. Juniorkräfte, Praktikanten und Werkstudenten können zudem als Unterstützung für Recherchearbeiten, aber auch z. B. als Workshopteilnehmer eingesetzt werden, um das Team flexibel zu ergänzen und so den Projektleitern repetitive Arbeiten abzunehmen.

Entsprechend der Conversion im 5C-Prozess kann zudem auch der agile, iterative Umsetzungstest noch Aufgabe der Einheit sein. Dies ist jedoch nicht zwingend notwendig, da oftmals bereits passende eigene Teams oder externe Partner existieren, an die diese Aufgabe übertragen werden kann.

Durch die direkte Verantwortlichkeit für alle Schritte des 5C-Prozesses (mindestens bis zum Start des Umsetzungstests) können sich die Projektleiter komplett in ein Thema „eingraben" und somit die von Peter Drucker geforderte Sorgfalt, Ausdauer sowie das hohe Engagement erreichen, die für

Innovation benötigt werden. Dafür ist jedoch neben der richtigen internen Struktur noch eine passende Arbeitsweise vonnöten.

Die Innovationseinheit sollte möglichst fokussiert an den Innovationsthemen arbeiten können. Dazu muss ihnen eine eigenständige **Arbeitsweise** ermöglicht werden. Dies sollte auch im Kontext großer Unternehmen möglich sein, da die Methodik bereits sehr genaue Schritte zur Bearbeitung von Innovationsprojekten vorgibt und demnach kein Mikromanagement notwendig ist. Stattdessen sollte den Mitarbeitern der Innovationseinheit möglichst viel Selbstorganisation und Flexibilität erlaubt werden. Denn die recht unterschiedlichen Aufgaben im Prozess, wie z. B. Recherchen und Analysen, Ideenentwicklung oder Marktforschungen, können nicht immer in der gleichen, vorgegebenen Form durchgeführt werden.

Die für Kreativität benötigten Arbeits- und Verhaltensweisen haben die Forscher Anna Jordanous und Bill Keller mittels einer linguistischen Analyse 90 akademischer Publikationen herausgearbeitet. Dabei wurden 14 Kernattribute identifiziert, unter anderem Unabhängigkeit, Freiheit, soziale Interaktion und Kommunikation (siehe Abbildung 41). Auch die weiteren

Abbildung 41: Kreativität ist …[164]

genannten Attribute geben einen guten Überblick über sinnvolle Arbeitsweisen in der Innovationseinheit.

So sollten sich die Projektleiter z. B. frei entscheiden können, wann sie arbeiten und wo sie arbeiten, um die entsprechenden Aufgaben zu erledigen. Gemeinsame Räumlichkeiten sind dennoch vonnöten, um dem Team einen gemeinsamen Anlaufpunkt zu geben und z. B. Workshops durchzuführen. Diese sollten entsprechend verschiedene Arbeitsmöglichkeiten z. B. zum konzentrierten Arbeiten, zum Sparring, für Entwürfe oder für Workshops bieten. Neben dieser örtlichen Verknüpfung liegt es an den Projektleitern selbst, sich auch virtuell zu verknüpfen und untereinander auszutauschen, z. B. über Team-Tools wie Slack, Workplace, Whatsapp oder das Intranet.

Die Verknüpfung mit anderen internen oder externen Stakeholdern sollte hingegen während der Projektphasen auf ein Minimum bzw. den im Prozess benötigten Austausch beschränkt sein. Da ein hoher Fokus für die Arbeit notwendig ist, sind Ablenkungen durch Meetings oder E-Mails – außer wenn diese für den Prozess konkret eine Rolle spielen – möglichst zu vermeiden. Entsprechend dient der Leiter der Einheit während der Projektphasen als Ansprechpartner und Kontaktpunkt und stellt somit den Fokus der Projektleiter sicher. Wenn dies gelingt, werden effiziente Innovationen auf Basis einer höchst effizienten Arbeitsweise entwickelt.

Doch die beste Struktur und Arbeitsweise reicht für die Entwicklung von effizienten Innovationen nicht aus, falls die nötigen **individuellen Kompetenzen** fehlen. Auch wenn die *Arbeit* an den Innovationen wichtig ist, braucht es entsprechende ergänzende Kompetenzen wie die von Peter Drucker genannten *Talente*, *Einfallsreichtum* und *Wissen*.

Die 5C-Methodik fordert von ihren Anwendern einen Spagat zwischen analytischen Fähigkeiten und hoher Problemlösungsfähigkeit bzw. Kreativität. Die meisten Menschen haben ihre Stärken jedoch entweder im analytischen oder im kreativen Teil.[165] Allerdings ermöglicht nur die Kombination beider Stärken, sowohl *konzeptionell-analytisch* als auch *wahrnehmend-kreativ* zu arbeiten. Zum einen kann so konzeptionell-analytisch herausgearbeitet werden, welches Innovationspotenzial besteht, und eine passende Lösung konzipiert werden. Zum anderen kann wahrnehmend-kreativ vorgegangen werden, wenn es darum geht, Kunden zu beobachten, Inspirationen zu sammeln und passende Ideen zu generieren. Diese Kombination (und damit die Vermeidung rein „kreativer" Typen als Innovationsverantwortliche) ist entscheidend für den Erfolg des Innovationsprozesses in Großunternehmen.

Dies beschreibt auch Ted Levitt in der *Harvard Business Review*.[166] Er bemerkt, dass Innovation in den Händen „kreativer Typen" oftmals das Schlimmste ist, was einem großen Unternehmen passieren kann. Laut seiner Aussage fehlt diesen „zwanghaften Ideenmachern" das Verständnis für die organisatorischen Strukturen und Prozesse, in denen sich Ideen einfügen müssen, um erfolgreich umgesetzt zu werden. Sie verwechseln das „Ideen haben" mit

„Innovation" und unterschätzen die Bedürfnisse des Tagesgeschäfts ebenso wie die Komplexität der Organisation.[167]

Konkret gilt es, kreative Generalisten zu identifizieren, die ein breites Wissen, hohe Neugierde sowie analytische *und* kreative Kompetenzen haben (siehe dazu auch Abschnitt 2.4.2 bzw. speziell zu kreativen Kompetenzen Abbildung 41). Oftmals finden sich diese Kompetenzen im „Entrepreneurship"-Umfeld, also z. B. bei Gründern, die idealerweise bereits Erfahrungen in Großunternehmen sammeln konnten, oder bei Mitarbeitern von Inkubatoren oder Acceleratoren.

Sollte auch die testweise Umsetzung von Innovationskonzepten in den Aufgabenbereich der Innovationseinheit fallen, sind ggf. noch zusätzliche Kompetenzen nötig, die z. B. über Programmierer, Designer etc. eingebracht werden können. Diese müssen jedoch nicht zwingend dauerhafter Teil der Innovationseinheit sein, sondern können in der Regel bei Bedarf durch interne Experten oder externe Partner abgebildet (und vom Projektleiter betreut) werden.

Mitarbeiter mit den oben beschriebenen, spezifischen Kompetenzen zu finden, ist keine leichte Aufgabe. Diese wird zusätzlich dadurch erschwert, dass individuelle Kompetenzen alleine für den Erfolg der Innovationseinheit nicht ausreichen. Schließlich muss das Team aus sozialer und psychologischer Sicht ebenfalls eine Einheit bilden.

Praxiskommentar

Dave Birss, Autor von „A User Guide to the Creative Mind"

Meine Arbeit mit Unternehmen und meine Bücher drehen sich um die Erforschung und Vermittlung der notwendigen Skills und Kompetenzen für die Entwicklung und Umsetzung von Innovationen. Dabei sind insbesondere die verschiedenen Rollen im Prozess bedeutsam.

Kreative Aufgaben lassen sich in „Denken" und „Handeln" aufteilen. Und diese benötigen jeweils verschiedene Skills. Kreatives Denken – oder „Problemlösen" – kann am besten von kreativen Generalisten vollbracht werden. Diese Menschen haben eine unstillbare Neugier nach Allem. Diese Eigenschaft gibt ihnen breites Wissen, Erfahrungen und Skills, auf welche sie bei der Entwicklung neuer Ideen bauen können. Es erlaubt ihnen, über den eigenen Tellerrand hinauszuschauen und gibt ihnen die Mittel, um aus den vorherrschenden Annahmen ihrer Branche auszubrechen.

Wenn es Zeit ist, eine Idee umzusetzen, ist es am besten, auf kreative Spezialisten zu setzen. Diese verfügen über tiefes Wissen, Erfahrungen und Skills in Bezug auf ihre spezielle Arbeit. Sie können diese schneller, besser und effektiver erledigen, als es jeder Generalist könnte.

Beide Rollen benötigen Leidenschaft und Wissensdurst. Der Unterschied ist nur, dass der Eine sich auf ein spezifisches Thema fokussiert und der Andere themenagnostisch ist. Beide Rollen sind aber wichtig, beide bringen Mehrwert. Und jede ist in ihrer Weise kreativ."

Das soziale Gefüge der Innovationseinheit ist von entscheidender Bedeutung für deren nachhaltigen Erfolg. Aus diesem Grund sollte die **soziale Kompetenz** des einzelnen Mitarbeiters mindestens auf der gleichen Bedeutungsstufe stehen wie dessen individuelle Kompetenzen. Während viele Fähigkeiten und Kompetenzen im Laufe der Zeit noch erlernt werden können, lässt sich eine Disharmonie von Persönlichkeiten nicht einfach beheben. Doch genau diese Harmonie im Team ist wichtig, damit kontinuierlich neue Ideen und Innovationen entwickelt werden können. Jeder Projektleiter ist zwar im Grundsatz alleine für „sein" Innovationsthema verantwortlich. Zur Diskussion von Ideen und deren Weiterentwicklung ist der Austausch mit anderen Teammitgliedern jedoch essentiell – genauso wie bei der Bewältigung der diversen Herausforderungen im Laufe des Innovationsprozesses.

Da sich Innovation stets mit *neuen* Lösungsansätzen beschäftigt, gibt es häufig noch keine definierten Prozesse und Regelungen, auf die zurückgegriffen werden kann. Vielmehr entstehen die Innovationskonzepte in einer Situation großer Unsicherheit. Die Lösung ist erst lange Zeit nicht klar und wird danach ständig infrage gestellt. Um mit dieser Situation umzugehen und dennoch immer wieder neue Ideen zu äußern, wird ein starkes Vertrauen untereinander sowie ein hohes Maß an Sicherheit benötigt. Dies erfordert sowohl eine hohe soziale Kompetenz der einzelnen Teammitglieder als auch ein gutes Zusammenspiel zwischen deren einzelnen Persönlichkeiten.

So ergab z. B. eine aktuelle Google-Studie, bei der erfolgreiche Teams untersucht wurden, dass von insgesamt fünf entscheidenden Faktoren „psychologische Sicherheit" der mit Abstand wichtigste Faktor für den Teamerfolg ist. Dieser liegt wiederum allen weiteren Erfolgsfaktoren zugrunde.[168] Psychologische Sicherheit bezeichnet dabei die Möglichkeit, Risiken einzugehen, ohne sich zu schämen oder unsicher zu fühlen. Mitarbeiter in Teams mit hoher psychologischer Sicherheit engagieren sich mit deutlich höherer Wahrscheinlichkeit für die Ideen anderer. Und werden gleichzeitig als doppelt so effektiv bewertet wie andere Mitarbeiter.

Ähnlich bedeutsam wie die sozialen Kompetenzen der einzelnen Mitarbeiter sowie deren Zusammenspiel ist der Aufbau einer gemeinsamen Identität und **internen Kultur**. Solche in der Psychologie als *Gruppennormen* bezeichneten Faktoren schließen Traditionen, Verhaltensweisen und ungeschriebene Regeln ein, nach welchen Teams funktionieren, wenn sie zusammentreffen. Diese Normen können dabei unausgesprochen oder offen ersichtlich sein. Ihr Einfluss auf die Zusammenarbeit im Team ist in jedem Fall hoch.[169] So ist es von Bedeutung, dass sich die Innovationseinheit eine eigene Teamkultur, passend zu den spezifischen Erfordernissen im Kontext von Innovation bzw. der Arbeit mit dem 5C-Prozess, aufbauen kann. Und dies möglichst unabhängig von der übergreifenden Kultur des Unternehmens. All dies dient der Erreichung der organisationalen Ambidexterität. Denn nur so ist es der Innovationseinheit möglich, nicht nur unabhängig von den aktuellen

Bedürfnissen des Tagesgeschäfts, sondern auch unabhängig von den Einschränkungen der Unternehmenskultur zu agieren.

Diese Freiheit bedeutet jedoch explizit nicht, dass die Innovationseinheit auch unabhängig von den Unternehmenszielen agieren kann bzw. sollte – im Gegenteil. Doch die konkrete Erfolgsmessung muss dabei gezielt auf die Aufgabenstellung und die spezielle Arbeitsweise bzw. Methodik der Einheit abgestimmt sein. Wie dies konkret gelingt, wird im Kapitel 3.3 näher erläutert.

Die Innovationseinheit sollte zwar möglichst frei und unabhängig arbeiten können, doch das Unternehmen muss gleichzeitig deren Erfolg messen können. Wie bereits im Kontext der organisatorischen Verankerung beschrieben, sollte die Einheit dabei nicht als eigenes Profitcenter aufgestellt werden. Stattdessen gilt es, diese als Costcenter gezielt für die Entwicklung effizienter Innovationen einzusetzen. Ansonsten besteht die Gefahr, dass die Innovationeinheit zu stark von einzelnen Fachabteilungen und Geschäftseinheiten mit aktuellen, rein kurzfristigen Geschäftsinteressen gesteuert wird. Und sich demnach nicht ausreichend auf die – aus gesamtstrategischer Sicht – wichtigsten Innovationen fokussieren kann.

Die **Erfolgsmessung** der Innovationseinheit sollte sich entsprechend am Return on Investment, also dem schlussendlichen Ertrag im Verhältnis zur Investition der entwickelten effizienten Innovationen orientieren statt an der Profitabilität der eigenen Einheit. Dies ermöglicht eine erfolgsbasierte Bewertung, die optimal zur Unabhängigkeit und Flexibilität der Einheit passt. Doch der Erfolg der Innovationsprojekte ist nicht nur von den Innovationskonzepten selbst abhängig. Schließlich müssen diese nach ihrer Entwicklung auch umgesetzt und im Markt eingeführt werden. Auf diese Umsetzungsphase hat die Innovationseinheit nur einen begrenzten Einfluss. Daher empfiehlt es sich, zusätzlich zum Return on Investment noch weitere KPIs zu ergänzen, um den Erfolg der Innovationseinheit möglichst genau und ganzheitlich messen zu können. So bieten sich z. B. die Umsetzungsquote von Innovationskonzepten und die Gesamtzahl durchgeführter Projekte als weitere Erfolgsfaktoren an. Neben dem generellen Innovationserfolg können auch die Effizienz der Einheit sowie die Umsetzbarkeit von Innovationskonzepten bewertet werden. Bzgl. der Umsetzungsquote sollte auf Basis unserer Erfahrung langfristig mindestens eine Quote von 50 Prozent der Projekte anvisiert werden. Wird diese Quote nicht erreicht, spricht dies entweder für Probleme in der Anwendung der 5C-Methodik oder für ein mangelhaftes organisatorisches Setup der Innovationseinheit. Bzgl. der Gesamtzahl der Projekte sind, wie zuvor bereits erwähnt, pro (ausreichend geschultem) Projektleiter zwei Projekte pro Jahr realistisch. Sind die Projektleiter stärker an der Umsetzung beteiligt, ist ein Projekt pro Jahr realistischer.

Die Erfolgs-KPIs sollten selbstverständlich abhängig davon gewählt werden, wie lange die Einheit bereits besteht. Denn zu Beginn kann eine längere Aufbauphase vonnöten sein, um eine ausreichende Kenntnis der 5C-Methodik aufzubauen und die notwendigen Strukturen für die Arbeit der Innovationseinheit zu implementieren.

Wie diese Implementierung genau ablaufen kann, zeigt das nachfolgende Kapitel. Dabei wird die Implementierung in Bezug auf die aktuelle Ausgangssituation des jeweiligen Unternehmens spezifiziert. Denn je nachdem, ob im Unternehmen aktuelle inkrementelle, strategische, kundenzentrierte oder separate Innovation betrieben wird, sind zum Teil auch andere Implementierungsmaßnahmen notwendig.

Kurz gesagt

Charakteristika einer effizienten Innovationseinheit

Für die nachhaltige Verankerung effizienter Innovation im Unternehmen ist der Aufbau einer entsprechenden „effizienten Innovationseinheit" vonnöten, welche den für die Durchführung des 5C-Prozesses benötigten Spagat zwischen kreativer Problemlösung und analytischer Arbeit bewältigen kann.

Interne Struktur
▶ Team mit mindestens einem Leiter und 2 bis 3 Projektleitern (abhängig von der Anzahl anvisierter Innovationsprojekte)
▶ Leiter mit primärer Aufgabe, den Projektleitern „den Rücken freizuhalten" und als Kontaktpunkt zu fungieren
▶ Projektleiter führen jeweils selbstständig die 5C-Projekte durch
▶ Weitere Mitarbeiter, Praktikanten etc. können das Team flexibel ergänzen
▶ Agile Umsetzung als Teil der Innovationseinheit – wenn nicht bereits im Unternehmen vorhanden oder extern gewünscht

Arbeitsweise
▶ Eigenständige Arbeitsweise durch Sicherstellung von „Selbstorganisation & Flexibilität"
▶ Arbeitsplanung auf Basis des 5C-Prozesses ohne Mikromanagement
▶ Gemeinsame, flexibel nutzbare Räumlichkeiten
▶ Hoher Fokus in den Projekten, lediglich projektbezogener Austausch mit Stakeholdern

Individuelle Kompetenzen
▶ „Kreative Generalisten" mit analytischen und kreativen Fähigkeiten
▸ Vermeidung rein kreativer Kompetenzprofile
▶ Ggf. Umsetzer, falls agile Umsetzung in der Innovationseinheit aufgehängt sein soll (s.o.)

Soziale Kompetenzen
▶ Psychologische Sicherheit in der Innovationseinheit durch passende soziale Kompetenzen
▶ Informelle Treffen und Zusammenarbeit im Voraus zum „Eignungstest"

Interne Kultur
▶ Eigene Identität & Kultur zur Sicherstellung organisatorischer Ambidexterität
▸ Eigene Gruppennormen (Traditionen, Verhaltensweisen, formelle und informelle Regeln etc.)

Erfolgsmessung
▶ Messung an Erfolg der Innovationsprojekte statt an Profitabilität der Einheit (Return on Investment, Umsetzungsquote, Anzahl durchgeführter Projekte/Jahr)

3.3 Die Implementierung effizienter Innovation in Großunternehmen

Der Weg zur **Implementierung von effizienter Innovation ist nicht für jedes Unternehmen identisch**. In der Praxis konnten wir unterschiedlichste Ansätze beobachten, die von Großunternehmen aktuell genutzt werden, um Innovationen zu entwickeln. Diese unterscheiden sich zum Teil sehr deutlich voneinander. Und haben doch eine entscheidende Gemeinsamkeit: Kunden- und Unternehmensperspektive lassen sich bei all diesen Innovationsansätzen nicht systematisch vereinen.[170] Dennoch weisen sie zum Teil bereits erste wichtige Voraussetzungen zur Implementierung von effizienter Innovation bzw. zur erfolgreichen Anwendung des 5C-Prozesses auf.

Um den unterschiedlichen Voraussetzungen für die Implementierung des 5C-Prozesses in den verschiedenen Unternehmen ausreichend Rechnung zu tragen, haben wir folgende **Grundszenarien** definiert, die entsprechend unterschiedliche „Startpunkte" für eine Implementierung aufweisen. Auch wenn diese Grundszenarien nur ein vereinfachtes Abbild der Realität darstellen (schon allein deshalb, weil diese zum Teil in Varianten, Mischformen oder nebeneinander in Unternehmen existieren), helfen sie dennoch dabei, exemplarisch verschiedene Vorgehensweisen zur Implementierung von effizienter Innovation bzw. der 5C-Methodik im Unternehmen aufzuzeigen:

a) **Inkrementell:** Es existieren noch keine formellen (strategischen) Innovationsansätze. Innovationen finden entsprechend insbesondere über Verbesserungen in den Fachabteilungen sowie über klassische Forschung & Entwicklung statt.

b) **Strategisch:** Es gibt bereits strategische Innovationseinheiten, die sich vornehmlich auf Innovationen mit hoher Traktion fokussieren, z. B. als eigene Einheit mit CIO oder im Business Development, als Strategieabteilung o. Ä.

c) **Kundenzentriert:** Das Unternehmen beschäftigt Design Thinking-Experten bzw. unterhält eine eigene Einheit, die kundenzentrierte Methoden anwenden kann.

d) **Separat:** In separaten Einheiten wie z. B. Innovation Hubs oder Inkubatoren wird versucht, (mehr oder weniger strategische) Innovationen kundenzentriert zu entwickeln und außerhalb des Unternehmens umzusetzen.

Das erste Szenario, also ein Unternehmen mit **inkrementeller Innovation**, ist dabei die klarste Ausgangssituation: Es gibt noch keine oder nur wenig strategische Innovationsbemühungen. Damit besteht die Chance, eine Innovationseinheit mit der entsprechenden strategischen Verankerung von Grund auf neu aufzubauen – ja, es ist sogar höchste Zeit. In der Regel ist dies jedoch nicht der Fall. Stattdessen liegt oft eine der anderen drei Ausgangssituationen (oder eine Kombination) vor. Doch dann muss nicht alles mühsam Aufgebaute „weggeschmissen" werden. Zwar sind die existierenden Innovationsmaßnahmen in ihrer aktuellen Ausrichtung meist (noch) nicht für effiziente Innovationen geeignet, da sie Unternehmens- und Kundenperspektive nicht ausreichend verbinden können. Da sie aber im Normalfall zumindest *eine* der beiden Perspektiven gut erfüllen, liegen bei strategischen, kundenzentrierten und auch separaten Innovationseinheiten oftmals bereits viele der benötigten Voraussetzungen für effiziente Innovation vor, sodass diese entsprechend „nur noch" ergänzt werden müssen.

Strategische Innovationseinheiten orientieren sich an der Gesamtstrategie des Unternehmens und sind entsprechend gut mit dessen Kerngeschäft verknüpft. In der Regel kombinieren sie eine Reihe verschiedener Methoden und Maßnahmen, um neue strategische Opportunitäten aufzudecken bzw. zu bearbeiten. Mithilfe von oftmals traditionellen eindimensionalen Stage-Gate-Prozessen, Ideenmanagement und ggf. Open Innovation, fokussieren sie sich dabei auf Themen mit hoher Traktion bzw. den Innovationsbedarf im Kontext des Kerngeschäfts.[171]

Auf organisatorischem Level verfügen diese Einheiten bereits über eine ausreichende strategische Verankerung in der Organisation sowie einen guten Zugriff auf sämtliche relevanten Stakeholder. Doch (noch) erfüllen sie nicht die notwendigen Charakteristika *innerhalb* der Innovationseinheit, um eine erfolgreiche Anwendung der 5C-Methodik zu ermöglichen. Mit einer gut aufgestellten strategischen Innovationseinheit können also ausgewählte Innovationsthemen für das Kerngeschäft sehr erfolgreich bearbeitet, disruptive Themen jedoch oft nur außerhalb des Unternehmens umgesetzt werden. Mit einer „einfachen" Ergänzung in Bezug auf die Zusammenstellung und Arbeitsweise der Innovationseinheit kann jedoch die 5C-Methodik in der bereits bestehenden organisatorischen Struktur implementiert und angewendet werden, um künftig auch effiziente Innovationen mit hoher Traktion *und* hohem Kundenfit zu ermöglichen.

Kundenzentrierte Innovation ist meist in gesonderten „Experten"-Einheiten organisiert, die z. B. Methodenworkshops und Tools für Fachabteilungen anbieten.[172] Die konkreten kundenzentrierten Ideen bzw. Innovationen werden in der Regel gemeinsam mit den Mitarbeitern der Fachabteilungen erarbeitet. Der Fokus liegt entsprechend auf der Vermittlung bzw. gemeinsamen Anwendung von Methodenwissen sowie der Veränderung von Mindsets und Unternehmenskultur. Ziel ist es oft, dass Mitarbeiter lernen, stärker „vom Kunden her" zu denken. Dazu eignet sich die Methodik sehr gut.

Bei der kundenzentrierten Innovation fehlt jedoch oftmals nicht nur methodisch, sondern auch organisatorisch der strategische Bezug. Dies liegt zum einen daran, dass strategische Aufgaben in der Regel nicht allein durch kundenzentrierte Innovationsmethoden gelöst werden können. Zum anderen sollen bei der kundenzentrierten Innovation per Definition Innovationsprojekte explizit vom Kundenbedarf und eben nicht vom Unternehmen ausgehen.

So lässt sich abschließend festhalten, dass im Fall der kundenzentrierten Innovation zwar bereits Innovationseinheiten bestehen, die einige der notwendigen Charakteristiken und Kompetenzen beinhalten, welche für die Durchführung des 5C-Prozesses notwendig sind. Es fehlt dort neben der Methodik an sich jedoch in der Regel die strategische Verankerung in der Organisation sowie die klare Ausrichtung an den strategischen Zielen des Unternehmens.

Separate Innovationseinheiten wie Innovation Hubs haben die vornehmliche Aufgabe, neue Unternehmen auszugründen. Dies hängt mit deren Zielsetzung zusammen, Projekte möglichst weit außerhalb des Kerngeschäfts (oder sogar entgegen des Kerngeschäfts) zu entwickeln. Aufgrund deren starker Fokussierung auf das Thema Disruption sind sie dabei strategisch zwar unabhängig vom Gesamtunternehmen, organisatorisch jedoch sehr hoch aufgehängt. Dabei bauen sich diese Einheiten in der Regel eine komplett eigene Kultur auf. Die Mitarbeiter verfügen meist über persönliche, methodische und soziale Kompetenzen, die den benötigten Charakteristika für eine effiziente Innovationseinheit nahekommen.

Paradoxerweise sind also insbesondere die separaten Innovationseinheiten besonders gut geeignet, um die 5C-Methodik anzuwenden. Dazu müssten sie letztlich „nur" ihre Aufgabe bzw. Zielsetzung hin zu effizienter Innovation verändern, dies organisatorisch abbilden und die Methodik aufbauen, um diese neue Aufgabe zu erfüllen. Wenn diese separaten Einheiten zukünftig mithilfe des 5C-Prozesses Innovationen entwickeln und testen würden, welche die vorhandenen Stärken des Unternehmens nutzen (statt separate Unternehmen auszugründen), könnten sie einen entscheidenden Wertbeitrag für ihr Unternehmen liefern. Schließlich würde es ihnen dann gelingen, effiziente Innovationen mit hohem Kundenfit *und* hoher Traktion zu produzieren.

Dass dies zu einem nachhaltigen Erfolg dieser separaten Einheiten führen kann, zeigt auch eine Untersuchung von O'Hare et al. (2008)[173], in der ermittelt wurde, dass Innovation Hubs erfolgreicher sind, je stärker sie mit dem Kerngeschäft verbunden sind. So kann der Fokus auf strategisch relevantere Themen (für das Gesamtunternehmen) gelegt und somit eine höhere Traktion mit den dort entwickelten Innovationen erzielt werden, da sich diese in der Umsetzung wieder besser mit dem Kerngeschäft verbinden lassen.

Je nach Status bzw. Szenario des Unternehmens kann bereits kurz- bis mittelfristig eine erfolgreiche Implementierung von effizienter Innovation erfolgen. Schließlich kann in den meisten Fällen auf bestehende Kompetenzen im Unternehmen aufgebaut werden. Wie aus den vorherigen Ausführungen ersichtlich wird, unterscheiden sich diese jedoch abhängig von der Ausgangssituation, wobei in keinem Fall bereits alle Rahmenbedingungen für die organisatorische Implementierung oder den Aufbau der effizienten Innovationseinheit vorhanden sind. Die 5C-Methodik selbst muss (verständlicherweise) in jedem Fall zunächst erlernt und dann angewendet werden.

Im Abschnitt 3.3.1 wird zunächst die ganzheitliche Implementierung der 5C-Methodik in das Unternehmen beschrieben – also für ein Szenario, in dem das Thema Innovation noch gar nicht bzw. lediglich im Sinne inkrementeller Innovation und ggf. Forschung & Entwicklung praktiziert wird. In den nachfolgenden Abschnitten werden dann die Anpassungen konkretisiert, die in Bezug auf die organisatorische Verankerung von effizienter Innovation und den Aufbau einer effizienten Innovationseinheit vonnöten sind, wenn im Unternehmen aktuell strategische Innovation (Abschnitt 3.3.2), kundenzentrierte Innovation (Abschnitt 3.3.3) oder Innovation in separaten Innovationseinheiten (Abschnitt 3.3.4) praktiziert wird. Da die Implementierung der 5C-Methodik, im Sinne der Trainingsphase, in allen Fällen identisch ablaufen sollte, wird diese nur in Abschnitt 3.3.1 ausführlicher dargestellt.

Der Leser kann somit selbst prüfen, welches Szenario auf das eigene Unternehmen am ehesten zutrifft und danach den entsprechenden Abschnitt auswählen.

Kurz gesagt

Die Implementierung effizienter Innovation in Großunternehmen

Zur langfristigen Verankerung effizienter Innovation gilt es, die zuvor beschriebenen Rahmenbedingungen abhängig von der bestehenden Ausgangssituation des jeweiligen Unternehmens zu implementieren.

▸ Die konkrete Implementierung der Rahmenbedingungen (gemäß Kapitel 3.1 & 3.2) ist abhängig von der spezifischen Ausgangssituation des Unternehmens in Bezug auf dessen aktuell praktizierte Innovationsansätze

▸ Grundszenarien möglicher vorhandener Innvoationsansätze: Inkrementell, Strategische, Kundenzentriert, Separat

▸ Wird im Unternehmen aktuell (nur) inkrementelle Innovation praktiziert, empfiehlt es sich, eine effiziente Innovationseinheit mit entsprechender strategischer Verankerung im Unternehmen von Grund auf neu aufzubauen

▸ Ist Innovation im Unternehmen bereits strategisch verankert (im Sinne von strategischer Innovation), sind wesentliche organisatorische Voraussetzung en für die Implementierung von effizienter Innovation bereits geschaffen worden

▸ Praktiziert das Unternehmen kundenzernierte Innovation, sind einige wesentliche Charakteristika einer effizienten Innovationseinheit bereits vorhanden

▸ Insbesondere separate Innovationseinheiten können gut in „effiziente Innovationseinheiten" umfunktioniert werden

---

3.3.1 Von inkrementeller Innovation zu effizienter Innovation

Häufig ist das Thema Innovation strategisch nicht ausreichend im Unternehmen verankert. Und dies, obwohl die meisten Großunternehmen die strategische Bedeutung von Innovationen für ihren langfristigen Erfolg bereits erkannt haben. In der vorher genannten McKinsey-Innovationsstudie geben z. B. nur 30 Prozent der Unternehmen an, dass sie klar definierte, strategische Innovationsprioritäten haben.[174] Diese Zahl mag sich inzwischen geändert haben. Ein Blick in die Praxis zeigt jedoch, dass sie sicherlich noch nicht 100 Prozent beträgt. Dies liegt in der Regel jedoch nicht an der Ignoranz der Unternehmen. Die Gründe sind stattdessen in der Komplexität des Themas, in unpassenden Ansätzen bzw. Methoden sowie zum Teil in fehlendem „Innovationsdruck" (wenn das Geschäft aktuell noch erfolgreich funktioniert) zu finden.

Eine Implementierung des 5C-Prozesses für effiziente Innovationen im eigenen Unternehmen bietet die Möglichkeit, schnell und vergleichsweise einfach (mit geringem Ressourceneinsatz, ohne Kulturveränderungen, ohne Transformationen etc.) das Thema Innovation strategisch zu verankern und nachhaltige Innovationserfolge zu erzielen – und so das Risiko und den Aufwand beim Aufbau einer strategischen bzw. effizienten Innovationseinheit im Unternehmen zu minimieren.

Praxiskommentar

**Björn Sprotte, Managing Director „Technical Management & Services",
OSM Maritime Group**

Viele Innovationseinheiten scheitern meines Erachtens an einer zu schwachen Verknüpfung von Innovationen mit der Gesamtstrategie des Unternehmen bzw. an einem mangelnden Commitment des Topmanagements. Hinzu kommen externe Faktoren in der Schifffahrtsbranche wie die fragmentierte und traditionell geprägte Branchenstruktur, die Fokussierung auf ein reaktiv geprägtes Tagesgeschäft und begrenzte finanzielle Möglichkeiten.

Viele Unternehmen in der Schifffahrtsbranche verfolgen daher eher eine Strategie der behutsamen, kontinuierlichen Verbesserung. Es gibt jedoch beispielsweise auf Seiten der Zulieferer oder in bestimmten Segmenten einzelne Vorreiter, die proaktiv Innovationen entwickeln und damit die Entwicklung der gesamten Branche positiv beeinflussen. Aus meiner Sicht steht die Identifikation von Innovationsmöglichkeiten bei großen Unternehmen in der Schifffahrtsbranche jedoch insgesamt noch eher am Anfang. So fällt es z.B. vielfach noch schwer, konkrete Potenziale der Digitalisierung für die einzelnen Bereiche der Schifffahrt zu erkennen und gewinnbringend zu nutzen.

Strategische Innovationsthemen wie diese können meines Erachtens nur mit der eingangs erwähnten strategischen Positionierung des Themas Innovation beim Topmanagement erreicht werden.

Der Weg von inkrementeller zu effizienter Innovation benötigt eine Implementierung auf verschiedenen Ebenen. Erstens gilt es, die im Kapitel 3.1 erläuterten Rahmenbedingungen auf organisatorischer Ebene zu schaffen. Zweitens ist der Aufbau einer effizienten Innovationseinheit vonnöten, wie in Kapitel 3.2 beschrieben. Und drittens müssen die verantwortlichen Innovationsmitarbeiter die 5C-Methodik inklusive der benötigten Kompetenzen, Tools und Mindsets erlernen.

Das Szenario, das hier beschrieben wird, entspricht dem von Unternehmen, bei denen das Thema Innovation bislang nur im Sinne von inkrementeller Innovation in den Fachabteilungen sowie ggf. einer Forschungs- & Entwicklungsabteilung zu finden ist. Das heißt, es hat noch keine formelle strategische Verankerung von Innovation in der Gesamtorganisation stattgefunden. Und es existieren noch keine dezidierten Innovationseinheiten. So kann der im Folgenden beschriebene Aufbau entsprechend der „Blaupause" aus Kapitel 3.1 und 3.2 erfolgen – ergänzt durch eine Ausführung zur Schulung der 5C-Methodik.

Das Thema effiziente Innovation muss zunächst (erstmalig) organisatorisch und strategisch im Unternehmen aufgebaut bzw. verankert werden. Schließlich existieren in diesem Szenario bislang noch keine (oder nur geringe) **Strukturen** für strategische Innovationen, auf die man sonst aufsetzen könnte. Umso wichtiger ist es, dass die Implementierung auf Basis einer gemeinsamen Entscheidung des Vorstands bzw. der Geschäftsführung erfolgt. In diesem Rahmen empfiehlt es sich auch, ein Vorstandsmitglied bzw. einen Geschäftsführer als langfristigen „Sponsor" für das Thema zu bestimmen. So kann sichergestellt werden, dass effiziente Innovation auch nachhaltig eine hohe Priorisierung im Unternehmen erhält. Zum Start der Implementierung bietet sich eine gemeinsame Configuration (siehe dazu auch Kapitel 2.1) mit Einbindung des Vorstands bzw. der Geschäftsführung an. Diese kann entweder gemeinsam mit dem designierten Leiter der Innovationseinheit erfolgen oder zunächst von einem externen Spezialisten durchgeführt werden. Das Ergebnis der Configuration (im Sinne einer priorisierten Auflistung der relevantesten Innovationspotenziale für das Unternehmen) ermöglicht es, eine erste Innovations-Roadmap zu erstellen und auf dieser Basis anschließend konkretere Entscheidungen zu der benötigten Größe der Einheit (abhängig von der Anzahl geplanter Projekte) sowie weiterer Ressourcen zu treffen. Dabei sollten Innovationsthemen bzw. Potenziale zunächst mittel- bis langfristig definiert werden, um so genügend Zeit für die Implementierung des 5C-Prozesses im Unternehmen einzuräumen. Bei wiederholter Durchführung der Configuration (mindestens einmal jährlich) können dann auch kurzfristigere Innovationspotenziale mit aufgenommen werden.

Die neue, für effiziente Innovationen zuständige Unternehmenseinheit sollte als Querschnittsfunktion in das Unternehmen integriert werden. Daher ist eine möglichst genaue Definition des konkreten Aufgabenbereiches der Einheit vonnöten. Gleichzeitig muss dieser klar von anderen strategischen und operativen Einheiten des Unternehmens abgegrenzt werden. Dies erfordert z. B. eine Konkretisierung von Verantwortlichkeiten bei überlappenden Themen mit der Strategie- oder anderen Abteilungen. Und gleichzeitig eine Entscheidung zur zukünftigen Einbindung der Innovationseinheit bei Strategieplanungen, M&A-Themen, Forschung & Entwicklung etc.

Es gilt auch, sukzessive das notwendige interne und externe Netzwerk aufzubauen und stetig zu erweitern. Dazu müssen Prozesse für den internen
Austausch im Unternehmen, z. B. über Intranet, Townhall-Meetings, regel-
mäßige Updates, Kontaktdatenbanken, Projektdatenbanken und ähnliche
Kollaborationsmaßnahmen, geschaffen werden.

Bzgl. des externen Netzwerkes müssen zunächst generelle Regeln bzw.
Optionen zur Zusammenarbeit mit externen Parteien (z. B. in Bezug auf das
Teilen von Informationen) definiert, bestehende Kontakte des Unternehmens
aktiviert und katalogisiert sowie neue Kontakte, z. B. über den Besuch von
Messen und Veranstaltungen, aufgebaut werden.

Für den Aufbau der benötigten **Ressourcen** ist insbesondere deren rechtzei-
tige Einplanung im Rahmen der Budgetentscheidungen des Unternehmens
wichtig. Schließlich bestehen bisher wahrscheinlich noch keine gesonderten
Budgets und Ressourcen für (strategische) Innovationen. Und so ist auf eine
frühzeitige Einbindung der verantwortlichen Planungsinstanzen zu achten.

Für den „Betrieb" der Innovationseinheit werden zunächst Budgets für
Personal und Räumlichkeiten benötigt. Zudem ist festzulegen, inwiefern
bestehende Ressourcen wie z. B. IT-Spezialisten, Designer, Finanzexperten,
externe Partner usw. für Konzeption und Umsetzung eingebunden werden
können. Dies müsste bei den betroffenen Fachabteilungen wiederum in der
Planung berücksichtigt werden.

In Bezug auf die Budgetplanung sollte auch eine Entscheidung über Umsetzungsbudgets für effiziente Innovationen in Bezug auf die operativen
Geschäftseinheiten getroffen werden und im gleichen Zuge das Thema
effiziente Innovation in den Zielvereinbarungen der Geschäftseinheiten
verankert werden.

Die Implementierung des 5C-Prozesses für effiziente Innovation erfordert
keine Veränderung der **Unternehmenskultur**. Es gilt jedoch, sowohl auf
Seiten der Unternehmensleitung als auch auf Seiten der Mitarbeiter eine
generelle Offenheit für die neue Strategie zu schaffen. Dazu muss eine
ausreichende Aufklärung über die Zielsetzungen, die Funktionsweise und
die geplante organisatorische Verankerung des 5C-Prozesses für effiziente
Innovation im Unternehmen erfolgen. Dies ist umso relevanter, wenn zuvor
bereits andere Innovationsmaßnahmen ohne (oder mit zu geringem) Erfolg
durchgeführt wurden. Dann gilt es, effiziente Innovation nachvollziehbar
von den vorigen Ansätzen abzugrenzen, um Frustrationen und Abwehr-
haltung von Mitarbeitern entgegenzusteuern. Dabei hilft insbesondere ein
Verständnis vom konkreten Nutzen effizienter Innovation für die verschiedenen Geschäftseinheiten. Und davon, dass die neue Innovationseinheit sich
zwar um neue Kundenbedürfnisse kümmert, dies jedoch abhängig von den
Zielen, Kriterien und bestehenden Stärken des Kerngeschäfts erfolgt.

Schließlich ist eine klare Abgrenzung zu den Produktverbesserungen in den
Geschäftseinheiten bzw. der Arbeit in der Forschungs- & Entwicklungsab-

teilung erforderlich. Das Einrichten einer strategischen Einheit für effiziente Innovationen bedeutet nicht, dass überall anders im Unternehmen keine neuen Ideen mehr entwickelt und verfolgt werden sollen. Stattdessen sollte die Einheit als Ergänzung der bereits bestehenden Innovationsbemühungen um eine planbare und strategische Komponente verstanden werden.

Eine dezidierte Einheit für effiziente Innovation muss in diesem Szenario (erstmalig) erschaffen werden. Dazu muss zunächst, abhängig von bereits bestehenden Ressourcen und Zuständigkeiten, deren genauer Aufgabenbereich und **interne Struktur** festgelegt werden. Der grundsätzliche Fokus der Einheit im Sinne der Entwicklung effizienter Innovationen mithilfe der 5C-Methodik steht zwar fest. Doch gilt es zu prüfen, welche der im Prozess vorgesehenen Tätigkeiten von der Innovationseinheit selbst ausgeführt werden und welche entsprechend in der Verantwortung anderer interner oder externer Ressourcen liegen sollten. Insbesondere für Umsetzungstests- und Planungen (siehe Abschnitt 2.5.2) sowie zur Unterstützung bei der Marktforschung, Trendforschung oder für Business-Case-Berechnungen kann es sich anbieten, auf bereits bestehende Ressourcen im Unternehmen oder ggf. externe Partner zurückzugreifen. Im Sinne der effizienten Gestaltung des Innovationsprozesses sollten jedoch zumindest die für die ersten vier Schritte des 5C-Prozesses (also bis zum Abschluss der Konzeptentwicklung) notwendigen Ressourcen innerhalb der Innovationseinheit aufgebaut werden.

Abhängig von der gewählten Aufteilung der Tätigkeiten sowie der Anzahl geplanter Innovationsprojekte (gemäß der Innovations-Roadmap) kann im Anschluss die kurz- bis mittelfristige Größe der Innovationseinheit bestimmt werden. Da die Einheit (erstmalig) aufgebaut werden muss, sollte zunächst ein geeigneter Leiter bestimmt bzw. eingestellt werden. Dieser kann anschließend die passenden Mitarbeiter für die Leitung der einzelnen Innovationsprojekte einsetzen. Im besten Fall hat dieser bereits einige Vertraute, mit denen er effizient zusammenarbeiten kann. In der Regel müssen jedoch neue Mitarbeiter eingestellt (und geschult) werden. Bei der Zusammenstellung des Teams ist dabei insbesondere auf dessen Dynamik zu achten (siehe Kapitel 3.2). Für die Durchführung einzelner Prozessschritte notwendige weitere Ressourcen wie Workshopteilnehmer, Experten, Netzwerkpartner, aber auch Tools, Datenbanken, Materialien etc. können vom Leiter und/oder einzelnen Mitarbeitern der Einheit bedarfsgerecht organisiert werden.

Die Innovationseinheit benötigt eine möglichst hohe Flexibilität in Bezug auf ihre **Arbeitsweise**. Ein Umstand, der im Kontext großer Unternehmen nicht einfach umzusetzen ist, da Arbeitsprozesse und Arbeitsweisen in der Regel eher unflexibel sind. Das heißt, bei der Innovationseinheit muss gemeinhin eine Ausnahme zur Regel geschaffen werden. Denn die Mitarbeiter der Einheit benötigen (wie in Kapitel 3.2 erläutert) einen gewissen Freiheitsgrad, z.B. in Bezug auf die Nutzung und Gestaltung der Räumlichkeiten, Arbeitszeiten, Home-Office-Regelungen, Arbeitsmaterialien oder Reiseplanungen. Dazu gehört beispielsweise auch, dass sie neue (virtuelle) Tools zur Zusammenarbeit verwenden dürfen, obwohl im Unternehmen entgegengesetzte Regelungen in Bezug auf Datenschutz und Präsenzpflicht herrschen. Ein schöner Nebeneffekt: Die Innovationseinheit kann nicht nur für die Entwicklung effizienter Innovationen, sondern auch gleichzeitig als Testlabor für neue Arbeitsweisen dienen.

Wenn die Innovationseinheit die Ausnahme bei der Arbeitsweise bilden soll, heißt dies gleichzeitig, dass andere Mitarbeiter im Unternehmen möglichst nicht davon betroffen sein sollten. Dies kann z. B. dadurch sichergestellt werden, dass der Leiter der Einheit als (erste) Schnittstelle in das Unternehmen fungiert. In der Kommunikation und Zusammenarbeit mit Mitarbeitern außerhalb der Innovationseinheit sollte er sich dann entsprechend an die gewohnten Arbeitsweisen des Unternehmens halten.

In Bezug auf die **individuellen Kompetenzen** gilt es, Generalisten mit kreativen *und* analytischen Kompetenzen als Mitarbeiter für die Innovationseinheit zu finden. Dies ist insbesondere dann herausfordernd, wenn noch keine ähnlich gelagerten Profile im Unternehmen existieren. Schließlich wurde diese spezifische Kombination aus Kompetenzen bislang selten benötigt. Entsprechend kann vermutlich auch nicht auf die üblichen Stellenanzeigen und Kanäle zurückgegriffen werden. Stattdessen gilt es nun, z. B. über persönliche Netzwerke, den Besuch spezifischer Veranstaltungen sowie die direkte Suche bei Beratungen, Gründernetzwerken oder Innovationseinheiten anderer Unternehmen neue Kanäle für die Suche nach geeigneten Profilen zu erschließen.

Bei der Auswahl der Mitarbeiter für die Innovationseinheit sollte ein besonderes Augenmerk auf deren **soziale Kompetenz** gelegt werden. Denn wie in Kapitel 3.2 erläutert, sind eine gewisse Harmonie der Persönlichkeiten im Team und eine ausreichende psychologische Sicherheit wichtig, um effizient neue Ideen und Innovationen zu entwickeln. Um diese psychologische Sicherheit innerhalb der Innovationseinheit sicherzustellen, gilt es, Mitarbeiter auszuwählen, die mit ihrer Persönlichkeit gut zueinander passen, sprich: „auf einer Wellenlänge sind". Zur Überprüfung empfiehlt sich z. B., als Ergänzung zum klassischen Bewerbungsprozess, ein *informelles* Kennenlernen der potenziellen Mitarbeiter untereinander. Oder noch besser: eine konkrete (Test-)Zusammenarbeit. Denn spätestens hier wird in der Regel schnell ersichtlich, wie die einzelnen Personen im „Alltag" miteinander agieren. So laden wir z. B. neue Bewerber gezielt zu Ideation-Workshops ein, um zu sehen, wie sie bei der „Königsdisziplin", der Ideenentwicklung, mit anderen interagieren – auch beim Ausklang des Workshoptages.

Der Aufbau einer eigenen **Identität und Kultur** sollte gefördert werden, um die Arbeitsweise und die soziale Einheit der Innovationseinheit zu unterstützen. Eine eigene Kultur der Innovationseinheit bedeutet jedoch auch, dass diese unabhängig von der Kultur des Unternehmens entstehen darf bzw. sollte. Zwar müssen die Mitarbeiter der Innovationeinheit die Kultur des Unternehmens kennen, um diese bei den Innovationskonzepten berücksichtigen zu können. Auch hilft die Kenntnis der Kultur dabei, sich im Unternehmen bzw. in der Zusammenarbeit mit Kollegen auch außerhalb der eigenen Einheit gut „zurechtzufinden". Es sollte jedoch klar definiert sein, dass sich die Innovationseinheit eine eigene Identität und Kultur aufbauen kann, die sich unter Umständen von derjenigen des Gesamtunternehmens unterscheidet.

Für den Aufbau der **internen Kultur** sind, neben der Etablierung selbstständiger und flexibler Arbeit sowie einer offenen Kommunikation, insbesondere auch Veranstaltungen abseits des Arbeitsalltags ausschlaggebend. Selbst wenn dies im Unternehmen sonst weniger üblich ist, sollte die Innovationseinheit Aktivitäten wie Teamabende, Ausflüge oder gemeinsame Breakout Sessions aktiv fördern und fordern. Genau diese helfen dem Team dabei, die geforderten Gruppennormen (siehe Kapitel 3.2) zu etablieren und vertrauensvoll und somit erfolgreich und effizient zusammenzuarbeiten.

Zur nachhaltigen Steuerung der Innovationseinheit ist eine **Erfolgsmessung** zu etablieren, die optimal zu den geforderten Tätigkeiten und Zielen passt. Wichtigstes Messkriterium ist dabei der Return on Invest (ROI) erfolgreich umgesetzter Innovationsprojekte (auch: Return on Innovation). Daneben ist jedoch auch die Gesamtanzahl der durchgeführten Innovationsprojekte (bis zum Abschluss der Konzeptentwicklung) sowie deren konkrete Umsetzungsquote entscheidend. Diese Messkriterien sollten in die Planungs- und Scoringtools übernommen werden, die im Unternehmen zur Nachverfolgung der KPIs verwendet werden.

Da die Implementierung der Innovationseinheit in der Regel einer langfristigen Strategie des Unternehmens folgt, ist deren Erfolgsmessung zu Beginn noch nicht essentiell. Insbesondere deshalb, weil zunächst ein gewisser Zeitraum zum **Aufbau der Innovationseinheit** eingeplant werden sollte. Spätestens ab dem zweiten Jahr sollten jedoch klare Messkriterien für die Einheit definiert werden, um diese nachhaltig effektiv steuern zu können.

Sobald die Projektleiter für die neue Innovationseinheit gefunden sind, kann mit deren Ausbildung in der 5C-Methodik begonnen werden (**Trainingsphase**). Im besten Fall verfügen die (neuen) Mitarbeiter bereits über eine gewisse Innovationsexpertise. Das spezifische Methodenwissen zur Entwicklung effizienter Innovationen mithilfe des 5C-Prozesses ist in der Regel jedoch nicht vorhanden und muss sukzessive aufgebaut werden.

Die 5C-Methodik kann dabei entweder selbst erlernt werden, z. B. mithilfe dieses Buches und ggf. weiterer Dokumentationen, oder durch externe Spezialisten „on the Job" *während der Durchführung* von 5C-Projekten geschult werden. Der Vorteil einer Schulung „on the Job" ist, dass bereits zum Start der Einheit erste Innovationsprojekte durchgeführt und so auch kurzfristige Innovationserfolge ermöglicht werden.

Die vollständige Übertragung des 5C-Methodenwissens sollte idealerweise im Rahmen von drei aufeinanderfolgenden Innovationsprojekten stattfinden:

1. *Innovationsprojekt:* Durchführung eines effizienten Innovationsprojektes durch einen 5C-Experten. Parallele Teilnahme des oder mehrerer „Auszubildender" in sämtlichen Workshops und bei allen Entscheidungen. Zudem erhält dieser eine ausführliche Erläuterung bzw. Anleitung zu jedem einzelnen Schritt, der im Rahmen des 5C-Prozesses anhand des konkreten Projektes durchgeführt wird.

2. *Innovationsprojekt:* Gemeinsame Durchführung des Projektes durch einen 5C-Experten und den Auszubildenden. Der Auszubildende hat eine Teilprojektleitung, nimmt aktiv an sämtlichen Diskussionen teil und übernimmt auch einzelne Tätigkeiten innerhalb der Projektschritte bis zur Entwicklung der Innovationskonzepte. Die Planung der einzelnen Tätigkeiten machen der 5C-Experte und der Auszubildende stets gemeinsam.

3. *Innovationsprojekt:* Der Lernende wird selbst zum Experten. Er bekommt die Projektleitung für ein 5C-Projekt vollständig übertragen. Der 5C-Experte steht jedoch bei allen wichtigen Schritten als Diskussionspartner bereit, gibt regelmäßig Feedback und bietet bei Bedarf seine Unterstützung an. Mit dem erfolgreichen Abschluss des dritten Projektes hat der Mitarbeiter in der Regel den Status des 5C-Experten selbst erreicht. So kann dieser ab sofort die 5C-Methodik als Projektleiter eigenständig anwenden und selbst neue Mitarbeiter schulen. Auf diese Weise kann das Team sukzessive aus eigenen Reihen vergrößert werden. Ein erneutes Training ist ab diesem Zeitpunkt nur noch sporadisch für eventuelle Neuerungen innerhalb der Methodik bzw. zur Auffrischung erforderlich.

Es empfiehlt sich, die eigenen 5C-Experten auch dafür einzusetzen, das für effiziente Innovation erforderliche Mindset weiter in das Unternehmen zu tragen. So kann zum einen ein besseres Verständnis für Arbeit und Ziel der Innovationseinheit aufgebaut werden. Und zum anderen können ggf. sogar neue Impulse für kleinere Innovationsprojekte in den Fachabteilungen gesetzt werden. Da zur Durchführung von effizienten Innovationsprojekten mit dem 5C-Prozess per se keine Entwicklungsarbeit in den Fachabteilungen und Geschäftseinheiten notwendig ist, sondern diese beeinflussen können, was entwickelt werden soll, ist erfahrungsgemäß die Innovationsfrustration gering. Und dadurch steigt auch automatisch die Lust auf neue Ideen und Innovationen!

Mit den im Rahmen dieses Kapitels beschriebenen Implementierungsmaßnahmen gelingt der erfolgreiche Einbau der 5C-Methodik für effiziente Innovationen. Damit wird ein wichtiger Baustein für den Aufbau strategischer Innovationskompetenz im Unternehmen geschaffen. Weitere strategische Innovationskompetenzen, z. B. im Bereich der Innovationskultur, Mergers & Acquisitions oder Forecasting, werden hier nicht weiter betrachtet. Diese könnten jedoch durchaus als weitere Bausteine für das Unternehmen relevant sein. Schließlich kann jeder weitere Baustein potenziell dabei helfen, die strategische Innovationskompetenz des Unternehmens weiter zu steigern.

Von inkrementeller zu effizienter Innovation

Viele Unternehmen verfügen noch nicht über zufriedenstellende strategische Innovationsmaßnahmen und können daher mit dem folgenden Grundaufbau effiziente Innovation als neue,
strategische Funktion mit passender Innovationseinheit und Methodik implementieren.

Struktur

☐ Vorstandsentscheidung zur Implementierung der neuen Querschnittsfunktion mit
organisatorischer Verankerung nach „oben" und nach „unten"

☐ Bestimmung eines Vorstands als langfristiger „Sponsor"

☐ Configuration mit dem Topmanagement zur Planung der Innovationsroadmap und somit der
benötigten Anzahl von Projekten/Jahr

☐ Operative Verankerung der neuen Querschnittsfunktion mit Zugriff auf alle relevanten
Stakeholder und klarer Definition des Aufgabenbereichs

☐ Aufbau bzw. Erweiterung des internen und externen Netzwerks, z.B. durch geeignete
Kommunikationsmaßnahmen

Ressourcen

☐ Frühzeitige Einplanung neu benötigter Ressourcen zur Entwicklung von effizienten
Innovationen (internes Budget)

☐ Langfristige Einplanung von Umsetzungsressourcen in den Geschäftsbereichen (möglich,
aber nicht notwendig, da 5C-Methodik immer das aktuell bestehende Budget als Kriterium
aufnehmen kann)

☐ Festlegung der Einbindungsmöglichkeiten interner Fachbereiche und externer Partner für die
Entwicklung (und Umsetzung) effizienter Innovationen

☐ Einplanung der benötigten personellen Ressourcen (siehe auch Abschnitt 3.3.2)

Kultur

☐ Keine Veränderung der Gesamtkultur des Gesamtunternehmens

☐ Kommunikation der neuen Innovationsstrategie

☐ Erläuterung der Bedeutung strategischer Innovation außerhalb des operativen Geschäfts

☐ Vermittlung des Ansatzes „effiziente Innovation" und ggf. Abgrenzung gegenüber bereits
verwendeter Innovationsmaßnahmen

☐ Ggf. Vermittlung wichtigster Bausteine an strategische und operative Stakeholder zum
besseren Verständnis der Prozessanforderungen

Interne Struktur (Innovationseinheit)

☐ Genaue Definition des Aufgabenbereiches in Abgrenzung zu bestehenden Abteilungen (z.B.
agile Umsetzung, Nutzung von Fachabteilungen etc.)

☐ Minimum: Aufbau Kompetenzen und Ressourcen zur eigenständigen Entwicklung von
Innovationskonzepten (Prozessschritte 1-4)

☐ Bestimmung der kurz- bis mittelfristig benötigten Größe der Innovationseinheit abhängig von
der Anzahl geplanter Projekte auf Basis der Innovationsroadmap (siehe Kapitel 3.1)

☐ Einsetzung eines geeigneten Leiters, welcher dann das restliche Team, insbesondere die
Projektleiter, nach den genannten Anforderungen aufbaut

Arbeitsweise (Innovationseinheit)

☐ Definition, Abstimmung und Implementierung benötigter, ggf. neuer, Prozesse und Regelungen zur Ermöglichung von Selbstorganisation und Flexibilität (z.B. Homeoffice, Reise, Überstunden, Arbeitsmaterialien etc.)

☐ Bereitstellung geeigneter Räumlichkeiten

☐ Überprüfung und ggf. Anpassung der Regelungen zum internen und externen Austausch (z.B. E-Mail und Telefon-Policy, Meetings etc.)

Individuelle Kompetenzen (Innovationseinheit)

☐ Identifikation und Motivation „kreativer Generalisten" mit analytischen und kreativen Fähigkeiten (von intern oder extern)

☐ Extern: Bespielung geeigneter Kanäle zum Recruiting (z.B. Netzwerke, Events, Universitäten, Start-up-Hubs, andere Unternehmen)

☐ Motivation über die Vorteile der effizienten Innovation: Erarbeitung neuer Innovationen mit der Stärke des Großunternehmens

Soziale Kompetenzen (Innovationseinheit)

☐ Sicherstellung der psychologischen Sicherheit in der Innovationseinheit durch Test der sozialen Kompetenzen in der Mitarbeiterauswahl

Interne Kultur (Innovationseinheit)

☐ Schaffung eigener Identität und Kultur, ggf. unabhängig vom Gesamtunternehmen, durch geeigneten Rahmen (s.o.)

☐ Schaffung von Gruppennormen insbesondere auch durch informelle Aktivitäten

Erfolgsmessung (Innovationseinheit)

☐ Aufsetzen neuer KPIs & Zielvereinbarungen zur Messung der Projekterfolge, z.B. Return on Investment, Umsetzungsquote, Anzahl durchgeführter Projekte/Jahr

Aufbauphase

☐ Vorstandsentscheidung zur Implementierung effizienter Innovation

☐ Configuration zur Planung der Innovationsroadmap

☐ Schaffung organisatorischer Rahmenbedingungen (Kapitel 3.1)

☐ Aufbau der „effizienten Innonvationseinheit" (Kapitel 3.2)

☐ Übergabe der Innovationsroadmap an die Innovationseinheit

Trainingsphase

☐ Eigenaufbau der benötigten Kompetenzen durch geeignete Dokumentation oder Schulung durch externe (später: interne) Spezialisten

☐ Stufenweise Schulung mit Tandem aus 5C-Experte und „Schüler":
  1. Projekt: Experte führt durch und erklärt/dokumentiert
  2. Projekt: Experte und Schüler führen gemeinsam das Projekt durch
  3. Projekt: Schüler ist Projektleiter, Experte als Sparringspartner

3.3.2 Von strategischer Innovation zu effizienter Innovation

Effiziente Innovation ermöglicht es Unternehmen, die bislang (nur) strategische Innovation betreiben, **neben einer hohen Traktion nun** *auch* **einen hohen Kundenfit zu erzielen.** Der Hintergrund: Strategische Innovation beschreibt die zentrale bzw. übergreifende Steuerung von Innovationsmaßnahmen zur Erneuerung ausgesuchter strategischer Themen bzw. teilweise auch der Strategie des Unternehmens an sich.[175] Dabei wenden diese strategischen Innovationseinheiten gemeinhin eine Kombination aus verschiedenen Innovationsmethoden an (siehe Kapitel 3.3). Strategische Einheiten legen ihren Fokus bei der Auswahl der entsprechenden Innovationsmethoden dabei in der Regel auf solche, die eine hohe Traktion ermöglichen. Der Kundenfit erhält bei der Arbeit von strategischen Innovationseinheiten in der Folge eine vergleichsweise geringe Beachtung. Warum ist das so? Dies liegt schlichtweg daran, dass bei der Auswahl von Innovationsmethoden aktuell eine Entscheidung entweder für einen hohen Kundenfit oder für eine hohe Traktion getroffen werden muss. Denn keine der Methoden schafft es bislang, eine ausreichende prozessuale Ambidexterität herzustellen (siehe Kapitel 1.4). Da bei der strategischen Innovation gezielt unter Berücksichtigung der Stärken des Kerngeschäfts innoviert werden soll, wird der Fokus entsprechend auf die Traktion gelegt. Für strategische Innovation heißt dies folglich: In der Gleichung „so nah am Kerngeschäft wie möglich, so disruptiv wie nötig" wird vor allem der erste Teil erfüllt. Disruptivere Ideen, die zukünftige Kundenbedürfnisse und Trends bedienen, werden oftmals gar nicht bearbeitet oder nur außerhalb des Unternehmens (ohne die Traktion) weiterverfolgt, da kundenzentrierte disruptive Ideen nicht ausreichend integriert werden können.

Die 5C-Methodik ermöglicht eine prozessuale Ambidexterität und somit den gleichzeitigen Fokus auf eine hohe Traktion *und* einen hohen Kundenfit. Damit ist die 5C-Methodik optimal für den Einsatz in Großunternehmen geeignet, die bislang (nur) auf strategische Innovation mit hoher Traktion setzen (müssen). Da strategische Innovation in der Regel bereits strategisch in der bestehenden Organisation verankert ist, sind **zur Implementierung der 5C-Methodik für effiziente Innovation insbesondere Ergänzungen bzw. Veränderungen in Bezug auf die bestehende Innovationseinheit an sich vonnöten** sowie selbstverständlich eine entsprechende Ausbildung der zukünftigen Projektleiter von 5C-Innovationsprojekten.

In der **Struktur** sind strategische Maßnahmen bereits implementiert, sodass in der Regel Innovation schon eng mit dem Vorstand bzw. der Geschäftsführung verknüpft ist. Diese wichtige Grundvoraussetzung für effiziente Innovation ist demnach bereits vorhanden. Um eine nachhaltige Unterstützung für effiziente Innovation sicherzustellen, empfiehlt es sich, nach der Entscheidung zu deren Implementierung den bisher für strategische

Innovationen verantwortlichen Vorstand bzw. Geschäftsführer als Sponsor für effiziente Innovationen zu gewinnen.

Zum Start der Implementierung ist es erforderlich, eine Configuration durchzuführen (siehe Kapitel 2.1). Da bereits an strategischen Innovationen gearbeitet wird, sollten die in diesem Kontext bestehenden bzw. bereits geplanten Opportunitäten, Potenziale und Projekte innerhalb der Configuration als potenzielle Opportunity Spaces bzw. Innovationspotenziale mit aufgenommen werden. Es gilt dann, auch diese im Hinblick auf ihr Potenzial zur Erreichung eines hohen Kundenfit und einer hohen Traktion zu untersuchen. Auf dieser Basis kann anschließend entschieden werden, ob diese mithilfe des 5C-Prozesses weiterverfolgt werden sollen oder alternativ in der „Schublade" verschwinden.

Dank der Ergebnisse aus der Configuration (konkret: der Roadmap potenzieller Innovationsprojekte) kann abgeschätzt werden, welche und wie viele neue Ressourcen für die Entwicklung effizienter Innovationen benötigt werden. In diese Planung fällt auch die Abgrenzung zu anderen strategischen und operativen Einheiten. Da strategische Innovation im Unternehmen bereits existiert, fällt diese Abgrenzung jedoch in der Regel leicht. Schließlich existiert bereits eine klare Grenze zwischen strategischer und inkrementeller Innovation, sodass lediglich die neue Methodik in die Innovationsstrategie eingebettet werden muss. Im besten Fall ist bereits ein ausreichendes internes und externes Netzwerk für Innovationen und deren Umsetzung vorhanden, auf das aufgebaut werden kann. So kann die konkrete Arbeit an effizienten Innovationen rasch starten.

Die Umstellung von strategischer zu effizienter Innovation erfordert in der Regel keine zusätzlichen **Ressourcen** des Unternehmens. Die für die Durchführung des 5C-Prozesses notwendigen Schritte bzw. Tätigkeiten sollten sich prinzipiell über die Nutzung der bereits vorhandenen Ressourcen für die strategischen Innovationen abbilden lassen. Dies gilt auch – und insbesondere – für Personalressourcen und Räumlichkeiten. Es empfiehlt sich, zunächst die vorhandenen Planstellen und die bestehenden Räumlichkeiten zu nutzen. Neue Ressourcen sind in der Regel nur dann vonnöten, wenn effiziente Innovation zusätzlich zu den bereits geplanten strategischen Innovationsprojekten bzw. der entsprechenden Einheit aufgebaut werden soll.

Bei der Umstellung von strategischer zu effizienter Innovation ist es zudem von Vorteil, wenn Kanäle und Prozesse zur Einbindung von Stakeholdern aus den Geschäftseinheiten bereits vorhanden sind. Das Thema Innovation ist oftmals in den Zielvereinbarungen der Umsetzer vorhanden (falls nicht, sollte dies nachgeholt werden). Und diverse Fachabteilungen stehen als unterstützende Instanz bereit. Je nachdem, wie die Funktion der strategischen Innovation im Unternehmen verstanden wird, besteht ggf. bereits eine gute Verbindung zu potenziellen externen Umsetzungspartnern, Start-ups und anderen Unternehmen, die in den 5C-Prozess an den geeigneten Stellen eingebunden werden können. Insgesamt sind damit bereits die wesentli-

Praxiskommentar

Markus Keller, Senior Vice President Corporate Innovation, Deutsche Telekom

Nicht erst seit Clayton Christensen's „Innovator's Dilemma" ist klar: Innovation ist eine Königsdisziplin – und nachhaltige, erfolgreiche Innovationen sind insbesondere für etablierte Unternehmen eine große Herausforderung. Disruption kommt in den meisten Fällen von außen und ist wenig planbar. Da wirkt es auf den ersten Blick paradox, dass Firmen wie die Deutsche Telekom zentrale strategische Innovationseinheiten betreiben, die quasi für Innovationen „zuständig" sein sollen, sowie andere Fachabteilungen für Finanzen oder den Vertrieb zuständig sind. Wie sollen die großen Corporates den kleinen Start-ups hinsichtlich Geschwindigkeit, Flexibilität und Biss das Wasser reichen können?

Im vorliegenden Buch wurde bereits ausgiebig erläutert, dass Großunternehmen den Innovationswettkampf gegen Start-ups sehr wohl gewinnen können, wenn es ihnen gelingt, ihre Stärken auf die Straße zu bekommen. Das heißt, Corporate Innovation hat eine faire Chance, nachhaltige, neue Umsätze zu erwirtschaften und Wert für die Shareholder zu schaffen – wenn sie richtig aufgesetzt wird. Unser Team bei der Telekom entwickelt innovative Produkte und schließt Partnerschaften mit Software- und Hardware-Anbietern mit dem Ziel, die Innovationskraft der Deutschen Telekom immer neu unter Beweis zu stellen. Wie kann das gehen? Mit einigen klaren Erfolgsfaktoren.

Die empirische Innovationsforschung zeigt, dass ein Schlüssel zum Erfolg die disziplinier-te Beschränkung auf Weniges – also ein klarer Fokus! – ist. Diesem Imperativ folgend werden jährlich aus hunderten Kandidaten fünf Prioritäten selektiert. Bei deren Auswahl achten wir ins besondere auf die richtige „Balance" zwischen Kerngeschäft und disrupti-vem Potenzial: die Formel ist 4+1. Vier eher inkrementelle Produktinnovationen, die das Kerngeschäft weiterbringen, ein experimentelles mit exponentiellem Potenzial, für das es Mut braucht. So kann sichergestellt werden, dass auf der einen Seite die Stärken der Telekom bestmöglich genutzt werden und bestehendes Geschäft unterstützt wird und auf der anderen Seite Raum für wirklich Experimentelles reserviert ist.

Eine große Herausforderung ist es, die Innovationsteams cross-funktional am Produkt arbeiten zulassen und von „Ballast" zu befreien: Im Konzern ist es im Unterschied zu einem Start-up existenziell, mit den verschiedenen Stakeholder wie Finanzen, Einkauf und HR abgestimmt vorzugehen. Darum kümmert sich pro Thema ein Investment Mana-ger, so dass sich die Innovationsteams auf die inhaltliche Arbeit konzentrieren können. Flankierend hilft ein Innovationsmarketing-/Evangelisten-Team bei der Kommunikation und Lobbyarbeit. Gesteuert wird – folienfrei – über ein neues Projektmanagement-Tool und agile Methoden. Budgets werden – analog einem Venture Capital Investor – nach Meilensteinen für die Innovationsprojekte effizient über ein Investment Committee mit nur zwei Stimmen gesteuert. Planungs- und Controlling-Prozesse entfallen. Schließlich stehen jedem Innovationsverantwortlichen mindestens zwei Geschäftsführer mit direkter Markt- oder Technikverantwortung zur Seite. Ein kleines flexibles Budget steht zur Verfügung, um die besten Wissenschaftler und Experten für das eigene Thema „in die Werkstatt" einzuladen, Netzwerke zu knüpfen und Feedback zu bekommen. Über eine direkte Linie zum Strategieleiter und Chief Product Officer gibt es eine enge Verzahnung mit dem Vorstand und somit eine starke strategische Unterstützung.

Wir sehen nach einem Jahr 4+1, dass sich die Entwicklungsgeschwindigkeit beschleu-nigt, der Return on Innovation erhöht und die Mitarbeiterzufriedenheit stark verbessert hat. Mit den Ergebnissen brauchen wir uns vor keinem Start-up zu verstecken. Im Gegenteil: Das fünfte experimentelle Projekt der 4+1 ist jetzt eine Vorstandspriorität und wird im Silicon Valley ausgegründet.

chen Ressourcen vorhanden, sodass die Methodik mit wenig Vorlaufzeit eingeführt werden kann.

Das Thema Innovation ist durch die Implementierung strategischer Innovation bereits top-down verankert. Wichtig ist nun, die *neue* Methodik bzw. den *Grund* für die Umstellung von strategischer zu effizienter Innovation ausreichend transparent zu machen (dies sollte auf Basis der bisherigen Ausführungen nicht schwerfallen). Dazu zählt auch die Vermittlung eines Grundverständnisses zur 5C-Methodik, um Unterschiede zu den bisherigen Prozessen in der Zusammenarbeit mit der Innovationseinheit zu verdeutlichen. Eine grundlegende Veränderung der **Kultur** ist für die Implementierung, wie bereits mehrfach erläutert, jedoch nicht notwendig.

Die bestehende Innovationseinheit für strategische Innovation hat in der Regel bereits eine passende **interne Struktur**: Der generelle Aufgabenbereich umfasst die Entwicklung von (strategischen) Innovationen, ggf. inklusive der Verantwortung für die Testphase oder gar die Umsetzung selbst. Zugänge zu Datenbanken, der Zugriff auf interne und externe Experten sowie potenzielle Workshopteilnehmer etc. sind oftmals vorhanden. Und die Einheit selbst beinhaltet meist bereits mehrere Angestellte, inkl. Leitung und Projektverantwortlichen, die zukünftig für die Entwicklung effizienter Innovationen mithilfe des 5C-Prozesses eingesetzt werden können. Selbstverständlich ist es alternativ möglich, eine weitere separate Einheit für effiziente Innovation mit der 5C-Methodik aufzubauen. Langfristig ist dies jedoch nicht empfehlenswert. Schließlich gilt es, Innovationen zu entwickeln, die eine hohe Traktion *und* einen hohen Kundenfit aufweisen, um somit den nachhaltigen Erfolg des Unternehmens zu sichern.

Sinnvoll kann es allerdings sein, die bestehende Einheit anfangs durch externe 5C-Experten zu ergänzen. Diese können die Mitarbeiter sowohl bei der Durchführung der ersten 5C-Projekte unterstützen als auch deren Ausbildung zu 5C-Experten übernehmen.

Die 5C-Methodik kann zwar auch schrittweise eingeführt werden (also zunächst neben anderen, bestehenden Innovationsmethoden). Empfehlenswerter ist jedoch eine direkte Umstellung auf die 5C-Methodik, wobei Maßnahmen wie Open Innovation, Mitarbeiterinitiativen, Start-up-Investments u.ä. diese selbstverständlich (auch langfristig) ergänzen können.

Eine möglichst flexible **Arbeitsweise** in der (zukünftig effizienten) Innovationseinheit muss voraussichtlich erst noch etabliert werden. Durch die besonders große Nähe zum Kerngeschäft entspricht die Arbeitsweise in der (strategischen) Innovationseinheit vermutlich eher derjenigen im restlichen Unternehmen. Doch aufgrund der Nähe zum Vorstand bzw. der Geschäftsführung (und mit deren Unterstützung) besteht prinzipiell eine gute Ausgangssituation, um zukünftig mehr Freiheiten innerhalb der Innovationseinheit zu ermöglichen. Doch die Freiheit, flexibel zu sein, ist das eine. Das andere ist, diese auch auszuleben. Dabei liegt es insbesondere beim Leiter der Einheit, einerseits die „Abschirmung" der Projektleiter sicherzustellen und andererseits Selbstorganisation und Flexibilität proaktiv zu fördern. Der Sponsor sollte diese Freiheit idealerweise nicht nur zuzulassen, sondern sogar von den Mitarbeitern in der Innovationseinheit proaktiv einfordern. Wird eine ausreichend flexible Arbeitsweise sichergestellt, sind die Rahmenbedingungen für die Innovationseinheit grundsätzlich optimal– insofern denn die geeigneten Mitarbeiter in Bezug auf deren **individuelle und soziale Kompetenzen** zur Verfügung stehen.

In einer (strategischen) Innovationseinheit sind vermutlich nur wenige der benötigten Generalisten mit kreativen *und* analytischen Fähigkeiten vorhanden. Aufgrund des bisherigen Fokus der Einheit ist vielmehr davon auszugehen, dass die meisten Mitarbeiter ihre Kompetenzen insbesondere im analytischen Bereich haben. Nun bieten sich zwei Optionen an. Entweder es wird versucht, die erforderlichen kreativen Kompetenzen bei den bestehenden Mitarbeitern zu fördern und auszubauen. Oder es müssen gezielt Mitarbeiter, wie in Abschnitt 3.3.1 beschrieben, gesucht werden, die das bestehende Team ergänzen. Da die strategische Innovationseinheit oftmals über eine größere Anzahl an Mitarbeitern verfügt, besteht durchaus die Chance, die für den Start einer effizienten Innovationseinheit erforderlichen zwei bis drei Projektleiter auch im vorhandenen Mitarbeiterpool zu finden bzw. schnell dorthin zu entwickeln. Langfristig benötigte Stellen könnten dann durch die Weiterentwicklung zusätzlicher oder die Rekrutierung neuer Mitarbeiter nachbesetzt werden. Weitere benötigte Personalressourcen, wie z. B. Experten zur Unterstützung der Umsetzungstests, sollten in einer (strategischen) Innovationseinheit in der Regel bereits verfügbar sein.

Das hohe Level an psychologischer Sicherheit, das für die Durchführung des 5C-Prozesses erforderlich ist, muss voraussichtlich erst noch aufgebaut werden. Dies liegt schlichtweg daran, dass sich die *strategische* Innovationseinheit bislang in einer (im Vergleich zu effizienter Innovation) gewissen Komfortzone bewegt hat. Denn aufgrund der großen Nähe zum Kerngeschäft ist die Unsicherheit beim Thema Innovation in strategischen Innovationseinheiten vergleichsweise gering. So war die Notwendigkeit für allzu große psychologische Sicherheit (siehe zum besseren Verständnis der Begrifflichkeit auch Kapitel 3.2) einfach nicht vorhanden. Dem Leiter der Innovationseinheit kommt daher die herausfordernde Aufgabe zu, das bestehende Team in Bezug auf deren Persönlichkeits-Fit und soziale Kompetenz auf den Prüfstand zu stellen und auch bei der Auswahl neuer Mitarbeiter das gesamte Teamgefüge im Blick zu haben (siehe auch Abschnitt 3.3.1). Dies ist unter Umständen die größte Herausforderung auf dem Weg von strategischer zu effizienter Innovation.

Auch wenn eine gewisse **Teamkultur** bereits vorhanden ist, lohnt es sich, diese positiv zu verstärken. Denn insbesondere nach der Umstellung von strategischer zu effizienter Innovation und einer damit möglicherweise verbundenen Unsicherheit im Team gilt es, durch gemeinsame Aktivitäten wie Teamabende, Ausflüge oder Breakout Sessions proaktiv den Zusammenhalt im Team und den Aufbau gemeinsamer Gruppennormen zu fördern. Schließlich wird eine vertrauensvolle und erfolgreiche Zusammenarbeit so oft erst möglich.

Die Umstellung von strategischer zu effizienter Innovation benötigt ggf. auch eine Anpassung der **Erfolgsmessung**. Denn nicht in jedem Unternehmen ist der Erfolg von (strategischen) Innovationseinheiten gleich definiert. In einigen Fällen wird dieser an der Umsetzung neuer Innovationen gemessen, gerne aber auch an der Anzahl der Ideen sowie ggf. auch an qualitativen Faktoren, die z. B. in Mitarbeiterumfragen generiert werden (gefühlte Innovationskraft, Klarheit der Innovationsmaßnahmen, Anzahl der Ideen, Bedienung der Geschäftsbedürfnisse, Kundenzufriedenheit usw.).[176]

In der Konsequenz heißt das: Falls die bisherigen Zielvereinbarungen noch nicht den in Kapitel 3.2 empfohlenen Erfolgskriterien für eine effiziente Innovationseinheit entsprechen (sprich: Return on Invest der Innovationsprojekte, Anzahl durchgeführter Innovationsprojekte bis zur Erarbeitung des Innovationskonzeptes sowie deren Umsetzungsquote), sollten diese entsprechend angepasst und vorige Ziele ggf. gestrichen werden. Dabei kann jedoch eine Transitionsphase sinnvoll sein.

Die vorangegangene Betrachtung zeigt, dass die Umstellung von strategischer zu effizienter Innovation tatsächlich nur weniger, größerer Anpassungen bedarf und ggf. sogar ohne zusätzliche Ressourcen durchgeführt werden kann. Wirklich kritisch erscheint bei der Umstellung einzig die Eignung der bestehenden Mitarbeiter für eine Projektleiterrolle zur Durchführung der 5C-Methodik. Wobei auch für diesen Punkt oben bereits diverse Lösungsoptionen diskutiert wurden. Und so bliebe abschließend lediglich die (in Abschnitt 3.3.1 ausführliche beschriebene) Ausbildung der Mitarbeiter zu 5C-Experten, um die Transition von strategischer zu effizienter Innovation erfolgreich abzuschließen.

Von strategischer zu effizienter Innovation

Unternehmen, welche strategische Innovation betreiben, verfügen bereits über viele der benötigten organisatorischen Voraussetzungen zur Implementierung effizienter Innovation, benötigen jedoch insbesondere noch Anpassungen in Bezug auf die Innovationseinheit.

Struktur

☐ Vorstandsentscheidung zur Implementierung „effizienter Innovation" als Ergänzung oder Grundmethodik strategischer Innovation

☐ Nutzung der bestehenden Querschnittsfunktion

☐ Nutzung des bestehenden „Sponsors" für strategische Innovationen im Vorstand

☐ Configuration mit dem Top-Management zur Planung der Innovationsroadmap und somit der benötigten Anzahl von Projekten/Jahr inkl. der bereits bestehenden und geplanten Projekte

☐ Nutzung der bestehenden operativen Verankerung der strategischen Querschnittsfunktion mit Zugriff auf alle relevanten Stakeholder und klarer Definition des Aufgabenbereichs

☐ Nutzung und ggf. Erweiterung des internen und externen Netzwerks, z.B. durch geeignete Kommunikationsmaßnahmen

Ressourcen

☐ Überprüfung geplanter Ressourcen zur Entwicklung von Innovationen (internes Budget)

☐ Überprüfung der geplanten Umsetzungsressourcen in den Geschäftsbereichen

☐ Nutzung und ggf. Erweiterung der definierten Einbindungsmöglichkeiten interner Fachbereiche und externer Partner für die Entwicklung (und Umsetzung) effizienter Innovationen

☐ Überprüfung der geplanten personellen Ressourcen

☐ (Zunächst) Nutzung vorhandener Ressourcen

Kultur

☐ Keine Veränderung der Gesamtkultur

☐ Kommunikation der neuen Innovationsstrategie

☐ Vermittlung des Ansatzes „effiziente Innovation" und ggf. Abgrenzung gegenüber bereits verwendeter Innovationsmaßnahmen

☐ Ggf. Vermittlung wichtigster Bausteine an strategische und operative Stakeholder zum Verständnis der Prozessanforderungen

Interne Struktur (Innovationseinheit)

☐ Genaue Definition des Aufgabenbereiches in Abgrenzung zu bestehenden strategischen Innovationsmaßnahmen, Minimum: Aufbau Kompetenzen und Ressourcen zur eigenständigen Entwicklung von Innovationskonzepten (Prozessschritte 1-4) als ergänzendes Team

☐ Empfehlung: Einführung effizienter Innovation als Grundlage der Innovationsentwicklung für die gesamte bestehende Einheit und Ergänzung durch weitere (bestehende) strategische Innovationsmaßnahmen (z.B. Investments, Open-Innovation etc.)

☐ Überprüfung der kurz- bis mittelfristigen benötigten Größe der Innovationseinheit abhängig von Anzahl geplanter Projekte auf Basis der Innovationsroadmap (siehe Kapitel 3.1)

☐ Auswahl eines geeigneten Leiters möglichst aus der bestehenden Einheit, welcher dann das restliche Team, insbesondere die Projektleiter, nach den genannten Anforderungen auswählt bzw. ergänzt

Arbeitsweise (Innovationseinheit)

☐ Überprüfung der Prozesse und Regelungen zur Ermöglichung von Selbstorganisation und Flexibilität (z.B. Homeoffice, Reisen, Überstunden, Arbeitsmaterialien etc.), sowie deren Durchsetzung

☐ Überprüfung und ggf. Anpassung der Regelungen zum Austausch zum internen und externen Austausch (z.B. Email und Telefon-Policy, Meetings etc.)

Individuelle Kompetenzen (Innovationseinheit)

☐ Auswahl „kreativer Generalisten" mit analytischen und kreativen Fähigkeiten aus der bestehenden Einheit oder Ergänzung

☐ Bei notwendiger Ergänzung: Bespielung geeigneter Kanäle zum Recruiting (z.B. Netzwerke, Events, Universitäten, Start-up-Hubs, andere Unternehmen)

☐ Motivation über die Vorteile der effizienten Innovation: Erarbeitung neuer Innovationen mit der Stärke des Großunternehmens

Soziale Kompetenzen (Innovationseinheit)

☐ Stärkung der psychologischen Sicherheit in der Innovationseinheit durch Test der sozialen Kompetenzen in der Mitarbeiterauswahl

Interne Kultur (Innovationseinheit)

☐ Verstärkung der eigenen Identität und Kultur, ggf. unabhängig vom Gesamtunternehmen, durch geeigneten Rahmen

☐ Stärkung eigener Gruppennormen, insbesondere auch durch informelle Aktivitäten

Erfolgsmessung (Innovationseinheit)

☐ Ggf. Anpassung der KPIs und Zielvereinbarungen zur Messung der Projekterfolge, (Return on Investment, Umsetzungsquote, Anzahl durchgeführter Projekte/Jahr)

Aufbauphase

☐ Vorstandsentscheidung zur Implementierung effizienter Innovation
☐ Configuration zur Planung der Innovationsroadmap
☐ Schaffung organisatorischer Rahmenbedingungen (Kapitel 3.1)
☐ Aufbau der „effizienten Innovationseinheit" (Kapitel 3.2)
☐ Übergabe der Innovationsroadmap an die Innovationseinheit

Trainingsphase

☐ Eigenaufbau der benötigten Kompetenzen durch geeignete Dokumentation oder Schulung durch externe (später: interne) Spezialisten

☐ Stufenweise Schulung mit Tandem aus 5C-Experte und „Schüler" (siehe Abschnitt 3.3.1):
   1. Projekt: Experte führt durch und erklärt/dokumentiert
   2. Projekt: Experte und Schüler führen gemeinsam das Projekt durch
   3. Projekt: Schüler ist Projektleiter, Experte als Sparringspartner

3.3.3 Von kundenzentrierter Innovation zu effizienter Innovation

Kundenzentrierte Innovation ist bereits seit Jahren en vogue. Und dies berechtigterweise. Insbesondere mithilfe von Design Thinking werden nicht nur Ideen generiert, die einen hohen Kundenfit haben, sondern Mitarbeiter lernen zudem neue Arbeitsweisen, den Umgang mit Unsicherheit, das spielerische Entwickeln und ein „Customer-First"-Mindset.[177] Engagierte Botschafter im Unternehmen setzen sich dazu für eine konsequente Fokussierung auf die Bedürfnisse des Kunden ein. Mitarbeiter werden in der Anwendung von Design Thinking geschult, und es wird im besten Fall nicht nur eine kundenzentrierte Innovationseinheit aufgebaut, sondern auch gleich die gesamte Kultur des Unternehmens hin zu einer besseren Kundenorientierung transformiert.

All dies sind Erfolge, die kein Unternehmen wieder rückgängig machen will (oder sollte). Doch gleichzeitig scheint eine Veränderung bzw. Erweiterung der aktuellen kundenzentrierten Innovation vonnöten. Schließlich bleiben Umsetzungserfolge kundenzentrierter Innovation, insbesondere bei strategischen Themen in großen komplexen Unternehmen, allzu oft aus. Die 5C-Methodik setzt an genau dieser Stelle an, um neben dem hohen Kundenfit (der aktuell bereits bei kundenzentrierter Innovation erreicht wird) nun

Praxiskommentar

Stefan Heidrich, General Manager, Maybelline New York/Essie, L'Oréal

Maybelline New York macht Trends tragbar. Die Marke demokratisiert internationale Trends rund um das Thema Lippenstift & Co. und macht sie einer breiten Anzahl an Konsumentinnen zugänglich. Der Verbraucher mit seinen individuellen Bedürfnissen und Wünschen steht immer im Mittelpunkt unseres Handelns. Innovationen auf allen Ebenen spielen eine wichtige Rolle, um in diesem Markt erfolgreich zu sein. Ob neue Technologien in den Produkten, neue Service-Tools oder auch neue Verkaufspunkte, an denen die Kundinnen uns finden, alle Bausteine sind Teil des Innovationsspektrums. Agilität spielt dabei eine entscheidende Rolle. Denn insbesondere der Markt der dekorativen Kosmetik ist extrem dynamisch und stark angebotsorientiert. Trends und neue Marken kommen und gehen sehr schnell, Trends aus anderen Ländern sind in kurzer Zeit international und der Wunsch nach innovativen Produkten ist enorm.

Um die Bedürfnisse unserer Konsumentinnen noch besser zu verstehen, arbeiten wir in multifunktionalen Teams pro Kategorie, bestehend aus Vertretern verschiedener Abteilungen wie Category Management, Marketing, Vertrieb, Marktforschung und Controlling. Diese Teams erarbeiten die „Golden Rules of the Category". Dabei stehen nicht die Markenstrategie oder die Produkte im Fokus, sondern die Bedürfnisse der Endverbraucher und das Wachstum der Kategorie für den Handel. Alle Maßnahmen sind an diesen beiden Zielsetzungen ausgerichtet.

Unsere starke Orientierung am Verbraucher zieht auch nach sich, dass wir sie immer stärker in unsere Produktentwicklung einbeziehen. So sind wir mit fünf sogenannten Trendsquads, reichweitenstarken Influencern aus den sozialen Medien, rund um die Welt gereist. Sie konnten sich in verschiedenen Metropolen der Welt inspirieren lassen und ihre eigene Make-up Kollektion entwerfen. Die Looks wurden dann in der Maybelline Show auf der Berlin Fashion Week vorgestellt. Eine bis dato im Markt einzigartige Initiative.

auch eine hohe Traktion bei Innovationen sicherzustellen. Dabei wird auf die bereits bestehenden Kompetenzen kundenzentrierter Innovation aufgesetzt und mithilfe der 5C-Methodik nun sichergestellt, dass das Unternehmen zukünftig in der Lage ist, effiziente Innovationen mit hohem Kundenfit *und* hoher Traktion zu produzieren.

Das Thema Innovation ist in Unternehmen mit kundenzentrierter Innovation in der Regel bereits auf der Agenda des Topmanagements und somit in der **Struktur** berücksichtigt. Allerdings sind die Innovationseinheiten, die sich mit kundenzentrierten Methoden um neue Innovationen kümmern sollen, oftmals nicht ausreichend strategisch verankert. Dies auch deshalb, weil sich die Methodik nur sehr beschränkt für die Ausrichtung an strategischen Zielen und Kriterien eignet. Vielmehr unterstützen die Design Thinking-Einheiten in der Regel die Fachabteilungen und Geschäftseinheiten dabei, gemeinsam neue Ideen bzw. Innovationen zu generieren. Durch die Kombination von kundenzentrierter Methodik und Teilnehmern aus dem operativen Geschäft fehlt dann zumeist die gesamtstrategische Komponente.

Um die Umsetzung von kundenzentrierter zu effizienter Innovation zu vollziehen, ist es daher meist vonnöten, das Innovationsthema zunächst auf eine strategisch höhere Ebene zu bringen. Da eine Entscheidung für effiziente Innovation auf der Ebene des Vorstands bzw. der Geschäftsführung erfolgen muss, sollte diese Transition jedoch (bei einer positiven Entscheidung für effiziente Innovation) realisierbar sein. Und auch eine weitere strukturelle Veränderung ist essentiell: Die Innovationsfunktion bzw. Abteilung muss vom Profit- zum Costcenter werden (falls noch nicht der Fall) und damit gleichzeitig unabhängig von den operativen Geschäftseinheiten. Falls weiterhin Bedarf an kundenzentrierten Innovationsworkshops bei den Geschäftseinheiten besteht, können die dazu notwendigen Ressourcen auf operativer Ebene durchaus bestehen bleiben.

Auf strategischer Ebene gilt es, im Rahmen der Configuration (siehe Kapitel 2.1) eine Innovations-Roadmap im Sinne der aktuell und zukünftig relevantesten Innovationspotenziale für das Unternehmen zu erarbeiten. Bestehende Projekte bzw. Erkenntnisse aus der kundenzentrierten Innovation können dabei für die Betrachtung der Opportunity Spaces und Innovationspotenziale von großem Nutzen sein. Schließlich werden dazu auch möglichst gute Erkenntnisse über den bzw. die potenziellen Kunden benötigt. Ist die Innovations-Roadmap einmal erstellt, kann auf dieser Basis eine Entscheidung für die zukünftig benötigten Ressourcen für eine effiziente Innovationseinheit getroffen werden (siehe zur genauen Planung der Ressourcen auch Abschnitt 3.3.1).

Durch die Umgestaltungen auf organisatorischer und strategischer Ebene verändert sich in der Regel auch die Zusammenarbeit mit den Fachabteilungen und Geschäftseinheiten. Diese gilt es bei Bedarf neu zu definieren. Auf die bereits bestehende Zusammenarbeit kann die effiziente Innovation jedoch sehr gut aufsetzen. Denn genau dieses interne Netzwerk wird für die

Durchführung des 5C-Prozesses benötigt. Das gilt ebenfalls für das externe Netzwerk, das im Kontext von kundenzentrierten Innovationsmethoden bereits häufig gut eingebunden ist und somit auch für effiziente Innovation zur Verfügung steht.

Falls die 5C-Methodik zusätzlich zu den bestehenden Design Thinking-Einheiten aufgebaut werden soll, ist eine Neuplanung der **Ressourcen** notwendig. Diese kann gemäß der Beschreibung in Abschnitt 3.3.1 erfolgen. Für den Fall, dass effiziente Innovation die kundenzentrierte Innovation ersetzen soll, ist festzustellen, ob diese bisher als Cost- oder Profitcenter betrachtet wurde. Da oftmals Letzteres der Fall ist, muss dies nun verändert werden, um der zukünftigen strategischen Zielsetzung der Innovationseinheit ausreichend Rechnung zu tragen. Ist kundenzentrierte Innovation bereits als Costcenter aufgestellt, können vermutlich die dafür vorgesehenen Budgets einfach umadressiert werden.

In jedem Fall bietet es sich an, die oftmals bereits sehr gut ausgestatten Räumlichkeiten zu nutzen. Gleiches gilt für bestehende interne Ressourcen (z. B. aus den Fachabteilungen) zur Unterstützung bei diversen Tätigkeiten innerhalb des 5C-Prozesses.

Das Thema **Kultur** sollte mit größter Sensibilität behandelt werden, wenn bisher mit kundenzentrierter Innovation gearbeitet wurde. Oftmals wurde im Unternehmen über Jahre eine „Der Kunde zuerst"-Kultur aufgebaut. Und nun muss kommuniziert werden, warum dies alleine nicht ausreicht. Und warum das Unternehmen mit seinem bestehenden Kerngeschäft auf die gleiche Bedeutungsstufe wie dessen Kunde gehoben werden muss. Dabei besteht die Gefahr der Frustration bei den Mitarbeitern, insbesondere bei den bisherigen „Verfechtern" von Design Thinking & Co. Dies jedoch nur dann, wenn diese das Gefühl bekommen, dass die bisherigen Erfolge nun obsolet sind. Wenn dagegen verstanden wird, dass die kundenzentrierte Innovation als erster wichtiger Schritt zu effizienter Innovation gedient hat und nun „nur noch" durch die bislang fehlende Perspektive des Unternehmens ergänzt werden muss, wird deutlich, dass das, was bisher aufgebaut wurde, wichtig war und nutzbar bleibt. Und dass die Weiterentwicklung zu effizienter Innovation jetzt ermöglicht, nicht nur kundenrelevante Innovationen zu entwickeln, sondern diese auch mit hoher Traktion in den Markt einzuführen.

Design Thinking-Experten sind stets eher Trainer und Facilitator als Projektleiter. So ist die **interne Struktur** der bisherigen Einheit ggf. anzupassen. Dies liegt daran, dass Innovationen hier bislang nicht eigenständig von der kundenzentrierten Innovationseinheit entwickelt wurden, sondern gemeinsam mit den operativen Mitarbeitern des Unternehmens. Ob sich die bisherigen Design Thinking-Experten auch als 5C-Experten und somit als Projektleiter zur eigenständigen Durchführung von Innovationsprojekten eignen, gilt es entsprechend eingehend zu prüfen.

Anders ist dies in Bezug auf das schnelle Testen der Umsetzung effizienter Innovationen im Rahmen der Conversion (siehe Kapitel 2.5). Es ist davon auszugehen, dass die dafür notwendigen Kompetenzen im Kontext von kundenzentrierter Innovation bereits vorhanden sind. Schließlich sind Prototypen-Entwicklung, iteratives Testen und agile Weiterentwicklung signifikante Bestandteile der kundenzentrierten Innovationsentwicklung.

Auch der Zugriff auf weitere notwendige Ressourcen wie interne und externe Experten, Datenbanken, Materialien und Tools sollten bereits weitestgehend abgedeckt sein. Lediglich die Arbeit mit Workshopteilnehmern, die nicht aus der betreffenden Geschäftseinheit kommen, ist ggf. neu, sodass ein entsprechender Pool aufgebaut werden müsste. Wobei auch hier oftmals bereits auf multidisziplinäre Teilnehmer zurückgegriffen wird.

Für den Aufbau der neuen internen Struktur sowie der notwendigen Ressourcen ist zunächst ein Leiter für effiziente Innovationen zu bestimmen. Ob dieser dem bisherigen Verantwortlichen für kundenzentrierte Innovationen entspricht, sollte davon abhängen, ob die bisherige Einheit umgewandelt oder ergänzt wird. Neben dem Aufbau der internen Struktur, inkl. der Personalressourcen, wäre der Leiter auch dafür zuständig, die notwendige flexible Arbeitsweise, eine ausreichende psychologische Sicherheit sowie die passende Teamkultur sicherzustellen.

Die bisherige **Arbeitsweise** bei der kundenzentrierten Innovation sollte derjenigen, die für effiziente Innovation benötigt wird, bereits weitestgehend entsprechen. Einige Faktoren gilt es jedoch zu verstärken. Schließlich war die Einheit zuvor in der Regel recht nah mit den operativen Einheiten verknüpft und somit auch stärker von dessen Arbeitsweise abhängig bzw. beeinflusst. Um die für die Arbeit mit der 5C-Methodik benötigte Selbstorganisation und Flexibilität zu stärken, ist es Aufgabe des verantwortlichen Leiters, die effiziente Innovationseinheit möglichst gut vom operativen Geschäft „abzuschirmen". Dies ist für bisherige Design Thinking-Experten neu, da diese es bislang gewohnt waren, intensiv mit den unterschiedlichsten Mitarbeitern und Abteilungen im Unternehmen im Kontakt zu sein und gemeinsam an Ideen bzw. Innovationsprojekten zu arbeiten. Doch für die Arbeit mit der 5C-Methodik wird von den designierten Projektleitern ein hoher Fokus und maximale Konzentration in Bezug die herausfordernde Aufgabe verlangt. Im Sinne der Effizienz sollten die Projektleiter daher möglichst ungestört und in ihrem eigenen Rhythmus sowie gemäß ihren eigenen Bedürfnissen arbeiten können. Dies gilt auch für entsprechende organisatorische Regelungen wie Arbeitszeiten, Homeoffice etc. – falls dies nicht bereits im Rahmen der kundenzentrierten Innovation implementiert wurde.

Design Thinking-Experten sind im besten Fall bereits Generalisten mit kreativen und analytischen Kompetenzen. Schließlich erfordert die Arbeit mit Design Thinking im Grundsatz ahnliche **individuelle Kompetenzen** wie der 5C-Prozess für effiziente Innovation. Man denke dabei z. B. an die Notwendigkeit, auf der einen Seite mit Kunden zu sprechen sowie deren

Bedürfnisse zu analysieren und auf der anderen Seite neue Ideen auf Basis dieser Bedürfnisse zu entwickeln. Die Herausforderung bei der Transition von kundenzentrierter zu effizienter Innovation wird folglich weniger bei den konkreten Kompetenzen der einzelnen Mitarbeiter liegen. Vielmehr könnten die über lange Zeit verinnerlichten Denk- und Verhaltensweisen der kundenzentrierten Innovation für eine gewisse Blockadehaltung bei den Mitarbeitern sorgen. Denn bei den Design Thinking-Experten besteht möglicherweise wenig Verständnis dafür, dass nun Unternehmensziele und Kriterien als Ausgangspunkt des Innovationsprozesses genutzt werden sollen – statt bislang die Bedürfnisse des Kunden. Daher ist es wichtig, nicht nur die Unterschiede zwischen Mindsets und Methodik in Bezug auf kundenzentrierte vs. effiziente Innovation zu erklären. Vielmehr muss die Sinnhaftigkeit der Umstellung vom einen auf das andere verstanden und neu verinnerlicht werden. Erfahrungsgemäß wird dies bei einigen Mitarbeitern besser und bei anderen schlechter gelingen. Es empfiehlt sich daher, als Anwender für den 5C-Prozess diejenigen Mitarbeiter zu identifizieren, die im besten Fall bereits selbst über die Grenzen von Design Thinking in Großunternehmen reflektiert haben und folglich besonders offen für neue Ansätze sind. Gemeinsam mit diesen Mitarbeitern kann es dann sehr schnell gelingen, ein tatkräftiges Team für effiziente Innovation aufzubauen.

Im Rahmen der **sozialen Kompetenzen** ist psychologische Sicherheit keine zwingende Voraussetzung für die Arbeit mit Design Thinking. So gilt es, deren aktuellen Status im Team zu überprüfen. Design Thinking-Experten treten in der Regel als Trainer oder Facilitator in Erscheinung und müssen nicht die (volle) Verantwortung für die erarbeiteten Ideen und Innovationskonzepte übernehmen. So ist auch die erforderliche psychologische Sicherheit (siehe dazu auch Kapitel 3.1) deutlich geringer, als dies bei der Arbeit mit der 5C-Methodik der Fall ist. Schließlich arbeitet hier ein einzelner Projektleiter eigenständig und eigenverantwortlich an der Entwicklung erfolgreicher Innovationskonzepte. Entsprechend ist für die Transition von kundenzentrierter zu effizienter Innovation zu überprüfen, ob die Zusammenstellung des (neuen) Teams in Bezug auf die Persönlichkeiten das Ziel psychologischer Sicherheit erfüllen kann.

In Bezug auf die **interne Kultur** der Innovationseinheit bietet Design Thinking bereits eine Vielzahl positiver Faktoren. Dazu zählen beispielsweise der Aufbau einer guten Fehlerkultur, die Akzeptanz des Experimentierens und viele spielerische Elemente. Durch die Arbeit mit Design Thinking konnten bereits „innovationsfreundliche" Gruppennormen etabliert und damit eine wichtige Voraussetzung für die Einführung der 5C-Methodik geschaffen werden. Und so gilt es (nur), die bereits etablierten Normen weiterhin gut zu pflegen. Denn diese stellen sicher, dass auch in einer Situation der Unsicherheit (wie sie im Kontext von Innovation stets der Fall ist) kontinuierlich neue Ideen und Konzepte entwickelt und diese auch bereitwillig mit anderen geteilt werden.

Die bisherigen Ziele in der **Erfolgsmessung** der Design Thinking-Abteilung eignen sich vermutlich nicht für die Entwicklung effizienter Innovationen. Schließlich geht es dabei in der Regel um die interne Vermittlung von Methodenwissen, um ein „Der Kunde zuerst"-Mindset sowie die Unterstützung bei der Erarbeitung neuer Ideen und Innovationskonzepte. Insbesondere in Bezug auf Letzteres wird (fälschlicherweise) oftmals ein Fokus auf die Anzahl neuer Ideen und Konzepte statt auf deren Umsetzungserfolg gelegt. Daher ist eine Anpassung der Erfolgskriterien in Richtung „Projektanzahl", „Umsetzungsquote" und „Return on Invest der umgesetzten Innovationen" erforderlich (siehe dazu auch Kapitel 3.2).

Schließlich gilt es, die bisherigen Design Thinking-Experten zu 5C-Experten „umzuschulen". Auch wenn einige Methodenkompetenzen, insbesondere in Bezug auf die Ermittlung der Kundenperspektive in der Customization, bereits bei den Mitarbeitern vorhanden sind, ist es dennoch zu empfehlen, eine vollständige **Ausbildung in der 5C-Methodik** nach dem in Abschnitt 3.3.1 beschriebenem Ablauf vorzunehmen. Denn nur so kann sichergestellt werden, dass auch alle Zusammenhänge im Rahmen des Prozesses in ihrer Gänze erfasst und für die spätere Anwendung verinnerlicht werden können. Außerdem sollte ein ausreichender Zeitraum zur Implementierung der Methodik vorgegeben werden, bevor die Erfolgsmessung der neuen Einheit beginnt.

Die größte Herausforderung bei der Umstellung von kundenzentrierter zu effizienter Innovation liegt in der strategischen Verankerung im Unternehmen. Diese strategische Verankerung ist bislang noch nicht ausreichend erfolgt. Mit den bereits bestehenden Personal- und weiteren Ressourcen liegen dagegen schon sehr gute Voraussetzungen für die zukünftige Arbeit mit dem 5C-Prozess für effiziente Innovationen vor. Ähnliches gilt für die bestehende Teamkultur. Lediglich die psychologische Sicherheit im Team gilt es noch einmal näher zu überprüfen. Und so lässt sich ggf. bereits sehr schnell eine Transition von kundenzentrierter zu effizienter Innovation vollziehen, die es zukünftig erlaubt, durch die Ergänzung der neuen Methodenkompetenzen im Sinne des 5C-Prozesses *umsetzbare*, effiziente Innovationen zu entwickeln – mit einem hohen Kundenfit *und* einer hohen Traktion im Markt.

Von kundenzentrierter zu effizienter Innovation

Unternehmen mit kundenzentrierter Innovation haben zwar bereits gute Vorarbeit für effiziente Innovation geleistet, benötigen jedoch noch einen stärkeren strategischen Fokus für Innovation durch geeignete Rahmenbedingungen.

Struktur

☐ Vorstandsentscheidung zur Implementierung bzw. Veränderung der Querschnittsfunktion mit organisatorischer Verankerung nach „oben" und „unten"

☐ Nutzung des bestehenden „Sponsor" für (kundenzentrierte) Innovationen, falls vorhanden

☐ Configuration mit dem Topmanagement zur Planung der Innovationsroadmap und somit der benötigten Anzahl von Projekten/Jahr

☐ Nutzung der bestehenden operative Verankerung zum Zugriff auf alle relevanten Stakeholder, jedoch mit neuer Definition des Aufgabenbereichs

☐ Nutzung und ggf. Erweiterung des internen und externen Netzwerks, z.B. durch geeignete Kommunikationsmaßnahmen

Ressourcen

☐ Veränderung vom Profit- zum Costcenter (falls notwendig)

☐ Überprüfung der geplanten Ressourcen zur Entwicklung von effizienten Innovationen (internes Budget)

☐ Überprüfung der geplanten Umsetzungsressourcen in den Geschäftsbereichen

☐ Nutzung bestehender Einbindungsmöglichkeiten interner Fachbereiche und externer Partner für die Entwicklung (und Umsetzung) effizienter Innovationen

☐ Überprüfung der geplanten personellen Ressourcen

☐ Nutzung der vorhandenen Räumlichkeiten

Kultur

☐ Keine weitere Veränderung der Gesamtkultur notwendig, aber Bezug auf bereits erfolgte Kulturveränderungen als positiver Faktor

☐ Kommunikation der neuen Innovationsstrategie

☐ Vermittlung des Ansatzes „effiziente Innovation" und ggf. Abgrenzung gegenüber bereits verwendeter Innovationsmaßnahmen

☐ ggf. Vermittlung wichtigster Bausteine an strategische und operative Stakeholder zum Verständnis der Prozessanforderungen

Interne Struktur (Innovationseinheit)

☐ Team mit mindestens einem Leiter und 2 bis 3 Projektleitern (abhängig von der Anzahl der gewünschten Projekte) aus vorhandener kundenzentrierter Innovationseinheit oder als ergänzendes neues Team

☐ Auswahl oder Einstellung des Leiters, abhängig von o.g. Teamkonstellation

☐ Auswahl oder Einstellung der Projektleiter, abhängig von o.g. Teamkonstellation

☐ Nutzung und ggf. Ergänzung vorhandener weiterer Mitarbeiter und Ressourcen

☐ Nutzung vorhandener agiler Umsetzungskompetenzen

Arbeitsweise (Innovationseinheit)

☐ Aufbau oder Stärkung der eigenständigen Arbeitsweise mit Fokus auf „Selbstorganisation und Flexibilität"

☐ Einführung der Arbeitsplanung auf Basis des 5C-Prozesses ohne Mikromanagement

☐ Veränderung des Austauschs mit internen und externen Stakeholdern zur Erhöhung des Fokus in den Projekten: Lediglich projektbezogener Austausch mit Stakeholdern, Leiter dient als Kontaktpunkt

Individuelle Kompetenzen (Innovationseinheit)

☐ Überprüfung analytischer und kreativer Fähigkeiten zur Identifikation „kreativer Generalisten"

☐ Vermeidung rein kreativer Kompetenzprofile, insbesondere Vermittlung der neuen Methodikanforderungen (Kunden- *und* Unternehmensperspektive!)

☐ Nutzung vorhandener „agiler Umsetzung" in der Innovationseinheit

Soziale Kompetenzen (Innovationseinheit)

☐ Prüfung der sozialen Kompetenzen für die psychologische Sicherheit in der Innovationseinheit

☐ Einführung oder Stärkung der Nutzung informeller Treffen

Interne Kultur (Innovationseinheit)

☐ Nutzung der geschaffenen Identität & Kultur, ohne Zwang, diese auf das Gesamtunternehmen zu übertragen

☐ Stärkung eigener Gruppennormen (Traditionen, Verhaltensweisen, formelle/informelle Regeln)

Erfolgsmessung (Innovationseinheit)

☐ Änderung der KPIs und Zielvereinbarungen zur Messung am Erfolg der Innovationsprojekte statt an Profitabilität der Einheit
(Return on Investment, Umsetzungsquote, Anzahl durchgeführter Projekte/Jahr)

Aufbauphase

☐ Vorstandsentscheidung zur Implementierung effizienter Innovation

☐ Configuration zur Planung der Innovationsroadmap

☐ Schaffung organisatorischer Rahmenbedingungen (3.1)

☐ Aufbau der „effizienten Innovationseinheit" (3.2)

☐ Übergabe der Innovationsroadmap an die Innovationseinheit

Trainingsphase

☐ Eigenaufbau der benötigten Kompetenzen durch geeignete Dokumentation oder Schulung durch externe (später: interne) Spezialisten

☐ Stufenweise Schulung mit Tandem aus 5C-Experte und „Schüler" (siehe Abschnitt 3.3.1):
  1. Projekt: Experte führt durch und erklärt/dokumentiert
  2. Projekt: Experte und Schüler führen gemeinsam das Projekt durch
  3. Projekt: Schüler ist Projektleiter, Experte als Sparringspartner

3.3.4 Effiziente Innovation in separaten Innovationseinheiten

Die bereits im ersten Kapitel des Buches ausführlich diskutierten separaten Innovationseinheiten sind der aktuelle „Hype" im Innovationsmarkt. Sie haben es geschafft, die Themen Innovation und Disruption an die Spitze vieler großer Unternehmen zu tragen. Mit millionenschweren Investitionen wurden zum Schutz gegen disruptive Start-ups Innovation Hubs, Digital Labs und Inkubatoren gebaut, die die vornehmliche Aufgabe haben, selbst (disruptive) Start-ups zu entwickeln. Doch (leider) implizieren diese separaten Einheiten gleichzeitig die Trennung vom Kerngeschäft bzw. dem eigentlichen Unternehmen – und damit den Verlust der Traktion bei der Umsetzung von Innovationen.

Dies scheint der Attraktivität dieser Strategie jedoch keinen Abbruch zu tun: So verfügen inzwischen über 1/3 der deutschen Dax-Unternehmen über solche separaten Innovationseinheiten.[178] Allein, die Erfolge bleiben aus, wie die in Kapitel 1.3 erwähnte Studie der Zeitschrift *Capital* beschreibt: Von 17 untersuchten separaten Innovationseinheiten deutscher Großunternehmen konnte keine einzige bisher einen signifikanten Wertbeitrag leisten. Und dies, obwohl einige der Einheiten bereits seit mehreren Jahren bestehen. Folglich gilt es nun, diese separaten Einheiten in erfolgreiche Innovationsmaschinen zu verwandeln, indem die vorhandenen Ressourcen für umsetzungsstarke, effiziente Innovationen genutzt werden.

Praxiskommentar

Carsten Stöcker, Senior Manager Blockchain & Machine Economy Lighthouse, innogy Innovation Hub, innogy SE

Im innogy Innovation Hub setzen wir klassischerweise auf kundenzentrierte Innovationen und Ausgründungen in neue Start-ups. Insbesondere beim Thema Blockchain und anderen disruptiven Technologien stößt diese Strategie jedoch schnell an ihre Grenzen. Um hier erfolgreich zu sein, braucht es die Stärken des gesamten Konzerns, die durch die Ausgründung in ein Start-up jedoch verloren gehen. Bei innogy haben wir z.B. etablierte Geschäftsbeziehungen, Zugriff auf IT-Ressourcen, juristische Unterstützung, Verbindungen zur Politik usw. Auch mögliche Partner sprechen oft nur deshalb mit uns, weil wir eben von innogy sind und nicht von einem unbekannten Start-up.

In Zukunft wird es daher nötig sein, den Innovation Hub strategisch stärker mit dem Kerngeschäft zu verknüpfen.

Separate Innovationseinheiten wie Innovation Hubs oder Labs bieten hervorragende Voraussetzungen für die Implementierung der 5C-Methodik. Sie haben meist einen direkten Draht zum Vorstand. Sie verfolgen eine eigenständige Arbeitsweise mit hoher Innovationskompetenz und guter Teamkultur. Und sie können neben der Entwicklung von Ideen sogar schnelle Umsetzungstests abwickeln. Jedoch greifen die Zielsetzung und entsprechend auch die dafür verwendeten Methoden oft ins Leere, da die organisatorische und strategische Verankerung fehlt. Statt das Ziel zu verfolgen, möglichst weit weg vom Kerngeschäft zu innovieren, sollten die separaten Innovationseinheiten das Kerngeschäft gezielt nutzen, um eine hohe Traktion bei der Umsetzung von Innovationen zu erreichen. Und dies bei gleichzeitiger Sicherstellung eines hohen Kundenfit sowie des benötigten Disruptionsgrades (siehe Kapitel 1.3). Dies gelingt, wenn zukünftig die 5C-Methodik bei separaten Innovationseinheiten zum Einsatz kommt, um Unternehmens- und Kundenperspektive erfolgreich zu vereinen.

Für die Implementierung der 5C-Methodik müssen die separaten Einheiten in Bezug auf die **Struktur** wieder näher an das Kerngeschäft gerückt werden. Anschließend gilt es, unter Berücksichtigung von konkreten strategischen Zielen und Kriterien effiziente Innovationen zu entwickeln statt rein kundenzentrierte Start-ups zu bauen, die dem Gesamtunternehmen kaum Mehrwert bringen. Die wichtigsten Erfolgsfaktoren für diese Implementierung sind in der Folge beschrieben.

Die Unterstützung des Topmanagements ist bei Unternehmen mit separaten Innovationseinheiten bereits stark ausgeprägt. In der Regel gibt es hier bereits einen Sponsor im Vorstand bzw. der Geschäftsführung – oftmals sogar der CEO -, der auch bei der Implementierung effizienter Innovationen unterstützen kann. Das Topmanagement hat mit dem Aufbau von Innovation-Hubs & Co. eine relativ medienwirksame und kostspielige strategische Entscheidung getroffen, sodass jede Richtungsänderung gut „verkauft" werden muss. Umso relevanter ist es, dass die Implementierung effizienter Innovation möglichst stark auf die vorhandenen, bereits erreichten Grundlagen aufbaut. Und dass der zuständige Vorstand das Konzept der effizienten Innovation ausreichend verinnerlicht hat und entsprechend gut kommunizieren kann.

Ist diese kommunikative Grundlage geschaffen, kann die Veränderung der strategischen und organisatorischen Verankerung der separaten Innovationseinheit beginnen. Neu ist dabei insbesondere die Eingliederung der Einheit als „Querschnittsfunktion" mit starker Verknüpfung zum Kerngeschäft und der Konzernstrategie. Schließlich wurde bislang eher eine Strategie des möglichst weiten Abstandes vom bestehenden Unternehmen verfolgt (Schnellboot vs. Tanker).

Der strategische Link gelingt (relativ) automatisch über die Anwendung der 5C-Methodik. Schließlich werden bereits im Zuge der Configuration (siehe Kapitel 2.1) gemeinsam mit dem Topmanagement die für das Unternehmen relevanten Ziele und Kriterien sowie anschließend auch dessen relevante Traktionsfaktoren festgelegt. Auf dieser Basis findet die Bewertung potenzieller Opportunity Spaces statt. Dies gilt selbstverständlich auch für die bisherigen bzw. bereits geplanten Innovationsprojekte der separaten Innovationseinheit. So wird schnell klar, welche potenziellen Projekte der Einheit den notwendigen strategischen und organisatorischen Link zum Unternehmen sicherstellen können – und welche eben nicht. Außerdem wird deutlich, welche weiteren Opportunitäten es gibt, die möglicherweise mehr Potenzial haben, zum Innovationerfolg zu werden, da sie sowohl einen hohen Kundenfit *als auch* eine hohe Traktion ermöglichen können. Somit sind weitere organisatorische Veränderungen in Bezug auf die separate Innovationseinheit bestenfalls gar nicht nötig.

Separate Innovationseinheiten verfügen zudem bereits über ausreichende **Ressourcen** zur Durchführung des 5C-Prozesses für effiziente Innovation. Dies beinhaltet nicht nur die benötigten finanziellen Mittel, sondern auch eigene, gut ausgestattete Räumlichkeiten sowie ausreichende personelle Ressourcen. Auch das in den separaten Innovationseinheiten bereits etablierte Netzwerk, insbesondere nach außen, ist oftmals hervorragend, da in der Regel intensiv mit Start-ups, Forschungsinstituten und anderen Unternehmen zusammengearbeitet wird. Lediglich das interne Netzwerk ist ggf. zu verstärken, da durch die erfolgte Separation oft eine zu geringe Verknüpfung mit den Stakeholdern in den operativen Einheiten des Kerngeschäfts besteht.

Insgesamt sind die in den separaten Innovationseinheiten verfügbaren Ressourcen in Bezug auf effiziente Innovationen sogar viel zu hoch angesetzt. So verfügen diese Einheiten neben den Entwicklungskapazitäten in der Regel über ein hohes Umsetzungsbudget zur Investition in die eigenen Start-ups – in der Hoffnung, dass dieses Investment durch den Einstieg externer Investoren an Wert zugewinnt. Der Fokus auf die Generierung von Profit durch eigene Start-ups – und damit auch die Notwendigkeit, diese zu finanzieren – entfällt, wenn effiziente Innovationen (hauptsächlich) mithilfe von Ressourcen aus dem Kerngeschäft und ggf. externen Partnern umgesetzt werden. So kann das Budget, das für Investitionen in eigene Start-ups eingeplant wurde, zukünftig den Geschäftseinheiten für die Umsetzung effizienter Innovationen zugutekommen. In der Innovationseinheit selbst verbleiben (lediglich) Ressourcen für die Konzeptentwicklung und erste Umsetzungstests. Die Einheit wird also vom Profitcenter zum Costcenter umgewandelt. Dies hat auch den Vorteil, dass sich die Innovationseinheit dann vollständig auf die Erreichung der strategischen Ziele fokussieren kann – statt z. B. Zielen wie „Gründung von mindestens 30 Start-ups pro Jahr" hinterherzujagen, die für das Gesamtunternehmen keinen (oder kaum) Wertbeitrag generieren, wie die oben zitierte Studie der Zeitschrift *Capital* eindrucksvoll bestätigt.

Bei der Umstellung einer separaten hin zu einer effizienten Innovationseinheit ist unbedingt zu beachten, dass bei den Mitarbeitern und insbesondere bei der Leitung der Einheit zunächst größerer Unmut entstehen kann. Zwar ist der langfristige Druck, Start-ups mit mindestens dreistelliger Millionenbewertung zu gründen, weg, aber eben auch das Budget, dieses zu versuchen. Entsprechend wichtig ist es, nicht nur über die neue strategische Rolle ein gewisses Maß an Verantwortung zurückzugeben, sondern diese neue Rolle – und die damit verbundenen Chancen für Mitarbeiter und Unternehmen – klar zu kommunizieren.

Innovation Hubs, Labs & Co. verfügen bereits über eine gute **Fehlerkultur**, die zum Experimentieren einlädt und Misserfolge nutzt, um daraus zu lernen. Dies ist eine optimale Voraussetzung für die Arbeit mit der 5C-Methodik – und für die Transformation zu einer effizienten Innovationseinheit. Sicherlich gibt es in der separaten Innovationseinheit viele Erfolge zu nennen, wie beispielsweise die gelernten Methoden zur Entwicklung und Umsetzung kundenzentrierter Ideen, neue Arbeitsweisen, das externe Netzwerk und die Lernerfolge aus dem Umgang mit Start-ups und neuen Technologien. Allerdings gibt es auch einige Dinge, die noch nicht funktionieren – allen voran das Erreichen des vorrangigen Ziels, über neue Start-ups das Kerngeschäft des Unternehmens zu „retten" bzw. abzulösen. Auch wenn dieses Ziel langfristig ausgelegt ist, ist in vielen Einheiten bereits absehbar, dass es mit den aktuellen Start-up Methoden und der Abgrenzung vom Kerngeschäft nicht erreicht werden wird. Und so hilft die vorhandene Fehlerkultur vermutlich auch dabei, diesen Misserfolg in eine relevante Erkenntnis umzuwandeln, nämlich dass die 5C-Methodik für effiziente Innovation der Innovationseinheit zukünftig ermöglicht, das gesamte Unternehmen durch effiziente Innovationen nachhaltig erfolgreicher zu machen.

Die separaten Innovationseinheiten sind in Bezug auf ihre **interne Struktur** bereits bestens für die Entwicklung und Umsetzung von effizienten Innovationen aufgestellt. Entsprechend muss in den meisten Fällen lediglich die oben beschriebene Rolle der Einheit verändert und anschließend die 5C-Methodik implementiert werden.

Da Innovation Hubs, Labs & Co. im Normalfall nicht nur aus Ideen- bzw. Konzeptentwicklern, sondern auch aus Umsetzern und „Machern" bestehen, ist zu Beginn zu überprüfen, welche Mitarbeiter sich am besten für die Leitung und Durchführung effizienter Innovationsprojekte eignen. Je nach Anzahl der zu absolvierenden Projekte kann die weitere Belegschaft die Einheit entweder bei einzelnen Prozessschritten bis zur Konzeptentwicklung unterstützen oder gezielt die Verantwortung für die Conversion (siehe Abschnitt 2.5.2) bzw. auch das langfristige Projektmanagement bei der Umsetzung mit den Geschäftseinheiten übernehmen.

Weitere notwendige Ressourcen wie die benötigten Tools, Datenbankenzugänge, Expertennetzwerke etc. stehen bereits in ausreichender Menge zur Verfügung, sodass die Arbeit an effizienten Innovationen prinzipiell direkt losgehen kann. Selbst „externe" Teilnehmer für die Ideation-Workshops (siehe Abschnitt 2.4.1) sind bereits vorhanden, da sich in einer separaten Innovationseinheit per Definition bereits alle Mitarbeiter außerhalb des Kerngeschäfts bewegen.

Durch die Anlehnung an Start-up-Methoden ist die **Arbeitsweise** in separaten Innovationseinheiten gemeinhin bereits selbstbestimmt und flexibel. Gerade beim Aufbau der Einheiten wird oft dafür gekämpft, möglichst wenige der bürokratischen Prozesse und Regelungen aus dem Unternehmen zu übernehmen. Und so bestehen bereits viele Freiheiten, die optimal für die Entwicklung effizienter Innovationen genutzt werden können. Nun ist eher die Verknüpfung mit dem Kerngeschäft wieder zu fördern anstatt eine noch stärkere Flexibilität und Selbstorganisation.

Die separaten Innovationseinheiten verfügen bereits über eine große Auswahl an Mitarbeitern mit geeigneten **individuellen Kompetenzen** für die Anwendung der 5C-Methodik für effiziente Innovation. Doch selbstverständlich ist nicht jeder Mitarbeiter der bisherigen Einheit gleichermaßen für diese Aufgabe geeignet. Es gilt nun, die Generalisten mit gleichermaßen kreativen *und* analytischen Kompetenzen (siehe Kapitel 3.2) zu identifizieren. Denn diese eignen sich optimal für die Aufgabe als Projektleiter für effiziente Innovationsprojekte mit der 5C-Methodik. Weitere Mitarbeiter der bisherigen Einheit können zukünftig, wie oben bereits beschrieben, insbesondere für die Transformation von Innovationskonzepten zu Innovationen bzw. die Begleitung von deren Umsetzung eingesetzt werden. Langfristig werden tendenziell weniger Ressourcen (als aktuell in der Einheit vorhanden) vonnöten sein, da durch die stärkere Verknüpfung mit dem Kerngeschäft interne Ressourcen des Unternehmens stärker in die Umsetzung von Innovationen mit eingebunden sind.

In separaten Innovationseinheiten ist in der Regel bereits eine hohe psychologische Sicherheit sowie eine innovationsfreundliche **Teamkultur** vorhanden. Dies hängt mit deren bewusstem Fokus auf das Experimentieren, dem Wunsch zum gemeinsame Lernen sowie dem kontinuierlichen Austausch während (und oftmals auch außerhalb) der Arbeit zusammen. Ein solches Umfeld bietet optimale Voraussetzungen für die Arbeit an effizienten Innovationen. Zu überprüfen ist lediglich, ob auch das neue Kernteam für effiziente Innovationen in Bezug auf den Fit der unterschiedlichen Persönlichkeiten und **sozialen Kompetenzen** bereits passend zusammengesetzt ist und so eine möglichst große Vertrauensbasis innerhalb dieses Teams entstehen kann.

Die **Erfolgsmessung** muss angepasst werden, um die veränderte Zielsetzung der Innovationseinheit abzubilden. Da dies ein kritischer Punkt ist, sollten dieser Maßnahme die zuvor genannten strategischen, organisatorischen und kommunikativen Faktoren vorausgehen, um das notwendige Verständnis für diese Maßnahme aufzubauen. Anschließend können die Erfolgskriterien für die Innovationseinheit gemäß der angepassten Aufgabe sowie der veränderten Zielsetzung modifiziert werden. Zukünftig sollte die Einheit dann an der Gesamtanzahl der Projekte pro 5C-Mitarbeiter, der Umsetzungsquote dieser Projekte sowie dem Return on Invest der umgesetzten Innovationsprojekte gemessen werden. Oftmals schwammige Ziele, wie die Anzahl neuer Start-ups, Disruption des Kerngeschäfts oder die Erfindung des „Uber für [Branche X]", sind damit passé, und der Implementierung der 5C-Methodik zur Erreichung eines hohen Innovationserfolgs steht nichts mehr im Wege. Da die meisten Voraussetzungen für den 5C-Prozess für effiziente Innovationen bei separaten Innovationseinheiten bereits gegeben sind, kann die

Umstellung der Erfolgsmessung auf die obigen Ziele kurzfristig erfolgen, sobald die Methodik grundsätzlich implementiert ist.

Separate Innovationseinheiten bieten folglich in vielerlei Hinsicht bereits optimale Voraussetzungen für die Entwicklung von effizienten Innovationen. Vor allem in Bezug auf die bestehenden personellen Ressourcen, die praktizierte Arbeitsweise und die vorhandene Teamkultur. Durch eine Veränderung der strategischen Zielsetzung und der damit verbundenen stärkeren Verknüpfung mit dem Kerngeschäft sowie einer entsprechenden Schulung der 5C-Methodik (siehe Abschnitt 3.3.1) kann die vorhandene Innovationseinheit schnell zu einer erfolgreichen Innovationsmaschine für die Entwicklung effizienter Innovationen werden.

Die konkrete Implementierung ist selbstverständlich davon abhängig, wie die Innovationseinheit im Detail aufgebaut und in der Organisation verankert ist. Dies gilt im Übrigen für alle der hier betrachteten Unternehmens-Szenarien. So ist vor der Implementierung der Methodik stets eine genaue Bestandsaufnahme im Unternehmen erforderlich. Die hier beschriebenen Szenarien ermöglichen jedoch bereits eine Übersicht über die relevanten Faktoren bei der Implementierung der 5C-Methodik für effiziente Innovation und vermitteln so ein Gefühl für die dazu notwendigen Veränderungen im jeweiligen Unternehmens-Szenario. Dies alles mit dem Ziel, Großunternehmen zukünftig zu ermöglichen, mit effizienten Innovationen den Kampf gegen disruptive Start-ups nachhaltig zu gewinnen.

Effiziente Innovation in separaten Innovationseinheiten

Separate Innovationseinheiten bieten sehr gute Voraussetzungen für effiziente Innovationen. Angereichert durch die richtige strategische Perspektive können relativ schnell die notwendigen Rahmenbedingungen für effiziente Innovation im Unternehmen aufgebaut werden.

Struktur

☐ Vorstandsentscheidung zur Veränderung der organisatorischen Verankerung der (bisher) separaten Innovationseinheit als Querschnittsfunktion mit Verbindung ins Kerngeschäft

☐ Nutzung des bestehenden „Sponsor" der separaten Innovationseinheit mit klarer Argumentation der Notwendigkeit effizienter Innovation und der Nutzung bereits aufgebauter Ressourcen

☐ Configuration mit dem Topmanagement zur Planung der Innovationsroadmap und somit der benötigten Anzahl von Projekten/Jahr

☐ Etablierung der stärkeren operative Verankerung zum Zugriff auf alle relevanten Stakeholder, inkl. neuer Definition des Aufgabenbereichs

☐ Nutzung und ggf. Erweiterung des externen und (insbesondere) des internen Netzwerks, z.B. durch geeignete Kommunikationsmaßnahmen

Ressourcen

☐ Veränderung vom Profit- zum Costcenter

☐ Überprüfung der geplanten Ressourcen zur Entwicklung von effizienten Innovationen (internes Budget)

☐ Übertragung der geplanten Umsetzungsressourcen in die Geschäftsbereichen (und Ausgleich an Budgetverantwortliche über strategische Bedeutung)

☐ Erweiterung der Einbindungsmöglichkeiten interner Fachbereiche und externer Partner für die Entwicklung (und Umsetzung) effizienter Innovationen

☐ Überprüfung der geplanten personellen Ressourcen

☐ Nutzung der vorhandenen Räumlichkeiten

Kultur

☐ (Wie bisher) keine Veränderung der Gesamtkultur notwendig

☐ Kommunikation der neuen Innovationsstrategie („aus Fehlern lernen")

☐ Vermittlung des Ansatzes „effiziente Innovation" und Abgrenzung gegenüber separater Innovationseinheit (mit Betonung bereits erreichter Erfolge)

☐ Ggf. Vermittlung wichtigster Bausteine an strategische und operative Stakeholder zum Verständnis der Prozessanforderungen

Interne Struktur (Innovationseinheit)

☐ Team mit mindestens einem Leiter und 2-3 Projektleitern (abhängig von Anzahl der gewünschten Projekte) aus vorhandener separater Innovationseinheit

☐ Auswahl des Leiters mit Fokus auf geeignetem Profil (nicht nur „Macher" oder „Kreativer", kann sich auch auf Anforderungen des Unternehmens einlassen)

☐ Auswahl der Projektleiter aus separater Innovationseinheit

☐ Nutzung und ggf. Ergänzung vorhandener weiterer Mitarbeiter und Ressourcen

☐ Nutzung vorhandener agiler Umsetzungskompetenzen

Arbeitsweise (Innovationseinheit)

☐ Nutzung der bestehenden eigenständigen Arbeitsweise mit Fokus auf „Selbstorganisation und Flexibilität"

☐ Einführung der Arbeitsplanung auf Basis des 5C-Prozesses mit Fokus auf neuer, starker Zusammenarbeit mit dem Kerngeschäft

☐ Erhöhung des projektbezogenen Austauschs mit internen Stakeholdern

☐ Eingrenzung des Austauschs mit externen (und internen) Stakeholdern außerhalb der Projektarbeit: Leiter dient als Kontaktpunkt

Individuelle Kompetenzen (Innovationseinheit)

☐ Überprüfung analytischer und kreativer Fähigkeiten zur Identifikation „kreativer Generalisten" (im Gegensatz zu vorhandenen Gründertypen und Kreativen)

☐ Vermittlung der neuen Methodikanforderungen (Kunden- *und* Unternehmensperspektive!)

☐ Nutzung vorhandener „agiler Umsetzung" in der Innovationseinheit

☐ Ggf. Reduzierung der Ressourcen in Bezug auf weitere Umsetzung und Markteinführung durch stärkere Nutzung unternehmensinterner Ressourcen

Soziale Kompetenzen (Innovationseinheit)

☐ Nutzung der bereits aufgebauten sozialen Kompetenzen für die psychologische Sicherheit

☐ Stärkung der Nutzung informeller Treffen und Auswahl in Bezug auf vorige Zusammenarbeit

Interne Kultur (Innovationseinheit)

☐ Nutzung der geschaffenen Identität, Kultur und Gruppennormen (ggf. weniger „Start-up-Fokus")

Erfolgsmessung (Innovationseinheit)

☐ Änderung der KPIs und Zielvereinbarungen zur Messung des Erfolgs der Innovationsprojekte statt der Profitabilität einzelner eigener Start-ups (Return on Investment, Umsetzungsquote, Anzahl durchgeführter Projekte/Jahr)

Aufbauphase

☐ Vorstandsentscheidung zur Implementierung effizienter Innovation

☐ Configuration zur Planung der Innovationsroadmap

☐ Schaffung organisatorischer Rahmenbedingungen (3.1)

☐ Aufbau der „effizienten Innovationseinheit" (3.2)

☐ Übergabe der Innovationsroadmap an die Innovationseinheit

Trainingsphase

☐ Eigenaufbau der benötigten Kompetenzen durch geeignete Dokumentation oder Schulung durch externe (später: interne) Spezialisten

☐ Stufenweise Schulung mit Tandem aus 5C-Experte und „Schüler" (siehe Abschnitt 3.3.1):
  1. Projekt: Experte führt durch und erklärt/dokumentiert
  2. Projekt: Experte und Schüler führen gemeinsam das Projekt durch
  3. Projekt: Schüler ist Projektleiter, Experte als Sparringspartner

4. Zum Schluss: Das Ende ist nicht nah

Das Buch findet mit diesen Worten sein Ende. Für Großunternehmen beginnt dagegen ein spannender neuer Abschnitt auf ihrer Innovationsreise. Getrieben durch immer schnellere gesellschaftlichen Veränderungen, neue Technologien und damit einhergehende veränderte Kundenbedürfnisse, wird der Innovationsbedarf in Zukunft noch weiter steigen.

Doch viele Großunternehmen sind des Reisens mittlerweile überdrüssig. Denn so viele Innovationsmaßnahmen wurden bereits getestet, so viele neue Innovationsstrategien verfolgt – nur um diese wieder zu verwerfen oder unbefriedigt auf deren aktuelle Resultate zu blicken. Es hat sich langsam das Gefühl eingeschlichen, dass sich der „Tanker" einfach nicht schnell genug bewegen kann, um noch mit all den „Schnellbooten" mithalten zu können. Schließlich wurde oft genug versucht, neuartige Kundenbedürfnisse und Technologien innerhalb des bestehenden Unternehmens umzusetzen – nur um dies dann allzu häufig scheitern zu sehen. Die bislang verbliebene Hoffnung, durch eigene „Schnellboote" doch noch mitzuhalten, scheint sich mit jeder neuen Studie über Innovation Hubs, Labs & Co. weiter zu zerschlagen.

Wir hoffen daher, mit diesem Buch und dem Konzept der effizienten Innovationen Großunternehmen wieder Lust zu machen, die nächsten Schritte auf ihrer Innovationsreise zu gehen. Unsere jahrelangen Forschungen und praktischen Erfahrungen haben uns gezeigt, dass Innovation auch in höchst komplexen Unternehmensumfeldern gelingt, wenn Kundenperspektive *und* Unternehmensperspektive mithilfe der 5C-Methodik vereint werden.

Egal an welcher Stelle des Weges Unternehmen heute stehen, lohnt es sich, jetzt den nächsten Abschnitt der Reise zu beginnen: Unternehmen, bei denen Innovation bislang nur inkrementell oder aus der Forschungs- und Entwicklungsabteilung heraus erfolgt ist, können zukünftig erfolgreich strategisch und effizient innovieren. Konzerne, die bei ihren strategischen Innovationsbemühungen bereits die Stärken des Kerngeschäfts zu nutzen wissen, schaffen es, dabei nun auch die Bedürfnisse des Kunden optimal zu berücksichtigen. Innovationen von kundenzentrierten Innovationseinheiten können endlich auch innerhalb des Großunternehmens umgesetzt werden und erhalten somit die notwendige Traktion im Markt. Und separate Innovationseinheiten wie Innovation Hubs, Labs & Co. lassen das Unternehmen nicht mehr mit oftmals leeren Kassen und geringen Innovationserfolgen zurück, sondern produzieren zukünftig effiziente Innovationen, um den Kampf gegen disruptive Start-ups nachhaltig zu gewinnen. Und so schließt dieses Buch mit dem Auftakt zu einer aufregenden Reise: dem Comeback der Konzerne!

Anmerkungen

1 Daniel Rettig (2017): Tod durch Digitalisierung: So sichern Unternehmen Ihr Überleben, Wirtschaftswoche, 01/2017
2 KPMG (2016): Now or Never, Global CEO Outlook, KPMG, 2016, Online
3 Steffen Gackstatter (2015): PWC Breakthrough Innovation Study, PWC, Januar 2015, Online
4 Scott Anthony (2012): The new corporate garage, Harvard Business Review, September 2012 Issue
5 Chris Zook (2016): When Large Companies are better at Entrepreneurship than Start-ups. Harvard Business Review Online, 27. Dezember 2016
6 Chris Zook (2016): When Large Companies are better at Entrepreneurship than Start-ups. Harvard Business Review Online, 27. Dezember 2016
7 Oliver Beige (2017): Eine kurze Geschichte der Innovation, Gründerszene, 31. Januar 2017, Online
8 James Surowiecki (2016): Essay: Im Hightech-Bereich gewinnt Goliath, Technology Review, 28. Dezember 2016, Online
9 Josef Schumpeter (2006): Theorie der wirtschaftlichen Entwicklung, Duncker & Humblot (Nachdruck der 1. Auflage)
10 Oliver Beige (2017): Eine kurze Geschichte der Innovation, Gründerszene, 31. Januar 2017, Online
11 Daniel Rettig (2017): Tod durch Digitalisierung, Wirtschaftswoche, 25. Januar 2017
12 Patrick George (2016): The scary truth about Corporate Survival, Harvard Business Review, December 2016 Issue
13 Clayton M. Christensen (1997): The Innovator's Dilemma, Harvard Business School Press, 1997
14 Adaptiert von: Clayton M. Christensen (1997): The Innovator's Dilemma, Harvard Business School Press, 1997
15 Lincoln Spector (2016): The IBM Personal Computer's 25th Anniversary, PC World, Aug, 11, 2016, Online; Tom Foremski (2006): IBM researchers predicted PC disruption, ZDNET, July 31, 2006, Online
16 Eric Ries (2011): The Lean Startup, Crown Business
17 Jeff Gothelb (2017): Intrapreneurship is a lie, Medium.com, 8. März 2017
18 Johannes Kleske (2016): Warum die Tempel der Digitalisierung oft scheitern, Whitepaper, 10/2016
19 Eva Wolfangel (2016): Hundert Ideen, damit eine fliegt, Zeit Online, 1. Dezember 2016
20 Clayton M. Christensen (2013): The Innovators Solution, Harvard Business Review Press
21 Joshua Gans (2016): Keep calm and manage disruption, MIT Sloan management Review, 57, 3, 2016, p. 83 ff.; Justin Fox (2014): The Disruption Myth, The Atlantic, October 2014 Issue
22 Clayton M. Christensen (1997): The Innovator's Dilemma, Harvard Business School Press; Clayton M. Christensen (2013): The Innovators Solution, Harvard Business Review Press
23 Jay Paap & Ralph Katz (2004): Anticipating disruptive innovation, Research-Technology Management, 47, 5, 2004, pp. 13-22
24 Iansiti, McFarlan und Westerman (2003): Leveraging the incumbent's advantage, MIT Sloan Management Review, 44, 4, 2003, pp. 58-65

25 Thomas Kohler (2016): Corporate Accelerators: Building bridges between corporations and Start-ups, Business Horizons, 59, 3, 2016, pp. 347-357;

26 Jane Williams (2015): Disruptive innovation in mature industries, INSEAD Articles, November 2015, Online

27 Joshua Gans (2016): The other disruption, Harvard Business Review, 94, 3, 2016, pp. 17 ff.

28 Jonathan Moules (2016): Start-ups struggle to nurture rapid growth, report warns, Financial Times, 25. April 2016, Online

29 Tendayi Viki (2017): Large Companies Will Be The Biggest Beneficiaries Of The Lean Startup Movement, Forbes, 22. Februar 2017

30 Patrick George (2016): The Scary Truth About Corporate Survival, Harvard Business Review, December 2016 Issue

31 Jamie O'Hare (2008): Innovation Hubs: Why Do These Innovation Superstars Often Die Young?, DS 48: Proceedings DESIGN 2008, the 10th International Design Conference, Dubrovnik, Croatia

32 Capgemini Consulting (2015): The Innovation Game: Why and how businesses are investing in innovation centres, Capgemini, 23. Juli 2015, Online

33 Nils Kreimeier (2017): Deutschlands beste Digilabs, 22. Jun 2017, Capital, Online

34 Steve Blank (2014): Why Corporate Skunk Works Need To Die, Forbes.com, 10. November 2014, Online

35 Anderee Berengian (2017): It's time to ditch your innovation lab, VentureBeat, 22. März 2017, Online

36 Alex Hoffmann (2017): Was hat der Lufthansa Innovation Hub in zwei Jahren erreicht?, Gründerszene, 25. Januar 2017, Online

37 Wiwek Wadhwa (2015): What the legendary Clayton Christensen gets wrong about Uber, Tesla and disruptive innovation, Wahsington Post, 23. November 2015, Online

38 Steve Blank (2014): Why Corporate Skunk Works Need To Die, Forbes.com, 10. November 2014, Online

39 Bärbel Schwerdtfeger: Innovationsmanagement: Christensen über disruptive Innovation, Haufe Online, 7. Dezember 2016

40 John Kotter (2016): Ein völlig neues Spiel, Haufe Online, 23. Juni 2016

41 Konstantinos C. Kostopoulos (2002): The Resource Based View of the Firm and Innovation: Identification of Critical Linkages, European Academy of Management Conference, Stockholm, Sweden, 2002

42 Konstantinos C. Kostopoulos (2002): The Resource Based View of the Firm and Innovation: Identification of Critical Linkages, European Academy of Management Conference, Stockholm, Sweden, 2002; Vijay Govindarajan (2010): Innovation is Not Creativity, Harvard Business Review, A03. August 2010, Online; Bärbel Schwerdtfeger: Innovationsmanagement: Christensen über disruptive Innovation, Haufe Online, 7. Dezember 2016

43 Barney (1991) in: Kostopoulos (2002): The Resource Based View of the Firm and Innovation: Identification of Critical Linkages, European Academy of Management Conference, Stockholm, Sweden, 2002

44 Scott Anthony (2012): The New Corporate Garage, Harvard Business Review, Sep 2012 Issue

45 Nicolas Bry (2014): Open Innovation is the new normal, Dezember 2014, Online: https://nbry.wordpress.com/2015/12/14/open-innovation-is-the-new-normal-with-hannes-erler-at-swarovski/

46 Scott Anthony (2012): The New Corporate Garage, Harvard Business Review, Sep 2012 Issue

47 Vijay Govindarajan (2017): Strategy when Creative Destruction Accelarates, Tuck School of Business Working Paper No. 2836135, September 2016

48 Fox News (2016): The Coolest Cooler fails to deliver, backers call foul play, Fox News Online, 19. April 2016

49   Wikipedia (2017): Pebble (Smartwatch), Online: https://de.wikipedia.org/wiki/Pebble_(Smartwatch)

50   Michael Penke (2017): Uber ist keine neue Idee, Gründerszene, 23. März 2017, Online

51   Clayton M. Christensen (1997): The Innovator's Dilemma, Harvard Business School Press, 1997

52   Tendayi Viki (2017): Large Companies Will Be The Biggest Beneficiaries Of The Lean Startup Movement, Forbes, 22. Februar 2017, Online

53   Martin Zwilling (2011): Innovation is About Execution, Despite the Myths, Forbes, 24. Oktober 2011, Online

54   Chris Zook (2016): When Large Companies Are Better at Entrepreneurship than Start-ups, Harvard Business Review, 27. Dezember 2016, Online

55   C.D. Charitou & C. Markides (2002), Responses to disruptive strategic innovation, MIT Sloan Management Review, 44, 2, 2002, pp. 55-64

56   Julian Birkenshaw/Christina Gibson (2004): Building Ambidexterity into an Organization, Researchgate, Juni 2004

57   Adaptiert von Sauberschwarz/Weiß: How corporates can win the race against disruptive startups, in: Digital Marketplaces Unleashed, Claudia Linnhoff-Popien, Ralf Schneider, Miacheal Zaddach (Eds.), Springer, Oktober 2017

58   J. Paap & R. Katz (2004), Anticipating disruptive innovation, Research-Technology Management, 47, 5, 2004, pp. 13-22; Markides (2013): Business Model Innovation: What can the ambidexterity literature teach us?, The Academy of Management Perspectives, 27, 4, 2013, pp. 313-323

59   Julian Birkenshaw/Christina Gibson (2004): Building Ambidexterity into an Organization, Researchgate, Juni 2004

60   Adaptiert von: Güttel et al. (2011): Different Ambidextrous Learning Architectures and the Role of HRM Systems, Researchgate, Januar 2011

61   Matthew Sarkees/ John Hulland (2009): Innovation and efficiency: Is it possible to have it all, Business Horizons vol. 52., issue 1, pp. 45-55, 2009

62   Chris Zook (2016): When Large Companies Are Better at Entrepreneurship than Start-ups, Harvard Business Review, 27. Dezember 2016, Online

63   Chris Zook(2004): Moving beyond the core, Harvard Business Review Press

64   Idris Mootee (2011): Strategic innovation and the fuzzy front end, Ivey Business Journal, März/April 2011, Online

65   Idris Mootee (2011): Strategic innovation and the fuzzy front end, Ivey Business Journal, März/April 2011, Online

66   Konstantin Kostopoulos (2002): The Resource – Based View of the Firm and Innovation: Identification of Critical Linkages, European Academy of Management Conference, Stockholm, Sweden, 2002

67   James Allen, James Root und Andrew Schwedel (2017): The Firm of the Future, Bain and Company, 17. Januar 2017, Online

68   King & B. Baatartogtokh (2015), How useful is the theory of disruptive innovation?, MIT Sloan Management Review, 57, 1, 2015, p. 77

69   H. Berglund, M. Magnusson and C. Sandström (2014): Symmetric assumptions in the theory of disruptive innovation, Creativity and Innovation Management, 23, 4, 2014, pp. 472 – 483

70   Vijay Govindarajan (2016): Stop Saying Big Companies Can't Innovate, Harvard Business Review, 6. Juni 2016, Online

71   Jamie O'Hare (2008): Innovation Hubs: Why Do These Innovation Superstars Often Die Young?, DS 48: Proceedings DESIGN 2008, the 10th International Design Conference, Dubrovnik, Croatia

72   Julian Birkenshaw/Christina Gibson (2014): Building Ambidexterity into an Organization, Researchgate, Juni 2014

73   Teece et al. (1997) in: O'Reilly/Tushman (2008): Ambidexterity as a dynamic capability: Resolving the innovator's dilemma, Research in Organizational Behavior Journal, Volume 28, pp. 185-206, 2008

74 Steven Johnson (2010): Eureka moments are very, very rare, Guardian, 19. Oktober 2010, Online

75 Accenture (2015): Innovation: Clear Vision, Cloudy Execution, 2015 US Innovation Study, Online

76 Clayton M. Christensen (1997): The Innovator's Dilemma, Harvard Business School Press, 1997

77 https://medium.com/@whatifglobal/there-is-no-back-end-of-innovation-af2da673b4ef

78 McKinsey and Company: How the beat the transformation odds, Survey, April 2015

79 Klaus Fichter (2005): Modelle der Nutzerintegration in den Innovationsprozess, Institut für Zukunftsstudien und technologiebewertung, Werkstattbericht Nr. 75, Juli 2005

80 Anthony Ulwick (2005): What customer want, McGraw-Hill Education

81 Andrew Hargadon (2012): The challenge of innovating in brownfield versus greenfield markets, 22. März 2012, Online: www.andrewhargadon.com

82 PWC (2017): Reinventing Innovation. Key Insights from PWC's Innovation Benchmark, Online

83 PWC (2017): Reinventing Innovation. Key Insights from PWC's Innovation Benchmark, Online

84 Almquist, Leiman, Prasad und Ojha: Cracking the code of innovation, Bain&Company, 7. Oktober 2013, Online

85 Leon Segal (2017): Great Ideas Aren't Enough (How Kodak Missed Its Chance to Lead the Digital Revolution), LinkedIn Pulse, 25. Mai 2017: https://www.linkedin.com/pulse/great-ideas-arent-enough-how-kodak-missed-its-chance-lead-segal-phd?trk=v-feed&trk=vfeed&lipi=urn%3Ali%3Apage%3Ad_flagship3_feed%-3Bi6LWC8iLGd2nWSQER%2BOWDw%3D%3D

86 Scott Anthony (2016): Kodak's downfall wasn't about technology, Harvard Business review, Juli 2016, Online

87 Bärbel Schwerdtfeger: Innovationsmanagement: Christensen über disruptive Innovation, Haufe Online, 7. Dezember 2016

88 HYPE (2017): Delivering Results with Full-Lifecycle Innovation, HYPE, Aufgerufen am 01.05.2017, Online: http://www.hypeinnovation.com/approach/delivering-results

89 Steve Blank (2014): Why Corporate Skunk Works Need To Die, Forbes.com, 10. November 2014, Online

90 Mark Samuels (2016): Why innovation labs fail and how to make them succeed, ZDNet, 16. Mai 2016, Online

91 Doblins (2017): 10 Types of Innovation", Doblins Online, Aufgerufen am 15.05.2017: https://www.doblin.com/dist/images/uploads/Doblin_TenTypesBrochure_Web.pdf

92 Vijay Govindarajan (2010): Innovation is Not Creativity, Harvard Business Review, 3. August 2010, Online

93 Martin Zwilling (2011): Innovation is about Execution, Despite the Myths, Forbes, 24. Oktober 2011, Online

94 Rohrbeck (2014): Trend Scanning, Scouting and Foresight Techniques, in: Management of the Fuzzy Frontend of Innovation, Gassmann, Schweitzer (Eds.), Springer, 2014

95 Mitra Best (2012): Get the Corporate Antibodies on Your Side, Harvard Business Review, 14. Mai 2012, Online

96 HYPE (2017): Delivering Results with Full-Lifecycle Innovation, HYPE, Online. Aufgerufen am 01.06.2017: http://www.hypeinnovation.com/approach/delivering-results

97 Martin Zwilling (2011): Innovation is About Execution, Despite the Myths, Forbes, 24. Oktober 2011

98 Jens Martin Skribsted (2014): User-Led Innovation Can't Create Breakthroughs; Just Ask Apple and IKEA, Fastco Design, 3. März 2014, Online

99 Jens Martin Skribsted (2014): User-Led Innovation Can't Create Breakthroughs; Just Ask Apple and IKEA, Fastco Design, 3. März 2014, Online

100 Idris Mootee (2011): Strategic innovation and the fuzzy front end, Ivey Business Journal, März/April 2011, Online

101 F. Zwicky/A.G. Wilson (1967): New Methods of Thought and Procedure, Springer

102 Es können in einem Projekt auch mehrere Potenziale bearbeitet werden, die nachfolgenden Schritte werden jedoch zur Vereinfachung anhand eines einzelnen Innovationspotenzials erläutert.

103 MIT (2017): Mathematical Model Reveals the Patterns of How Innovations Arise, MIT Technology Review, 13. Januar 2017, Online

104 Adaptiert von: Loreto et al. (2017): Dynamics on expanding spaces, in : Creativity and Universality in Language, 59-83, Springer International Publishing

105 McKinsey (2015): How the beat the transformation odds, Survey, April 2015, Online

106 Oliver Wyman (2015): Car Innovation 2015, Studie, Oliver Wyman, Online

107 HYPE (2017): Using Customer Insights to fuel innovation, Hype, Online. Aufgerunfen am: 15.06.2017: http://www.hypeinnovation.com/download-ebook-customer-insights

108 Dirk Jung (2017): Die Persona-Methode für Innovations- und Veränderungsprojekte, Online. Aufgerunfen am: 20.06.2017: https://www.denkmodell.de/hintergrund/die-persona-methode/

109 RED Associates (2017): Aufgerufen am 31.05.2017: www.redassociates.com

110 Jeffrey Phillips (2009): Innovation relies on synthesis, Oct 19, 2009, Online: http://innovateonpurpose.blogspot.de/2009/10/innovation-relies-on-synthesis.html,

111 Martin Lindstrom (2016): Small Data – The tiny clues that uncover huge trends, St. Martin's Press, 23. Februar 2016

112 Sayan Chatterjee (1998): Delivering Desired Outcomes Efficiently: The Creative Key to Competitive Strategy, California Management Review, 40/2 (Winter 1998), pp. 78-95

113 Anthony Ulwick (2002): What is outcome-driven innovation?, Strategyn, Whitepaper, Online

114 Clayton M. Christensen et al. (2016): The hard truth about business model innovation, MIT Sloan Management review, Fall 2016 Issue, Online

115 Persil (2017): Why do we think "Dirt is good"?, Online. Aufgerufen am 01.07.2017: https://www.persil.com/uk/dirt-is-good/real-play/why-do-we-think-dirt-is-good.html

116 Anthony W. Ulwick (2002): Turn Customer Input into Innovation, Harvard Business Review, Januar 2002 Issue

117 Lawrence Somerset Ltd. (2017): Customer Insight and the Innovation Process, Lawrence Somerset Limited, Online. Aufgerufen am 1.7.2017: http://www.l-s-l.com/Documents/CustomerInsight.pdf

118 Jens Martin Skribsted (2014): User-Led Innovation Can't Create Breakthroughs; Just Ask Apple and IKEA, Fastco Design, 03. März 2014, Online

119 Anthony W. Ulwick (2002): Turn Customer Input into Innovation, Harvard Business Review, Januar 2002 Issue

120 Scott Barry Kaufman (2011): Why Inspiration Matters, Harvard Business Review, Nov 08, 2011

121 Oleynick/Trash (2014): The scientific study of inspiration in the creative process: Challenges and opportunities, Researchgate, Juni 2014, Online

122 Claire McGowan (2016): Dot Collecting – The Habit of Great Creative People, 06. Oktober 2016, Online: http://www.sodainc.com/single-post/2016/10/06/Dot-Collecting--The-Habit-of-Great-Creative-People

123 Zu empfehlen ist zu dem Thema der TED-Talk: „Where good ideas come from" von Steven Johnson

124 Mark W. Johnson (2010): Where is Your White Space?, Harvard Business Review, 12. Februar 2010, Online

125 Wipo (2013): Keeping things cool with frugal innovation, Wipo Magazine, online: http://www.wipo.int/wipo_magazine/en/2013/06/article_0003.html

126 Marco Zeschky/Oliver Gassmann (2013): Out of Bounds: Cross-Industry Innovation Based on Analogies, Springer Link, 16. Juli 2013

127 Kevin Coyne/Patricia Gorman Clifford/Renée Dye (2007): Breakthrough Thinking from Inside the Box, Harvard Business Review, December 2007 Issue;

128 Rebecca Greenfield (2014): Brainstorming Doesn't Work; Try This Technique instead, Fastcompany, 29. April 2014

129 Bruce A. Reinig/Robert O. Briggs (2008): On The Relationship Between Idea-Quantity and Idea-Quality During Ideation, Online 18. April 2008

130 Bruce A. Reinig/Robert O. Briggs (2008): On The Relationship Between Idea-Quantity and Idea-Quality During Ideation, Online 18. April 2008

131 Girotra/Terwiesch/Ulrich (2010): Idea Generation and the Quality of the Best Idea, Management Science Journal, 56, 4, 2010

132 Coyne/Gorman/Dye (2007): Breakthrough Thinking from Inside the Box, Harvard Business Review, December 2007 Issue

133 Michael Michalko (2012): Priming your Creativity, The Creativity Post, 4. Oktober 2012, Online

134 Girotra/Terwiesch/Ulrich (2010): Idea Generation and the Quality of the Best Idea, Management Science Journal, 56, 4, 2010

135 Tom Agan: Please Stop Ideating, Harvard Business Review, 29. April 2014

136 Vijay Govindarajan (2010): Innovation is Not Creativity, Harvard Business Review, 3. August 2010, Online

137 Andrew Forde, Mark Fox (2016): A proposed Approach for Idea Selection in Front End of Innovation, Technology Innovation Management Review, 6(8): 48-55

138 Steven Markham (2013): The Impact of Front-End Innovation Activities on Product Performance, Product Innovation Management, 30, S1, 77-92, Dezember 2013

139 Strategyzer (2017): The Value proposition Canvas, Online. Aufgerufen am: 31.07.2017, https://strategyzer.com/canvas/value-proposition-canvas

140 Strategyzer (2017): The Business Model Canvas, Online. Aufgerufen am: 31.07.2017, https://strategyzer.com/canvas/business-model-canvas

141 M. Sinclair (2005): Intuition: Myth or a Decision-making Tool?. Management Learning. 36 (3): 353–370

142 Alden M.Hayashi (2001): When to trust your gut, Harvard Business Review, Feb 2001 Issue

143 Philipp Bubenzer/Elizabeth Rouse (2015): Your Idea is also Mine (Now)!, Psychological Ownership and Identification with Ideas in Organizations, Article Academy of Management, p. 1

144 Baer & Graham (2012): Blind in One Eye: How psychological ownership of ideas affects the types of suggestions people adopt, Organizational behavior and human decision processes, 10. März 2012

145 Steve Blank (2013): Why the Lean Startup Changes Everything, Harvard Business Review, May 2013 issue

146 PWC (2017): Reinventing Innovation. Key Insights from PWC's Innovation Benchmark, Online

147 E.M. Rogers (2003): Diffusion of innovations, Free Press, New York (5th ed.)

148 McKinsey (2017): Growth & Innovation, Online. Aufgerufen am: 31.07.2017: http://www.mckinsey.com/business-functions/strategy-and-corporate-finance/how-we-help-clients/growth-and-innovation

149 Accenture (2015): Innovation: Clear Vision, Cloudy Execution, 2015 US Innovation Study, Online

150 Peter F. Drucker (2002): The Discipline of Innovation, Harvard Business Review, August 2002 Issue

151 McKinsey (2017): Growth & Innovation, Online. Aufgerufen am: 31.07.2017: http://www.mckinsey.com/business-functions/strategy-and-corporate-finance/how-we-help-clients/growth-and-innovation

152 Accenture (2015): Innovation: Clear Vision, Cloudy Execution, 2015 US Innovation Study, Online

153 Accenture (2015): Innovation: Clear Vision, Cloudy Execution, 2015 US Innovation Study, Online

154 Gary P. Pisano: You Need an Innovation Strategy, Harvard Business Review, June 2015

155 Adaptiert von: O'Reilly, Tushman (2016): Lead and Disrupt, Stanford University Press, 2016

156 Charles A. O'Reilly III/Michael L. Tushman: Ambidexterity as a Dynamic Capability: Resolving the Innovator's Dilemma, Harvard Business School, Feb 19, 2007

157 Peter F. Drucker (2002): The Discipline of Innovation, Harvard Business Review, August 2002 Issue

158 McKinsey (2017): Growth & Innovation, Online. Aufgerufen am: 31.07.2017: http://www.mckinsey.com/business-functions/strategy-and-corporate-finance/how-we-help-clients/growth-and-innovation

159 BVDW (2014): Faktor Mensch wird beim Innovationsmanagement viel zu wenig berücksichtigt, BVDW- Studie, 12. November 2014, online

160 Gary P. Pisano (2015): You Need an Innovation Strategy, Harvard Business Review, June 2015 Issue

161 Art Markman (2012): How to Create an Innovation Ecosystem, Harvard Business Review, 02. Dezember 2012, Online

162 Peter F. Drucker (2002): The Discipline of Innovation, Harvard Business Review, August 2002 issue

163 Wikipedia (2017): Sparring, Wikipedia, Online. Aufgerufen am: 31.07.2017: https://de.wikipedia.org/wiki/Sparring

164 Adaptiert von: Jordanous & Keller (2016): Modelling Creativity-Identifying Key Components through a Corpus-Based Approach, auf: PLoS ONE 11(10): e0162959, 5. Oktober 2016

165 Wikipedia (2017): INTJ, Wikipedia, Online. Aufgerufen am 20.07.2017: https://en.wikipedia.org/wiki/INTJ

166 Theodore Levitt (2002): Creativity Is Not Enough, Harvard Business Review, August 2002 Issue

167 Theodore Levitt (2002): Creativity Is Not Enough, Harvard Business Review, August 2002 issue

168 Julia Rozovsky (2015): The five keys to a successful Google Team, Google, 17. November 2015, Online: https://rework.withgoogle.com/blog/five-keys-to-a-successful-google-team/

169 Julia Rozovsky (2015): The five keys to a successful Google Team, Google, 17. November 2015, Online: https://rework.withgoogle.com/blog/five-keys-to-a-successful-google-team/

170 Deloitte & Venture Idea (2017): „Beyond the Innovation Buzzwords", Studie, www.venture-idea.com/beyond-the-innovation-buzzwords

171 Gary P. Pisano (2015): You Need an Innovation Strategy, Harvard Business Review, June 2015 Issue

172 Deloitte & Venture Idea (2017): „Beyond the Innovation Buzzwords, Studie, www.venture-idea.com/beyond-the-innovation-buzzwords

173 Jamie O'Hare (2008): Innovation Hubs: Why Do These Innovation Superstars Often Die Young?, DS 48: Proceedings DESIGN 2008, the 10th International Design Conference, Dubrovnik, Croatia

174 McKinsey (2017): Growth & Innovation, McKinsey, Online. Aufgerufen am: 31.07.2017: http://www.mckinsey.com/business-functions/strategy-and-corporate-finance/how-we-help-clients/growth-and-innovation

175 Taco C.R. van Someren (2005): Strategische Innovationen. Gabler

176 PWC (2017): Reinventing Innovation. Key Insights from PWC's Innovation Benchmark, PWC Online

177 HPI (2017): Was ist Design Thinking?, HPI Academy, Online. Aufgerufen am 01.07.2017: https://hpi-academy.de/design-thinking/was-ist-design-thinking.html

178 Nils Kreimeier (2017): Deutschlands beste Digilabs, 22. Juni 2017, Capital Magazin, Online

Quellen für die Exkurse im Buch

http://www.innovationsmethoden.info/methoden/lead-user-methode
https://de.wikipedia.org/wiki/Lead_User
http://www.inknowaction.com/blog/innovationsmanagement/ethnografie-als-methode-im-front-end-des-innovationsprozesses-488/
http://www.monheimerinstitut.com/aktuelles/80-ethnographische-methoden-in-der-marktforschung-gruppendiskussionen-verhaltensbeobachtung-optimierungen-innovationen-inhomevisits.html
http://agilemanifesto.org
http://www.businessmodelgeneration.com
http://www.debonogroup.com/six_thinking_hats.php
https://hbr.org/ideacast/2016/04/understanding-agile-management.html
https://hpi.de/school-of-design-thinking/design-thinking/mindset.html
http://www.onlinemarketing-praxis.de/glossar/tracking
https://www.scrumalliance.org/why-scrum
http://www.sdi-research.at/lexikon.html
https://www.stage-gate.com/resources_stage-gate.php
http://theleanstartup.com
http://wirtschaftslexikon.gabler.de/

Edward de Bono (1999): Six Thinking Hats, Back Bay Books, Revised and updated
Renate Buber (2009): Qualitative Marktforschung – Konzepte, Methoden, Analysen, Gabler
Kevin Duncan (2016): Das Buch der Ideen, Midas Management Verlag AG, 4. Auflage
Oliver Gassmann/Karolin Frankenberger/Michaela Csik (2014): The Business Model Navigator, Pearson Educated Limited
Alexander Magerhans (2016): Marktforschung – Eine praxisorientierte Einführung, Springer
Alexander Osterwalder/Yves Pigneur (2010): Business Model Generation, John Wiley and Sons
Eric Ries (2011): The Lean Startup, Crown Business
Florian Rustler (2017): Denkwerkzeuge der Kreativität und Innovation, Midas Management Verlag AG, 5. Auflage
Andrea Windolph/Alexander Blumenau (2016): Brainstorming: Alles, was du für ein perfektes Brainstorming wissen musst, Books on Demand

Sachregister